Gert Böhme · Einstieg in die Mathematische Logik

Einstieg in die Mathematische Logik

von Gert Böhme

Carl Hanser Verlag München Wien

Prof. Gert Böhme
Fachhochschule Furtwangen (Schwarzwald)
Fachbereich Allgemeine Informatik

CIP-Kurztitelaufnahme der Deutschen Bibliothek

Böhme, Gert:
Einstieg in die Mathematische Logik / Gert Böhme
– München ; Wien : Hanser, 1981.
  ISBN 3-446-13471-9

Satz: Hermann Hagedorn GmbH & Co.
Druck und Bindung: Passavia Druckerei AG, Passau
Printed in Germany

Vorwort

Nachdem die Mathematische Logik über ein Jahrhundert lang Domäne eines kleinen Kreises von Theoretikern war, beginnt sie sich jetzt einem breiten Publikum zu erschließen. Zunächst sind es die Mathematiker an Hochschulen und Schulen, die bei der Darstellung und Vermittlung ihrer Wissenschaft heute einen wesentlich strengeren und logisch untermauerten Maßstab als früher anlegen. Sodann hat die Informatik einen Entwicklungsstand erreicht, der zur Beschreibung von Sprach- und Datenstrukturen heute auf logische Kalküle nicht mehr verzichten kann. Syntax und Semantik von Programmiersprachen und Informationssystemen benötigen die Elemente der Aussagen- und Prädikatenlogik. In zunehmendem Maße wird damit die formal-logische Denkweise auch in andere wissenschaftliche Gebiete hineingetragen, vornehmlich die Ingenieur- und Wirtschaftswissenschaften.

Das Buch wendet sich demgemäß nicht nur an Mathematiker, sondern in besonderem Maße an Informatiker und Datenverarbeitungsfachleute im weitesten Sinne. Von Studenten kann es als Ergänzung zu den Vorlesungen benutzt werden, bereits im Beruf stehenden Lesern will es eine Einarbeitung in dieses Gebiet im Selbststudium ermöglichen. Die didaktische Konzeption eines solchen Einstiegs ist auf dieses Ziel hin angelegt: Transparenz und Verständlichkeit durch umfangreiche Kontexte, vollständig durchgerechnete Beispiele zu allen Definitionen und Sätzen, Veranschaulichung abstrakter Erklärungen durch Diagramme, Übungsaufgaben zu jedem Abschnitt mit kompletten Lösungen im Anhang.

Ein besonderes Anliegen dieses Textes ist das Aufzeigen von Anwendungen der Mathematischen Logik. Erfahrungsgemäß erwacht für die meisten Studenten ein abstrakter Kalkül erst dann zum eigentlichen Leben, wenn man ihnen zeigt, in welchen Bereichen man nutzbringend damit etwas anfangen kann. Wenn man junge Menschen für eine mathematische Theorie begeistern will, darf man diese Einstellung nicht abwerten, zumal der wissenschaftliche Fortschritt vieler mathematischer Disziplinen erst durch ihre Anwendungen in Gang gesetzt wurde.

Mit besonderem Nachdruck habe ich die logische Analyse umgangssprachlicher und mathematischer Texte, deren unterschiedliche Interpretation aus formal-logischer und rechtslogischer Sicht, die Verwendung logischer Schlußregeln und mannigfaltige Parallelen zur Informatik (Darstellung rekursiver Definitionen durch Syntaxdiagramme, Veranschaulichung von entscheidbaren Mengen durch PASCAL-Programme, Verdeutlichung aussagenlogischer Verknüpfungen durch Ablaufpläne u.a.) behandelt. Die persönlichen Erfahrungen aus meinen Vorlesungen zeigen immer wieder, welche Schwierigkeiten Studenten sogar in höheren Semestern mit Begriffen wie „dann", „nur dann", „notwendig" oder „hinreichend" haben. Komplexe mathematische Sachverhalte werden verarbeitet, ohne daß die elementaren logischen Begriffe bekannt sind. Dies setzt sich zum Teil bis in die mathematischen Lehrbücher fort, wo ich mehrere Beispiele falscher Beweise aufgrund verletzter Schlußregeln gefunden habe. Einen solchen „Beweis" habe ich einer eingehenden logischen Kritik unterzogen.

In keiner Weise will dieses Buch mit den Standardwerken von „HILBERT-ACKERMANN" bis „HERMES" konkurrieren, gleichwohl es da viele Gedanken von so grundlegender

Bedeutung gibt, daß ich diese in dankbarer Anerkennung übernommen und zum Teil auch weitergeführt habe. Die Bezeichnung „Einstieg" im Titel des Werkes bringt, so hoffe ich jedenfalls, klar zum Ausdruck, daß es sich hier nicht um einen komprimierten mathematischen Abriß der Logik handelt, der in wenigen Kapiteln bis zu den GÖDEL-schen Theoremen führt – und damit zwangsläufig für viele Leser unverständlich bleiben muß. Vielmehr ist dies eine didaktische Arbeit, die sich bemüht, die grundlegenden Tatsachen des Aussagen- und Prädikatenkalküls ohne Verzicht auf mathematische Strenge einem vergleichsweise breitem Leserkreis näher zu bringen. Von daher sind die Ziele gesteckt und der Inhalt begrenzt.

Für das Lesen des Manuskripts und eine Vielzahl von Anregungen und Verbesserungs-vorschlägen bin ich Herrn Professor Dr.-Ing. Franz Pelz, Technische Universität Berlin, zu großem Dank verpflichtet. Herzlich danken möchte ich Herrn Dr. Wilhelm Mach-leid, Präsident des Landesjustizprüfungsamtes Baden-Württemberg, für seine Beratung und Mitwirkung bei rechtslogischen Anwendungen. Herrn Diplom-Informatiker Ger-hard Schalk, Fachhochschule Furtwangen, bin ich für die Programmierarbeiten und die Entwicklung der Syntaxdiagramme verbunden. Besonders aber möchte ich meiner lieben Frau danken, daß sie trotz ihrer schweren Behinderung die mühevolle Anferti-gung des schwierigen Schreibmaschinensatzes übernommen hat. Schließlich danke ich dem Hanser Verlag für die in unserer Zeit so rar gewordene hervorragende druck-technische Ausstattung des Buches und die gute persönliche Zusammenarbeit.

Furtwangen, im Juni 1981   Gert Böhme

Inhaltsverzeichnis

Liste der verwendeten mathematischen Zeichen

¬ Negationsjunktor, Negator
∧ Konjunktionsjunktor, Konjungator
∨ Disjunktionsjunktor, Disjungator
→ Subjunktionsjunktor, Subjungator
↔ Bijunktionsjunktor, Bijungator
⊼ NAND-Junktor
⊽ NOR-Junktor
| Entweder-Oder-Junktor
⊖ Klassennegator
⊗ Klassenkonjungator
⊙ Klassendisjungator
⋀ Allquantor
⋁ Existenzquantor
| | Bewertungs-, Betrags-, Mächtigkeitszeichen
⇒ Implikationszeichen
⇔ Äquivalenzzeichen
⇔: Zeichen für definierende Äquivalenz
⇎ Zeichen für Nichtäquivalenz
= Gleichheitszeichen
=: Zeichen für definierende Gleichheit
≠ Zeichen für Ungleichheit
< Kleinerzeichen
≦ Kleiner oder gleich-Zeichen
> Größerzeichen
≧ Größer oder gleich-Zeichen
∈ Zeichen für Mengenzugehörigkeit
∉ Zeichen für nicht bestehende Mengenzugehörigkeit
⊆ Zeichen für die Teilmengenrelation
⊈ Zeichen für nicht bestehende Teilmengenrelation
⊂ Zeichen für die echte Teilmengenrelation

∩ Mengendurchschnittszeichen
∪ Mengenvereinigungszeichen
∅ Zeichen für die leere Menge
| Mengenbildungsoperatorzeichen
× Produktmengenzeichen
$\mathbb{N}$ Zeichen für die Menge der natürlichen Zahlen
$\mathbb{Z}$ Zeichen für die Menge der ganzen Zahlen
$\mathbb{Q}$ Zeichen für die Menge der rationalen Zahlen
$\mathbb{R}^+$ Zeichen für die Menge der positiven reellen Zahlen
$\mathbb{R}$ Zeichen für die Menge der reellen Zahlen
⋃ Zeichen für die generalisierte Mengenvereinigung
⟶ Zeichen für die Mengenabbildung
↦ Zeichen für die Zuordnung der Elemente
↣ Zeichen für die McCARTHY-Zuordnung
∞ Zeichen für das (potentielle) Unendlich
∫ Integralzeichen
∑ Summenzeichen
+ Pluszeichen
− Minuszeichen
· Multiplikationszeichen
(,) Zeichen für runde Klammern
[,] Zeichen für eckige Klammern
{ , } Zeichen für geschweifte Klammern
⊢ Folgerungszeichen

1 Aussagenlogik

1.1 Einleitung

Seit über zweitausend Jahren steht die Logik im Ruf, eine ebenso grundlegende wie umfassende Wissenschaft zu sein. Mit ihr verbindet sich die Vorstellung, daß alle Denkvorgänge auf gewissen Gesetzmäßigkeiten beruhen, die Voraussetzung für jede geistige Beschäftigung überhaupt sind.

Es ist das Verdienst des großen griechischen Philosophen ARISTOTELES (384...322), ein in sich geschlossenes Lehrgebäude der Logik geschaffen zu haben. Als philosophische Disziplin sind die Erkenntnisse des Altertums, insbesondere die Lehre vom logischen Schluß, auch heute noch von Gültigkeit.

Den Scholastikern des Mittelalters wurden die unter dem Titel „Organon" zusammengefaßten Schriften des ARISTOTELES überliefert. Sie bauten das System aus, ohne es jedoch im Kern zu verändern. Zu einer entscheidenden Wende, einem Neubeginn, kam es erst, als sich die Logik aus dem Schoß der Philosophie löste und zu einem eigenständigen mathematischen Fachgebiet wurde. Diese Entwicklung begann etwa in der Mitte des vorigen Jahrhunderts mit den Arbeiten von GEORGE BOOLE (1815...1864), AUGUSTE DE MORGAN (1806...1871) und GOOTLOB FREGE (1848...1925). Während wir BOOLE die Grundzüge einer Algebra der Logik verdanken, gelang es FREGE, die Logik in ihrer modernen mathematischen Form darzustellen: Aufbau von Aussagen- und Prädikatenkalkül als formalisierte axiomatische Systeme. FREGE muß deshalb als bedeutendster Logiker der Neuzeit gelten.

Die so begründete Mathematische Logik ermöglichte nicht nur eine von mathematischer Ästhetik getragene Transparenz der klassischen Ausführungen, sondern brachte erstmalig eine echte Weiterentwicklung und Anwendung, mehr noch: sie erschloß ein völlig neues Selbstverständnis der Mathematik.

Den stärksten Einfluß nahm die Mathematische Logik auf die mathematische Grundlagenforschung, die unter anderem mit den Namen BERTRAND RUSSELL (1872...1970), DAVID HILBERT (1862...1943) und KURT GÖDEL (geb. 1906) verbunden ist. Keine Disziplin hat die Mathematik unseres Jahrhunderts nachhaltiger beeinflußt als die hierbei gewonnenen Erkenntnisse über die fundamentalen Probleme der Axiomatik, der Widerspruchsfreiheit und Vollständigkeit formaler Systeme. Aber auch das Entscheidungsproblem, die Präzisierung des Begriffs der Berechenbarkeit, Algorithmen und formale Sprachen als Kern der Informatik, haben hier ihren Ursprung genommen bzw. ihre geistige Wiedergeburt erfahren.

Schließlich kristalisierte sich auf diesem Wege das heute allgemein anerkannte Wissenschaftsverständnis der Mathematik als Strukturtheorie formaler Systeme heraus. Ihr Einfluß auf unser Denken war so stark, daß sogar der mathematische Unterricht an den Schulen weltweit einer durchgehenden Reform unterzogen wurde.

Seit einigen Jahren beobachten wir aber noch eine ganz andere Tendenz. In zunehmendem Maße bedienen sich Wissenschaftler anderer Disziplinen der Mathematischen Logik. In erster Linie profitieren die Fachleute der Datenverarbeitung: die für den Computer maßgebenden logischen Schaltungen, Syntax und Semantik von Programmiersprachen, die algebraische Beschreibung relationaler Datenbanken oder das maschinelle Beweisen sind nur einige Stichworte dafür, daß sich die Mathematische Logik nunmehr auch dem Anwender zu erschließen beginnt. Alle Anzeichen deuten darauf hin, daß diese Anwendungsorientierung die Entwicklung der Zukunft bestimmen wird.

1.2   Aussagen

Wir beginnen die Aussagenlogik mit einer Klärung des Begriffs „Aussage". Ähnlich wie „Punkt" in der Geometrie oder „natürliche Zahl" in der Arithmetik ist auch „Aussage" in der Mathematischen Logik ein Grundbegriff, der sich einer Definition entzieht. Wir müssen uns auf eine Beschreibung beschränken und werden diese durch Beispiele erläutern.

Als **Aussage** soll jeder sprachliche Satz verstanden werden, der seiner inhaltlichen Bedeutung nach entweder wahr oder falsch ist. Dabei kommt es nicht darauf an, daß man tatsächlich weiß, ob der Satz wahr oder falsch ist. Der Satz „Morgen wird es regnen" ist schon heute eine Aussage, obwohl sich erst morgen herausstellen wird, ob sie wahr oder falsch ist.

Mit dieser Erklärung legen wir uns auf eine *zweiwertige Logik* fest: Sätze, die weder wahr noch falsch sind, gehören ebenso wenig zu den Aussagen wie Sätze, die sowohl wahr als auch falsch sind. Eine erste Formalisierung dieses Zweiwertigkeitsprinzips besteht in der Einführung der **Wahrheitswerte** W (für „wahr") und F (für „falsch"). Statt „Eine Aussage ist wahr" können wir dann sagen „Einer Aussage wird der Wahrheitswert W zugeordnet, und entsprechend bedeutet die Zuordnung des F-Wertes, daß die betreffende Aussage falsch ist.

Charakteristisch für die Aussagenlogik ist, daß Aussagen, sofern sie nicht aus anderen Aussagen zusammengesetzt sind, nicht weiter zerlegt werden: man sieht vom sprachlichen Aufbau und den einzelnen Bestandteilen ab und operiert nur mit den Wahrheitswerten. Eine Berücksichtigung der inneren Struktur der Aussagen erfolgt erst in der Prädikatenlogik.

Die Untersuchung einer einzelnen Aussage auf ihren Wahrheitsgehalt, also der *inhaltlich* bestimmte Prozeß der Wahrheitsfindung, ist im allgemeinen keine Aufgabe der Logik, sondern gehört in die einzelnen Wissenschaften, die dafür ihre eigenen Methoden entwickelt haben. Hingegen ist die *formale* Ermittlung von Wahrheitswerten solcher Aussagen, die sich durch Verknüpfung anderer Aussagen ergeben, ein zentrales Anliegen des Aussagenkalküls: hierbei geht es nämlich nicht um inhaltliche Fakten und Argumente, sondern um eine von den Inhalten gelöste Berechnung nach bestimmten Rechenregeln. Die daraus fließenden allgemeinen Schlußregeln, ein Kernstück des Aussagenkalküls, zeichnen sich eben darin aus, daß sie von den Inhalten abstrahieren und so erst auf alle Denkbereiche logischer Strukturen anwendbar werden.

Im folgenden diskutieren wir eine Reihe von Aussagen, die zum besseren Verständnis nach bestimmten Gesichtspunkten geordnet sind.

a) Zuerst nennen wir Aussagen des täglichen Lebens, die wir als bekannte Tatsachen (falls wahr) oder offenkundige Irrtümer (falls falsch) oder auf Grund unserer persönlichen Erfahrungen sofort bewerten können:

   - Holz ist brennbar (W).
   - Jede Aussage ist wahr (F).
   - Kiel liegt an der Nordsee (F).
   - Kein Mensch ist unsterblich (W).

b) Eine zweite Gruppe umfaßt wissenschaftliche Aussagen von mitunter hohem Erkenntniswert, die möglicherweise nur Fachleuten bekannt und auch nicht immer allgemeinverständlich sind. Ihr Wahrheitswert ist jedoch unbestritten:

   - Die Planeten bewegen sich auf elliptischen Bahnen um die Sonne (W).
   - Die maligne Lymphogranulomatose ist derzeit medizinisch unheilbar (W).
   - Jede Zahl der Gestalt $2^{(2^n)}+1$ ist eine Primzahl, wenn n eine natürliche Zahl einschließlich null ist[1]) (F).
   - Jedes lösbare Problem ist auch algorithmisch lösbar (F).

c) Die folgenden Aussagen sind wahr oder falsch auf Grund gesetzlicher Regelungen, Vorschriften, Normen, Vereinbarungen, Definitionen etc.:

   - Ostersonntag fällt auf den Sonntag, der auf den ersten Vollmond nach Frühlingsanfang folgt[2]) (W).
   - Die gesetzliche Einheit der Wärmemenge ist die Kilokalorie[3]) (F).
   - Parken gegenüber einer Grundstücksein- oder -ausfahrt auf schmaler Fahrbahn ist verboten[4]) (W).
   - Das Jahr 2000 ist kein Schaltjahr[5]) (F).
   - Die aus den Wahrheitswerten W und F bestehende Menge $\{W, F\}$ heißt Wahrheitswertemenge[6]) (W).

d) Viele Sätze verstehen sich auf Grund einer persönlichen Interpretation bezüglich Zeit, Ort, Personen usw. als Aussagen, ohne daß die einzelnen Begleitumstände ausdrücklich beschrieben werden[7]):

   - Klaus studiert Nachrichtentechnik (W).
   - Am Donnerstag schien die Sonne (F).
   - Das Heizöl wird wieder teurer (W).

---

[1]) Diese zuerst von FERMAT ausgesprochene Vermutung wurde 1732 von EULER für $n = 5$ widerlegt: 4 294 967 297 hat 641 als Teiler.
[2]) Konzil von Nicäa (325).
[3]) „Gesetz über Einheiten im Meßwesen" der Bundesrepublik Deutschland vom 05. 07. 70 und DIN 1301. (Richtig ist: 1 Joule).
[4]) Straßenverkehrsordnung (StVO) der Bundesrepublik Deutschland § 12/III.
[5]) Gregorianische Kalenderreform (1582).
[6]) Als Definition in diesem Buch zu verstehen.
[7]) Versteht man Sätze dieser Art ohne eine zusätzliche Erklärung der Begleitumstände, so können sie als Verbalisierung von Aussagen*variablen* verstanden werden (vgl. 1.4 und 1.5).

e) Schließlich zählen auch solche Sätze zu den Aussagen, deren Wahrheitswert zum gegenwärtigen Zeitpunkt nicht bekannt ist, jedoch unabhängig davon eindeutig feststeht (oder einmal feststehen wird). Hier können wir den Aussagencharakter dadurch zum Ausdruck bringen, daß wir „Element der Wahrheitsmenge", formal „$\in \{W, F\}$", anfügen:

– Die Gleichung $x^n + y^n = z^n$ ist für ganze positive x, y, z und ganze Exponenten $n \geq 3$ unlösbar ($\in \{W, F\}$).
– Kein Planet außer der Erde ist bewohnt ($\in \{W, F\}$).
– In zwanzig Jahren wird die Medizin die Krebskrankheit besiegt haben ($\in \{W, F\}$).

Zu den sprachlichen Gebilden, die keine Aussagen sind, gehören unter anderem Fragesätze („Wie geht es Dir?"), Begrüßungsformeln („Guten Morgen, meine Herren"), Bitten, Anforderungen oder Anweisungen („Bitte beantworten Sie das Schreiben"), individuelle Meinungsäußerungen („Wandern ist anstrengend"), in sich widersprüchliche Sätze, sogenannte Antinomien („Alles, was hier geschrieben steht, ist falsch") und schließlich sinnlose Wortzusammenstellungen („Von der die das oben unten").

Aufgaben 1.2

Entscheiden Sie, welche der folgenden Sätze Aussagen sind:
a) Leben Sie wohl!
b) $2 + 7 = 10$.
c) Isolde spielt Klavier.
d) In der Regel ist keine Regel ohne Ausnahme.
e) Die Temperatur wird in Kelvin gemessen.
f) Nicht alle Primzahlen sind ungerade.
g) Kein Mensch irrt niemals.
h) Die nächste Bundestagswahl bringt einen Regierungswechsel.

1.3   Aussagenverknüpfungen

Nachdem wir die Aussagen in wahre und falsche eingeteilt haben, sollen jetzt die für den Aufbau des Aussagenkalküls erforderlichen Verknüpfungen erklärt werden. Mit Verknüpfungen meinen wir Operationen, wie sie aus anderen Gebieten der Mathematik bekannt sind: Multiplikation von Zahlen, Vereinigung von Mengen, Drehstreckung von Zeigern oder Verkettung von Funktionen. Charakteristisch für die Verknüpfung von Aussagen ist:

a) Es werden ausschließlich Aussagen miteinander verknüpft, und das Ergebnis einer solchen Verknüpfung ist wieder eine Aussage.
b) Diese Verknüpfungen sind so beschaffen, daß der Wahrheitswert der zusammengesetzten Aussage einzig und allein von den Wahrheitswerten der verknüpften Aussagen abhängt (sog. extensionaler Standpunkt).

Daraus ergibt sich für unser weiteres Vorgehen eine wichtige Konsequenz: *Wir operieren nicht mit den Aussagen als Sätze unserer Sprache, sondern verstehen die Aus-*

sage-Verknüpfungen als Verknüpfungen von Wahrheitswerten, denn nur auf diese kommt es hier an! Alle wahren Aussagen fassen wir mit W, alle falschen mit F zusammen. Umgekehrt kann jeder wahre (falsche) sprachliche Satz als Repräsentant des Wahrheitswertes $W(F)$ verstanden werden.

Definition 1.3.1. Als **Negation** (Verneinung) erklären wir die einstellige Operation, die jeder Aussage ihr **Negat**[8]), d. h. jedem Wahrheitswert den entgegengesetzten Wahrheitswert zuordnet, gekennzeichnet durch den vorangestellten **Negator** (Negationsjunktor) „$\neg$“:

$$\boxed{\begin{aligned} \neg\, W &= F \\ \neg\, F &= W. \end{aligned}}$$

Sprachlich wird die Negation durch das Wort „nicht“ umschrieben. So lautet das Negat zur Aussage „Die Sinusfunktion ist differenzierbar“ einfach „Die Sinusfunktion ist nicht differenzierbar“. Vorsicht ist jedoch geboten bei mit „und“ oder „oder“ zusammengesetzten oder bei quantifizierten Aussagen. Negiert man die Aussage „Sabine *oder* Christian werden nächstes Jahr konfirmiert“, so erhält man „Sabine *und* Christian werden nächstes Jahr *nicht* konfirmiert“ oder, stilistisch besser: „Weder Sabine noch Christian werden im nächsten Jahr konfirmiert“. Das Negat zu „Alle Zahlen sind gerade“ heißt nicht etwa „Alle Zahlen sind nicht gerade“, sondern „Nicht alle Zahlen sind gerade“.

Der logische Hintergrund dieser Formulierungen wird uns beim Aufbau der Kalküle noch im einzelnen beschäftigen. Vorerst kann man sich durch Voranstellen der Worte „Es gilt nicht...“ beim Negieren komplizierterer Aussagen helfen.

Oft ist es üblich, die Negation einer Eigenschaft oder einer Beziehung durch eine andere Eigenschaft bzw. Beziehung positiv zu beschreiben. Man beachte, daß dies nur dann zulässig ist, wenn sich die betreffenden Begriffe gegenseitig ausschließen, die durch sie bestimmten Mengen also zueinander komplementär sind.

Beispiel 1.3.2. Sei $f(x) = 0$ eine algebraische Gleichung mit der Aussage

$$\text{„Alle Lösungen von } f(x) = 0 \text{ sind reell“}. \tag{1}$$

Dann lautet das Negat nicht etwa

$$\text{„Wenigstens eine Lösung von } f(x) = 0 \text{ ist komplex“}, \tag{2}$$

sondern vielmehr

$$\text{„Wenigstens eine Lösung von } f(x) = 0 \text{ ist nicht reell“}. \tag{3}$$

Man betrachte dazu die Gleichung $x^2 - 1 = 0$. Für sie ist (1) wahr, (2) wahr (!) und erst (3) falsch. Für die Gleichung $x^2 + 1 = 0$ ist (1) falsch und (3) wahr. Die Aussage (2) ist irrelevant, denn die reellen Zahlen bilden eine Teilmenge der komplexen Zahlen.

---

[8]) Negation und Negat stehen in der gleichen Beziehung zueinander wie Funktion und Funktionswert oder Addition und Summe, sind also begrifflich und sprachlich auseinanderzuhalten!

Definition 1.3.3. Die **Konjunktion** ordnet zwei Aussagen deren **Konjungat** zu. Das Konjungat zweier wahrer Aussagen ist wahr, dasjenige anderer Wahrheitswerte ist falsch. Junktor (Verknüpfungszeichen) der Konjunktion ist der **Konjungator** „ $\wedge$ " (lies: und, konjungiert):

$$
\begin{array}{l}
W \wedge W = W \\
W \wedge F\ = F \\
F\ \wedge W = F \\
F\ \wedge F\ = F
\end{array}
$$

Konjungiert man demnach die wahren Aussagen „Die Sinusfunktion ist stetig" und „Die Sinusfunktion ist beschränkt", so gelangt man zu der ebenfalls wahren Aussage „Die Sinusfunktion ist stetig und beschränkt". Es entspricht auch unserer umgangssprachlichen Gewohnheit von „und", daß eine falsche Aussage in jedem Fall zu einem falschen Konjungat führt: „12 ist durch 5 und durch 6 teilbar" ist „offenkundig" falsch. Nach unserer Definition ist es aber auch erlaubt, zwei Aussagen konjunktiv zu verknüpfen, die in keinem inhaltlichen Zusammenhang stehen: „Die Oberflächentemperatur der Sonne beträgt 6000 Kelvin, und Mäuse gehören zur Gattung der Nagetiere" (W).

Definition 1.3.4. Die **Disjunktion**[9]) ordnet zwei Aussagen deren **Disjungat** zu. Das Disjungat zweier falscher Aussagen ist falsch, dasjenige anderer Wahrheitswerte ist wahr. Junktor der Disjunktion ist der **Disjungator**[10]) „ $\vee$ " (lies: oder, disjungiert):

$$
\begin{array}{l}
W \vee W = W \\
W \vee F\ = W \\
F\ \vee W = W \\
F\ \vee F\ = F
\end{array}
$$

Der Leser beachte, daß „oder" umgangssprachlich in zwei verschiedenen Bedeutungen auftritt:

a) als *ausschließendes, exklusives entweder – oder,* z. B. in der Aussage „In einer zweiwertigen Logik ist jede Aussage wahr oder falsch";

b) als *einschließendes, inklusives oder/und,* z. B. in der Aussage „In der Bibliothek kann man Zeitschriften oder Bücher ausleihen".

Wir vereinbaren: Oder-Aussagen im Sinne von entweder – oder werden stets auch mit „entweder – oder" formuliert. Oder-Aussagen im Sinne der Definition 1.3.4 werden mit dem Wort „oder" zum Ausdruck gebracht. Im letzten Fall bleibt eine wahre Aussage wahr, wenn man „oder" durch „und" ersetzt, im ersten Fall wird sie falsch! Man vergleiche obige Beispiele!

Definition 1.3.5. Die **Subjunktion** ordnet zwei Aussagen deren **Subjungat** zu. Das Subjungat aus einer wahren und einer falschen Aussage (in dieser Reihenfolge!) ist falsch,

---

[9]) Andere Bezeichnungen: Alternative, Adjunktion.

[10]) Das einem v ähnliche Zeichen soll an den ersten Buchstaben des lat. Wortes vel (deutsch: oder) erinnern.

dasjenige anderer Wahrheitswerte ist wahr. Junktor der Subjunktion ist der **Subjungator**
„→" (lies: wenn – dann, subjungiert):

$$W \rightarrow W = W$$
$$W \rightarrow F = F$$
$$F \rightarrow W = W$$
$$F \rightarrow F = W$$

Die Aussage links vor dem Pfeil heißt „Vorderglied" (Vordersatz), die dahinter
stehende „Hinterglied" (Hintersatz). Im Gegensatz zu Konjunktion und Disjunktion
dürfen diese hier nicht vertauscht werden!

Der Leser hüte sich davor, die „wenn – dann" Formulierung in jedem Fall mit einer
Beziehung zwischen Ursache und Wirkung in Zusammenhang zu bringen: „Wenn es
regnet, dann wird die Straße naß". Die subjunktive Verknüpfung der Aussagen „Die
Parabel ist ein Kegelschnitt" und „Kopernikus starb 1543" zu „Wenn die Parabel ein
Kegelschnitt ist, dann starb Kopernikus 1543" beinhaltet keine Kausalbeziehung, ist
aber völlig korrekt ($W \rightarrow W = W$). Das wird bei Exemplifizierungen der beiden letzten
Zeilen der obigen Tabelle noch deutlicher: sie besagen, daß *ein falsches Vorderglied,*
unabhängig vom Hinterglied, stets ein wahres Subjungat erzeugt: „Wenn die Parabel
kein Kegelschnitt ist, starb Kopernikus 1543" ist ebenso richtig wie „Wenn die Parabel
kein Kegelschnitt ist, starb Kopernikus 1544". Offensichtlich gibt es für die Subjunktion
keine so einfache Entsprechung in der Umgangssprache wie für die Konjunktion oder
Disjunktion. Im übrigen sei daran erinnert, daß wir von allen aussagenlogischen Verknüpfungen forderten, sie dürfen nicht von den inhaltlichen Eigenschaften abhängen,
ihr Wahrheitswert ist vielmehr einzig und allein durch die angegebenen *W-F*-Glei-
chungen bestimmt und wird *rein formal* von diesen ermittelt. Die inhaltliche Interpretation der für die Verknüpfungszeichen verwendeten Bindewörter geht deshalb nicht
über den *W-F*-Formalismus hinaus!

Definition 1.3.6. Die **Bijunktion**[11]) ordnet einem Paar von Aussagen deren **Bijungat** zu.
Das Bijungat zweier wahrheitswertgleicher Aussagen ist wahr, anderenfalls falsch,
Verknüpfungszeichen ist der **Bijungator** „↔" (lies: „genau dann – wenn, bijungiert):

$$W \leftrightarrow W = W$$
$$W \leftrightarrow F = F$$
$$F \leftrightarrow W = F$$
$$F \leftrightarrow F = W$$

Auch hier beachte man den formalen Charakter der Definition. Das wahre Bijungat
„Bonn liegt am Rhein genau dann, wenn Berlin an der Spree liegt" besagt nur
„$W \leftrightarrow W = W$", und „16 ist Primzahl genau dann, wenn 17 durch 5 teilbar ist"
ist wahr auf Grund von „$F \leftrightarrow F = W$". Inhaltlich relevante Bijungate, wie „Ein Dreieck ist gleichseitig genau dann, wenn es gleichwinklig ist" sind in der Aussagenlogik
auch nur auf Grund der Festsetzung „$W \leftrightarrow W = W$" richtig. Im allgemeinen bringt die
Bijunktion zum Ausdruck, daß zwei Tatsachen, Sachverhalte, Eigenschaften etc. beide

---

[11]) Andere Bezeichnungen sind: Äquivalenz, Koimplikation.

gültig bzw. beide nicht gültig sind. Im übrigen ist es eine formale Definition, daß ein falsches Bijungat stets aus zwei Aussagen mit unterschiedlichem Wahrheitswert zusammengesetzt ist.

Aufgabe 1.3

Stellen Sie für jede der folgenden Aussagenverknüpfungen die zugehörigen *W-F*-Beziehungen auf! Verwenden Sie jedesmal „∗" (lies: Stern) als Verknüpfungszeichen!

a) Das Ergebnis der Aussagenverknüpfung sei unabhängig vom Vorderglied.
b) Das Ergebnis der Aussagenverknüpfung sei unabhängig vom Hinterglied.
c) Die Aussagenverknüpfung beschreibe das „entweder – oder".
d) Das Ergebnis der Aussagenverknüpfung sei das Negat des Konjungats.
e) Das Ergebnis der Aussagenverknüpfung sei das Negat des Subjungats.

1.4 Aussagenvariable

Bekanntlich lassen sich mit Variablen viele mathematische Sachverhalte allgemeiner und übersichtlicher formulieren. Variable bedürfen einer Angabe, welche „Werte" man für sie setzen darf. Die Überschrift „Aussagenvariable" bringt bereits zum Ausdruck, daß diese Variablen Platzhalter für Aussagen sind. Freilich erfolgt die Belegung in der Regel nicht mit verbal ausformulierten Sätzen, sondern einfach durch die Wahrheitswerte W oder F. So gelangen wir zu einem zweckmäßigen Rechnen.

Definition 1.4.1. Aussagenvariable werden mit kleinen lateinischen, gegebenenfalls indizierten Buchstaben bezeichnet und können mit Elementen der Wahrheitswertemenge $\{W, F\}$ belegt werden. Man schreibt für

> „a wird mit einer wahren Aussage belegt": $|a| = W$
> „a wird mit einer falschen Aussage belegt": $|a| = F$

Die senkrechten Striche kennzeichnen demnach eine Aussage, während Aussagenvariable selbstverständlich keine Aussagen sind.

Als erste Anwendung wollen wir die in 1.3 erklärten Aussagenverknüpfungen mit Variablen formulieren. Wir erinnern in diesem Zusammenhang an den extensionalen Charakter dieser Verknüpfungen: der Wahrheitswert des Verknüpfungsergebnisses hängt allein von den Wahrheitswerten der beteiligten Aussagen ab. Für die Negation bedeutet das: bei der Belegung $|a| = W$ hat das Negat den Wert F, also $|\neg a| = F$. Umgekehrt führt die Belegung $|a| = F$ auf $|\neg a| = W$. Dies können wir auch so formulieren: die Berechnung von $|\neg a|$ ist abhängig von der „Bedingung" $|a| = W$. Besteht die Bedingung, ist also $|a| = W$, so ergibt sich $|\neg a| = F$. Besteht die Bedingung $|a| = W$ nicht, gilt also $|a| \neq W$ bzw. $|a| = F$, so erhält man $|\neg a| = W$. In Figur 1.4.1 haben wir diese „bedingte Verzweigung" graphisch als Teil eines Ablaufplanes dargestellt. In der Raute steht die abzufragende Bedingung, in den Rechtecken das Ergebnis der Berechnung.

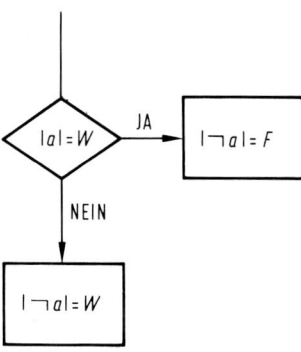

Figur 1.4.1

Die Übertragung des Ablaufplanes in eine eindimensionale Zeichenkette wollen wir in der Form schreiben

$$|\neg a| = (|a| = W \longmapsto F, W)$$

Hier steht unmittelbar nach der öffnenden Klammer die für die Berechnung von $|\neg a|$ maßgebende Bedingung ($|a| = W$). Der Zuweisungspfeil ($\longmapsto$) zeigt zuerst auf den Termwert, der bei erfüllter Bedingung zu nehmen ist, und danach steht, durch ein Komma getrennt, der Wert des Terms bei nicht erfüllter Bedingung. Man nennt solche, von einer JA-NEIN-Entscheidung (binären Bedingung) abhängige Terme **bedingte Terme**[12]).

Sehen wir uns daraufhin die Erklärung der Bijunktion an, so erkennen wir „$|a| = |b|$" als Verzweigungsbedingung. Sie führt auf den Ablaufplan der Figur 1.4.2.

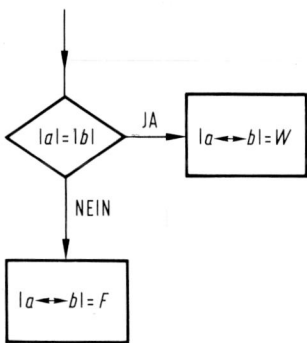

Figur 1.4.2

Bei eindimensionaler Schreibweise erhält man für den Wahrheitswert des Bijungats als bedingten Term

$$|a \leftrightarrow b| = (|a| = |b| \longmapsto W, F).$$

---

[12]) engl.: conditional terms. Die Notation geht auf den amerikanischen Informatiker MCCARTHY zurück.

Die entsprechenden Darstellungen für die Konjunktion bringen eine Erweiterung insofern, als die Voraussetzung $|a| = |b| = W$ für $|a \wedge b| = W$ in zwei elementare Bedingungen zerfällt, die beide erfüllt sein müssen (Figur 1.4.3).

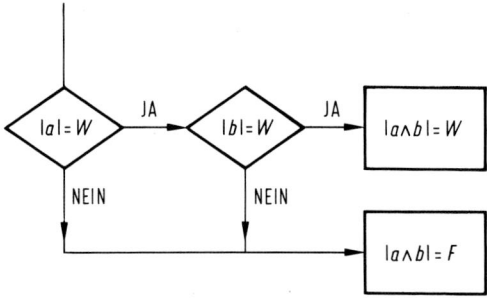

Figur 1.4.3

In der Darstellung von $|a \wedge b|$ als Zeichenkette schlägt sich die doppelte Verzweigung im Ablaufplan in einer geschachtelten Klammerung nieder:

$$|a \wedge b| = \big(|a| = W \hookrightarrow (|b| = W, F), F\big).$$

Ist nämlich die Bedingung $|a| = W$ erfüllt, so liegt die Entscheidung über den Wahrheitswert des Konjungats nun noch bei der Bedingung $|b| = W$ (innerer Klammerausdruck), während das Nichtbestehen der ersten Abfrage zu einem falschen Konjungat unabhängig vom Wahrheitswert von b führt.

Der Zusammenhang mit den W-F-Beziehungen des Abschnitts 1.3 wird durch folgenden Satz hergestellt:

Satz 1.4.2. *Für jede der definierten Aussagenverknüpfungen gilt*[13])*: Der Wahrheitswert des Verknüpfungsergebnisses ist gleich der Verknüpfung der Wahrheitswerte der beteiligten Aussagen:*

$$|\neg a| = \neg |a|$$
$$|a \wedge b| = |a| \wedge |b|$$
$$|a \vee b| = |a| \vee |b|$$
$$|a \rightarrow b| = |a| \rightarrow |b|$$
$$|a \leftrightarrow b| = |a| \leftrightarrow |b|$$

Beweis: Wählt man für a und b alle möglichen Belegungen, so erhält man gerade die in 1.3 angegebenen W-F-Beziehungen. So ist etwa für $|a| = F$ und $|b| = W$ das Subjungat $|a \rightarrow b| = W$ gemäß Definition 1.3.5; andererseits ergibt sich aus obiger Gleichung $|a \rightarrow b| = |a| \rightarrow |b| = F \rightarrow W = W$ (d. i. die dritte Zeile der W-F-Gleichungen der Subjunktion!)

Abschließend ist es sicher nützlich, die zweistelligen Aussagenverknüpfungen noch einmal in einer gemeinsamen Tabelle zusammenzufassen:

---

[13]) Der Satz gilt darüber hinaus für alle zweistelligen Aussagenverknüpfungen.

a b	$a \wedge b$	$a \vee b$	$a \rightarrow b$	$a \leftrightarrow b$
W W	W	W	W	W
W F	F	W	F	F
F W	F	W	W	F
F F	F	F	W	W

Aufgaben 1.4

1. Stellen Sie die Aussagenverknüpfungen Disjunktion, Subjunktion und Antivalenz („Entweder–Oder")
   a) graphisch als Ablaufplan,
   b) als bedingten Term
   in den Aussagenvariablen a, b dar!

2. Welche Aussagenverknüpfungen werden durch folgende bedingte Terme erklärt?
   $$A(a, b) = (|b| = W \longmapsto F, W)$$
   $$B(a, b) = (|a| = W \longmapsto (|b| = W \longmapsto F, W), W)$$
   $$C(a, b) = (|a| = F \longmapsto W, (|b| = F \longmapsto W, F))$$

   Stellen Sie die W-F-Beziehungen auch tabellarisch dar!

1.5 Aussagenlogische Ausdrücke

Im ersten Teil dieses Abschnitts beschäftigen wir uns mit der **Syntax** solcher Ausdrücke. Mit Syntax meinen wir ein System von Vorschriften, das eindeutig festlegt, auf welche Weise Zeichen aus einer gegebenen Zeichenmenge zu Ausdrücken zusammengesetzt werden dürfen.

Charakteristisch für die Syntaxregeln ist ihr formaler Aspekt: die Konstruktionsvorschriften sind so abgefaßt, daß ihre Verwendung an keiner Stelle auf die inhaltliche Bedeutung (semantischer Aspekt) der Zeichen Bezug nimmt. Diese klare Trennung zwischen Syntax und Semantik ist typisch für jeden logischen Kalkül, wir finden sie aber auch bei den Programmiersprachen und den natürlichen Sprachen.

Der syntaktische Aspekt ist der einfachere von beiden. Hier geht es zunächst um folgendes: mit den Zeichen eines gegebenen Zeichenvorrats lassen sich durch *willkürliches* Aneinanderketten Ausdrücke bilden. Eine echte Teilmenge davon sind diejenigen Ausdrücke, die auf Grund der Konstruktionsvorschriften korrekt gebildet wurden: das sind die **zulässigen** (einschlägigen) **Ausdrücke.**

Zum Vergleich betrachte man unser Alphabet der lateinischen Buchstaben. Hier läßt sich z. B. eine Teilmenge von zulässigen Zeichenketten durch die Menge der im Rechtschreibung-Duden aufgeführten (also „orthographisch richtig" geschriebenen) Wörter der deutschen Sprache erklären.

Wesentlich ist nun folgender Sachverhalt: im Aussagenkalkül läßt sich die Menge der syntaktisch richtigen (zulässigen) Ausdrücke von den unzulässigen, d. h. den Konstruktionsvorschriften widersprechenden und damit syntaktisch falschen Ausdrücken systematisch unterscheiden. „Systematisch" heißt, man kann ein Verfahren, einen **Algorithmus,** angeben und damit die Überprüfung eines beliebigen Ausdrucks auf „zulässig" bzw. „unzulässig" Schritt für Schritt, gleichsam mechanisch, durchziehen. Insbesondere läßt sich für diesen Vorgang ein Programm schreiben und damit die Prüfung einer Datenverarbeitungsanlage übertragen.

In der Mathematik sagt man dazu: *die Menge der zulässigen aussagenlogischen Ausdrücke ist entscheidbar*. Zur Demonstration dieses wichtigen Sachverhaltes werden wir weiter unten ein PASCAL-Programm vorstellen, das diesen Algorithmus realisiert. Zunächst aber seien die Syntaxregeln beschrieben.

Definition 1.5.1. Folgende Konstruktionsvorschriften führen zu **zulässigen aussagen-logischen Ausdrücken**[14]):

a) Die Zeichen W und F sind aussagenlogische Ausdrücke.

b) Kleine lateinische Buchstaben, gegebenenfalls indiziert, sind aussagenlogische Ausdrücke.

c) Mit A und B sind auch
$$(A), \neg A, (A \wedge B), (A \vee B), (A \rightarrow B), (A \leftrightarrow B)$$
aussagenlogische Ausdrücke.

d) Äußerste Begrenzungsklammern um einen aussagenlogischen Ausdruck können entfallen, wenn dieser nicht mit anderen Ausdrücken weiter verknüpft wird.

e) Für die Junktoren werden folgende Prioritäten erklärt:

1. „$\neg$" bindet stärker als „$\wedge$" bzw. „$\vee$"
2. „$\wedge$" und „$\vee$" sind gleichberechtigt
3. „$\wedge$" bindet stärker als „$\rightarrow$"
4. „$\rightarrow$" bindet stärker als „$\leftrightarrow$".

Die auf Grund dieser Vorrangigkeiten entbehrlichen Klammern können entfallen.

f) Keine anders konstruierte Zeichenkette soll vorerst[15]) aussagenlogischer Ausdruck heißen.

Beispiel 1.5.2. Wir erläutern die Definition 1.5.1, indem wir die Entstehung des Ausdruckes
$$\neg (p \wedge \neg q) \vee F$$
Schritt für Schritt erklären:

1. p, q sind Ausdrücke nach b).
2. $\neg q$ ist Ausdruck nach c).
3. $(p \wedge \neg q)$ ist Ausdruck nach c).
4. $\neg (p \wedge \neg q)$ ist Ausdruck nach c).
5. F ist Ausdruck nach a).
6. $(\neg (p \wedge \neg q) \vee F)$ ist Ausdruck nach c).
7. $\neg (p \wedge \neg q) \vee F$ ist Ausdruck nach d).

---

[14]) Im folgenden einfach „aussagenlogische Ausdrücke" oder auch nur „Ausdrücke" genannt.
[15]) Erweiterungen erfolgen in 1.7.1 und 1.10.

Weitere Klammern dürfen nicht weggelassen werden, da sonst nicht mehr das ganze Konjungat $p \wedge \neg\, q$, sondern nur die Variable p negiert würde.

Beispiel 1.5.3. Die folgenden Zeichenketten sind korrekt (zulässig) aufgebaute aussagenlogische Ausdrücke. Dem Leser wird empfohlen, Korrektheitsprüfungen nach dem Muster des Beispiels 1.5.2 durchzuführen.

$$a \wedge (b \vee c)$$
$$(a \vee b) \vee c$$
$$\big((a \vee b) \wedge (c \vee d)\big)$$
$$\neg\, x \wedge W \to F$$
$$\big((p \leftrightarrow q) \to \neg\, p\big) \leftrightarrow \neg\, q$$
$$\neg\, \neg\, z \wedge \neg\, \neg\, \neg\, y$$
$$\big((x_1 \to x_2) \to x_3\big) \to x_4$$
$$(F \to W) \wedge (W \to F) \to (F \to F)$$
$$\big((a \wedge b) \wedge c\big) \wedge d$$

Beispiel 1.5.4. Fehlerhafte Ausdrücke sind

$a \to b \to c$	(1)
$p \wedge \leftrightarrow q$	(2)
$x(y \wedge z)$	(3)
$F \wedge W \vee a$	(4)
$\wedge\, x_1 \vee x_2$	(5)
$ab \to bc$	(6)
$\big(s \wedge (t \to p)$	(7)

Begründungen
(1): Es fehlt eine Klammerung! Entweder klammert man gemäß $(a \to b) \to c$, dann wird $a \to b$ zuerst ausgeführt, oder man klammert gemäß $a \to (b \to c)$, dann hat das Subjungat $b \to c$ Vorrang. Eine der beiden Klammerungen wird von Def. 1.5.1c) zwingend vorgeschrieben. Dahinter steht die später noch zu erläuternde Tatsache, daß es Belegungen gibt, für die $(a \to b) \to c$ und $a \to (b \to c)$ auf verschiedene Wahrheitswerte führen!
(2): Mit Ausnahme von „$\neg$" dürfen niemals zwei Junktoren direkt aufeinander folgen (Verstoß gegen Absatz c) in Def. 1.5.1).
(3): Zwischen x und der öffnenden Klammer muß einer der Junktoren „$\wedge$", „$\vee$", „$\to$" oder „$\leftrightarrow$" stehen!
(4): Da „$\wedge$" und „$\vee$" gleichberechtigt sind, muß bei einem Ausdruck wie diesem durch Klammerung angezeigt werden, ob zuerst die Konjunktion oder zuerst die Disjunktion auszuführen ist.
(5): Kein Ausdruck darf mit „$\wedge$" beginnen!
(6): Eine direkte Verkettung zweier Aussagenvariablen gemäß ab oder bc ist nicht gestattet! Dazwischen muß ein Junktor einer der zweistelligen Verknüpfungen stehen.
(7): Die Anzahl der öffnenden Klammern muß mit der Anzahl der schließenden Klammern übereinstimmen.

Beispiel 1.5.5. Im folgenden soll die Entbehrlichkeit von Klammern demonstriert werden. Die auf gleicher Zeile stehenden Ausdrücke können jeweils füreinander gesetzt werden, dabei sind die rechterseits notierten mit einem Minimum an Klammern geschrieben. Alle Ausdrücke sind korrekt.

$$(a \wedge b) \qquad\qquad\qquad a \wedge b$$

$$\big(\neg \left(\neg \left(\neg W \right) \right) \big) \qquad\qquad \neg\,\neg\,\neg\,W$$

$$\big((x_1 \wedge x_2) \to \neg\, x_3 \big) \qquad\qquad x_1 \wedge x_2 \to \neg\, x_3$$

$$\big((a \to b) \vee (b \to a) \big) \qquad\qquad (a \to b) \vee (b \to a)$$

$$\big(\big(\big((p \wedge q) \vee x \big) \to y \big) \leftrightarrow z \big) \qquad\qquad (p \wedge q) \vee x \to y \leftrightarrow z$$

$$\big(\big(\big((p \leftrightarrow q) \to x \big) \vee y \big) \wedge z \big) \qquad\qquad \big(\big((p \leftrightarrow q) \to x \big) \vee y \big) \wedge z$$

$$\neg\, \big((a \leftrightarrow b) \vee c \big) \qquad\qquad \neg\, \big((a \leftrightarrow b) \vee c \big)$$

Wir kommen nun auf die eingangs gemachte Bemerkung bezüglich des Einsatzes einer DV-Anlage zurück. Grundlegend ist der Satz: Die Menge der zulässigen Ausdrücke (des oben beschriebenen Aussagenkalküls) ist entscheidbar. Die zuständigen Algorithmen sind am zweckmäßigsten in einer problemorientierten Programmiersprache zu formulieren. Wir haben das folgende Programm in der Sprache PASCAL geschrieben. Es ist so weit allgemein konzipiert, daß es auf beliebige Syntaxanalysen im Rahmen kontextfreier Grammatiken angewandt werden kann (der Aussagenkalkül ist nur ein Beispiel solcher Syntaxsysteme). Wir beschränken uns an dieser Stelle auf das Hauptprogramm und zwei Testbeispiele; das komplette Programm (einschließlich Unterprogrammen, Dateien sowie weiterer Testbeispiele) findet der interessierte Leser im Anhang 1 aufgeführt.

```
BEGIN
  TABELLENLESEN;
  REPEAT
    FOR I:=0 TO STACKMAX DO STACK[I]:=SP;
    ENDE:=FALSE; Z:=0; ZEICHENHOLEN;
    REPEAT
      CASE RELATION[STACK[Z],W] OF
        'L','E':
                BEGIN
                  Z:=Z+1; STACK[Z]:=W; ZEICHENHOLEN
                END;
        'G':
                BEGIN
                  WHILE RELATION[STACK[Z-1],STACK[Z]]='E'
                  DO Z:=Z-1;
                  FOR I:=0 TO 9 DO
                    BEGIN
                      PHRASE[I]:=STACK[Z+I]; STACK[Z+I]:=SP
                    END;
                  FOR I:=1 TO REGELMAX DO
                  IF REGEL[I].B=PHRASE
                  THEN STACK[Z]:=REGEL[I].A[0]
                END;
```

```
        'S':
                BEGIN
                IF Z=1
                THEN
                    BEGIN
                    WRITELN('[SYNTAX OK]',CR,LF);
                    ENDE:=TRUE
                    END
                ELSE STACK[Z]:=SP
                END;
            OTHERS:
                BEGIN
                WHILE W<>SP DO ZEICHENHOLEN;
                WRITELN('[SYNTAXFEHLER]',CR,LF);
                ENDE:=TRUE
                END
        END
      UNTIL ENDE
    UNTIL KETTE^=NUL
END.
```

```
((x->y)->u)->v
[SYNTAX OK]

a->b->c
[SYNTAXFEHLER]
```

Bewertung aussagenlogischer Ausdrücke

Wir verlassen jetzt die rein syntaktische Dimension und interessieren uns für eine *Interpretation* aussagenlogischer Ausdrücke. Dazu verstehen wir die Zeichen *W, F* wieder als Wahrheitswerte, kleine lateinische Buchstaben als Aussagenvariable, die Junktoren als Verknüpfungssymbole gemäß ihrer Definition in 1.2. Interpretieren heißt hier: Ausdrücke bewerten.

Besteht ein Ausdruck ausschließlich aus Wahrheitswerten und Junktoren, etwa

$$W \to W \vee F,$$

so bedeutet er eine Aussage. Wir können dann nämlich die Verknüpfungen „ausrechnen" und erhalten einen einzelnen Wahrheitswert:

$$W \to W \vee F$$
$$= W \to W$$
$$= W.$$

Der gegebene Ausdruck steht demnach für eine wahre Aussage. Sobald jedoch auch Variable am Aufbau des Ausdrucks beteiligt sind, kann man so nicht mehr verfahren. Man nennt aussagenlogische Ausdrücke, in denen wenigstens eine Variable vorkommt, **aussagenlogische Aussageformen**, und diese sind keine Aussagen! Man gewinnt aber aus ihnen Aussagen, wenn man die Variablen mit Aussagen, sprich mit W oder F, belegt. So wird aus der Aussageform

$$a \rightarrow b \vee c$$

die oben erläuterte Aussage

$$W \rightarrow W \vee F,$$

wenn man a mit W, b mit W und c mit F belegt.

Definition 1.5.6. Seien $x_1, x_2, \ldots, x_n$ Aussagenvariable mit einer vorgegebenen Belegung

$$|x_1|, |x_2|, \ldots, |x_n| \in \{W, F\}$$

und $A(x_1, x_2, \ldots, x_n)$ eine n-stellige aussagenlogische Aussageform. Dann wird für diese Belegung der Wahrheitswert des Ausdrucks gemäß

$$|A(x_1, x_2, \ldots, x_n)| = A(|x_1|, |x_2|, \ldots, |x_n|)$$

berechnet.

Operativ läuft dies darauf hinaus, daß man statt der Variablen die ihnen zugeordneten Wahrheitswerte schreibt und den entstandenen W-F-Ausdruck ausrechnet. Für mehrfach geklammerte Ausdrücke gilt dabei die Regel: „Von innen nach außen", d. h. es wird mit der Berechnung des innersten Klammerausdrucks begonnen.

Beispiel 1.5.7. Vorgelegt seien die dreistellige Aussageform $A(x_1, x_2, x_3)$ gemäß

$$\neg x_3 \leftrightarrow \big((x_1 \wedge W) \vee (x_2 \rightarrow (\neg x_1 \leftrightarrow x_3))\big)$$

und die Variablen-Belegungen

$$|x_1| = W, \quad |x_2| = F, \quad |x_3| = W.$$

Damit geht die Aussageform $A(x_1, x_2, x_3)$ in die Aussage $A(W, F, W)$ über, deren Wahrheitswert sich wie folgt berechnet:

$$
\begin{aligned}
A(W, F, W) = {} & \neg W \leftrightarrow \big((W \wedge W) \vee (F \rightarrow (\neg W \leftrightarrow W))\big) \\
= {} & F \leftrightarrow \big(W \vee (F \rightarrow (F \leftrightarrow W))\big) \\
= {} & F \leftrightarrow \big(W \vee (F \rightarrow F)\big) \\
= {} & F \leftrightarrow (W \vee W) \\
= {} & F \leftrightarrow W \\
= {} & F.
\end{aligned}
$$

Der Leser wird dieses Vorgehen in der Analysis kennengelernt haben, wo Ausdrücke als reelle Funktionsterme auftreten. Auch dort ist ein Funktionsterm, wie etwa

$$f(x, y, z) = 4z \cdot (2x - y + 1) - y^3$$

keine reelle Zahl, während die Belegung mit speziellen Zahlenwerten, z.B. $x = 1$, $y = 2$, $z = -1$, auf eine reelle Zahl führt: $f(1, 2, -1) = -12$.

Dennoch besteht hier ein grundlegender Unterschied: eine stetige reelle Funktion kann durch die Berechnung einzelner Funktionswerte im allgemeinen nicht in ihrem Gesamtverhalten erfaßt werden, da ihr Graph aus einer *unendlichen* Menge von Punkten besteht. Hingegen besitzt eine aussagenlogische Aussageform stets nur *endlich* viele Belegungen und kann somit in endlich vielen Schritten *vollständig* berechnet werden.

Es ist zweckmäßig, diese Berechnung tabellarisch, mit Hilfe einer **Wahrheitswertetafel** durchzuführen. Ihre Zeilen werden den einzelnen Belegungen, ihre Spalten gewissen Teilausdrücken zugeordnet, die in ihrer Anordnung von links nach rechts auf den Gesamtausdruck führen. Die Anlage wird zeilenweise ausgefüllt.

Eine n-stellige aussagenlogische Aussageform besitzt genau 2^n *mögliche Belegungs-n-tupel* ($|x_1|, |x_2|, \ldots, |x_n|$). Wir wollen deren Anordnung einheitlich so festlegen, daß wir die „inverslexikographische Ordnung" wählen, d.h. von unten nach oben gelesen stehen die *W-F*-tupeln in der gleichen Anordnung wie Wörter im Lexikon.

Maßgebend für jede Aussageform ist die Menge der Belegungstupel, die zu *wahren* Aussagen führen. Für diese geben wir die

Definition 1.5.8. Die Menge $E[A(x_1, x_2, \ldots, x_n)]$ der Belegungstupel, die eine *n*-stellige aussagenlogische Aussageform $A(x_1, x_2, \ldots, x_n)$ zu einer wahren Aussage $A(|x_1|, |x_2|, \ldots, |x_n|) = W$ machen, heißt deren **Erfüllungsmenge**[16]):

$$E[A(x_1, x_2, \ldots, x_n)] = \{(|x_1|, |x_2|, \ldots, |x_n|) \mid A(|x_1|, |x_2|, \ldots, |x_n|) = W\}$$

Beispiel 1.5.9. Wie lautet die Erfüllungsmenge der dreistelligen Aussageform $A(a, b, c)$ gemäß

$$a \wedge (b \rightarrow \neg a \vee c) \leftrightarrow b\,?$$

Lösung:

a	b	c	$\neg a$	$\neg a \vee c$	$b \rightarrow \neg a \vee c$	$a \wedge (b \rightarrow \neg a \vee c)$	$a \wedge (b \rightarrow \neg a \vee c) \leftrightarrow b$
W	W	W	F	W	W	W	W
W	W	F	F	F	F	F	F
W	F	W	F	W	W	W	F
W	F	F	F	F	W	W	F
F	W	W	W	W	W	F	F
F	W	F	W	W	W	F	F
F	F	W	W	W	W	F	W
F	F	F	W	W	W	F	W

Unsere Aussageform wird demnach für drei Belegungen wahr:

$$A(W, W, W) = A(F, F, W) = A(F, F, F) = W,$$

---

[16]) Über mengentheoretische Grundbegriffe kann in Abschnitt 2.4 nachgelesen werden.

die Menge dieser *W*-*F*-Tripel ist die gesuchte Erfüllungsmenge

$$E[A(a, b, c)] = \{(W, W, W), (F, F, W), (F, F, F)\}.$$

Beispiel 1.5.10. Man bestimme die Erfüllungsmenge der zweistelligen Aussageform $A(p, q)$ gemäß

$$(p \leftrightarrow q) \to (\neg p \leftrightarrow \neg q)$$

p	q	$p \leftrightarrow q$	$\neg p$	$\neg q$	$\neg p \leftrightarrow \neg q$	$(p \leftrightarrow q) \to (\neg p \leftrightarrow \neg q)$
W	W	W	F	F	W	W
W	F	F	F	W	F	W
F	W	F	W	F	F	W
F	F	W	W	W	W	W

Diese Aussageform ist also für *jedes* Paar von Wahrheitswerten wahr:

$$E[A(p, q)] = \{(W, W), (W, F), (F, W), (F, F)\}.$$

Zugleich können wir damit vom zugehörigen Negat $\neg A(p, q)$ feststellen, daß es für *alle* Belegungen falsch ist:

$$|\neg ((p \leftrightarrow q) \to (\neg p \leftrightarrow \neg q))| = F$$

für alle $|p|, |q| \in \{W, F\}$. In diesem Fall ist die Erfüllungsmenge leer, wofür wir schreiben:

$$E[A(p, q)] = \emptyset$$

Beispiel 1.5.10. In einigen Fällen kann man auch ohne Wahrheitswertetafel das Verhalten einer aussagenlogischen Aussageform angeben. Am einfachsten ist dies möglich, wenn die Aussageform ein Subjungat ist, deren Vorderglied für alle Belegungen falsch ist. Dann ist nämlich nach Definition 1.3.5 der Ausdruck unabhängig vom Hinterglied stets wahr. Dazu betrachten wir die sechsstellige Aussageform:

$$((x_1 \leftrightarrow x_2) \land \neg (x_1 \leftrightarrow x_2)) \to ((x_1 \land x_3) \lor (x_2 \land x_4)) \lor (x_5 \land x_6)$$

Das ist ein Subjungat mit einem Konjungat als Vordersatz. Nun hat $x_1 \leftrightarrow x_2$ für jede Belegung stets den entgegengesetzten Wahrheitswert wie das zugehörige Negat $\neg (x_1 \leftrightarrow x_2)$, also ist das Konjungat dieser beiden Teilausdrücke stets falsch. Daraus folgt wiederum, daß der gesamte Ausdruck für alle Belegungen wahr ist, unabhängig davon, was rechts von „$\to$" steht. Man beachte: mit dieser Überlegung haben wir eine Wahrheitswertetafel von $2^6 = 64$ Zeilen umgangen!

An diesen Beispielen erkennt man bereits *drei Typen von aussagenlogischen Aussageformen:* solche, die für alle Belegungen wahr sind, die nur für einige (aber nicht alle) Belegungen den Wert *W* haben und solche, die stets falsch sind. Für diese Typen kennt die Logik besondere Bezeichnungen.

Definition 1.5.11. Eine n-stellige aussagenlogische Aussageform heißt

- **allgemeingültig** oder eine **Tautologie**, wenn sie für alle 2^n Belegungen wahr ist;
- **teilgültig** oder eine **Kontingenz** (Neutralität), wenn sie für m Belegungen, $0 < m < 2^n$, wahr ist;
- **ungültig** oder eine **Kontradiktion**, wenn sie für keine Belegung den Wert W annimmt.

Führen wir für die Menge aller n-gliedrigen W-F-Vektoren (n-tupeln) die Schreibweise

$$\{W, F\}^n := \{(W, W, \ldots, W),\ (W, W, \ldots, F), \ldots, (F, F, \ldots, F)\}$$

ein und bezeichnen mit „$\subset$" die echte Teilmengen-Beziehung, so können wir unsere Klassifizierung von aussagenlogischen Ausdrücken durch die zugehörigen Erfüllungsmengen charakterisieren:

$$
\begin{aligned}
&A(x_1, \ldots, x_n) \text{ allgemeingültig}: &&E[A(x_1, \ldots, x_n)] = \{W, F\}^n \\
&A(x_1, \ldots, x_n) \text{ teilgültig}: &&E[A(x_1, \ldots, x_n)] \subset \{W, F\}^n \text{ und} \\
& &&E[A(x_1, \ldots, x_n)] \neq \emptyset \\
&A(x_1, \ldots, x_n) \text{ ungültig}: &&E[A(x_1, \ldots, x_n)] = \emptyset
\end{aligned}
$$

Man nennt ferner Aussageformen **erfüllbar**, wenn sie für wenigstens eine Belegung wahr sind (d.s. also die Tautologien und Kontingenzen), anderenfalls unerfüllbar (d.s. also nur die Kontradiktionen).

Ist $A(x_1, \ldots, x_n)$ eine Tautologie, so ist $\neg A(x_1, \ldots, x_n)$ eine Kontradiktion und umgekehrt. Hingegen bleibt die Negation einer Kontingenz stets wieder eine Kontingenz.

Auch an dieser Stelle wird der algorithmische Charakter der Aussagenlogik deutlich: das Ausfüllen von Wahrheitswertetafeln und die daraus fließende Feststellung, ob der betreffende Ausdruck allgemein-, teil- oder ungültig ist, kann als ein Rechenprozeß, als ein determiniertes Verfahren dargestellt werden, das stets nach endlich vielen Schritten zum Ergebnis führt. *Demnach ist also auch die Allgemeingültigkeit aussagenlogischer Ausdrücke entscheidbar.* Zur Demonstration dieses wichtigen Satzes – er gilt im Prädikatenkalkül nicht mehr! – stellen wir wieder ein PASCAL-Programm vor. Es druckt bei Eingabe des Ausdruckes die Wahrheitswertetafel und die oben genannte Entscheidung aus. Wir führen hier nur die Anweisungen des Hauptprogramms und die Ausgabe für die ersten drei Ausdrücke auf[17]).

---

[17]) Das vollständige PASCAL-Programm und die Tabelle für den vierten Ausdruck findet der Leser in Anhang 2. Im Gegensatz zu dem in Anhang 1 abgedruckten Programm werden hier die Ausdrücke als FUNCTIONS dem Programm übergeben und dazu ausschließlich in Konjunktion (aus drucktechnischen Gründen mit $*$ für $\wedge$), Disjunktion ($+$ für $\vee$) und Negation dargestellt (Verwendung von BOOLEANS). Wir werden in Abschnitt 1.10 sehen, daß dies keine Einschränkung der Allgemeinheit ist, da alle übrigen Verknüpfungen auf diese drei zurückzuführen sind.

```
BEGIN
 BERECHNUNG(A0,2,'(^a*b)*(a+^b)
 WRITELN;
 BERECHNUNG(A1,3,'((a*^b)+(b*^c))+(^b+c)
 WRITELN;
 BERECHNUNG(A2,4,'(a*^b)+(^c*d)
 WRITELN;
 BERECHNUNG(A3,5,'((a*^d)+(b*e))*(a+^c)
END.

    X = (^a*b)*(a+^b)
    a   b   !   X
    ------------------
    W   W   !   F
    W   F   !   F
    F   W   !   F
    F   F   !   F
    X IST KONTRADIKTION

    X = ((a*^b)+(b*^c))+(^b+c)
    a   b   c   !   X
    ------------------
    W   W   W   !   W
    W   W   F   !   W
    W   F   W   !   W
    W   F   F   !   W
    F   W   W   !   W
    F   W   F   !   W
    F   F   W   !   W
    F   F   F   !   W
    X IST TAUTOLOGIE

    X = (a*^b)+(^c*d)
    a   b   c   d   !   X
    ---------------------
    W   W   W   W   !   F
    W   W   W   F   !   F
    W   W   F   W   !   W
    W   W   F   F   !   F
    W   F   W   W   !   W
    W   F   W   F   !   W
    W   F   F   W   !   W
    W   F   F   F   !   W
    F   W   W   W   !   F
    F   W   W   F   !   F
    F   W   F   W   !   W
    F   W   F   F   !   F
    F   F   W   W   !   F
    F   F   W   F   !   F
    F   F   F   W   !   W
    F   F   F   F   !   F
    X IST KONTINGENZ
```

Zum Schluß dieses Kapitels wollen wir uns mit einigen **Anwendungen der Aussagen-logik** beschäftigen. Es handelt sich um die Formalisierung sprachlicher Texte und um deren logische Analyse. Dabei beschränken wir uns an dieser Stelle auf solche Fälle, die mit Hilfe der Aussagenlogik erfaßt werden können.

Zunächst können Sätze wie „Wolfgang studiert Informatik" oder „In Stuttgart regnet es" durch Aussagen*variable* bezeichnet werden. Aussagen sind solche Sätze nach 1.2 nämlich erst dann, wenn die näheren Umstände nach Ort, Zeit, Personen etc. zusätzlich gegeben sind. Lassen wir diese offen, was in vielen Fällen zweckmäßig ist, so sind diese Sätze weder wahr noch falsch und können als Verbalisierungen von Aussagenvariablen verstanden werden.

Beim Übersetzen eines umgangssprachlichen Textes in einen aussagenlogischen Ausdruck hat man auf folgendes zu achten:

a) *Wie lauten die aussagenlogisch nicht weiter zerlegbaren Einzelsätze, aus denen der Satz zusammengesetzt ist?*

b) *Welche aussagenlogischen Verknüpfungen bestehen zwischen den Einzelsätzen und wie sind diese im Ausdruck zu verklammern?*

Betrachten wir dazu den Text:

> Sonntags besuchen wir unsere Freunde und, sofern es nicht gerade regnet, machen wir eine Wanderung oder eine Radpartie.

Die nicht weiter zerlegbaren Sätze sind

> a: es ist Sonntag.
> b: wir besuchen unsere Freunde.
> c: es regnet.
> d: wir machen eine Wanderung.
> e: wir machen eine Radpartie.

Stilistisch schlechter, dafür logisch präziser, lautet der obige Text:

> *Wenn* es Sonntag ist, *dann*
> > 1. besuchen wir unsere Freunde *und*
> > 2. *wenn* es nicht regnet, *dann*
> > > machen wir eine Wanderung *oder*
> > > wir machen eine Radpartie.

Demgemäß lautet seine Übersetzung in einen aussagenlogischen Ausdruck:

$$a \rightarrow \left(b \wedge (\neg\, c \rightarrow d \vee e) \right)$$

Dabei darf das äußere Klammerpaar entfallen! Schwieriger wird die Formalisierung, wenn der Text unpräzise oder mehrdeutig ist. In vielen Fällen erkennt man solche Mängel überhaupt erst bei einer logischen Analyse. Dazu erörtern wir folgende Beschreibung einer Hotelunterkunft:

> Unsere Zimmer sind mit Radio und Fernseher oder Telefon ausgestattet.

Die darin verknüpften Einzelsätze sind

> x_1:   Unsere Zimmer sind mit Radio ausgestattet.
> x_2:   Unsere Zimmer sind mit Fernseher ausgestattet.
> x_3:   Unsere Zimmer sind mit Telefon ausgestattet.

Die Übersetzung wird jedoch nicht durch

$$x_1 \wedge x_2 \vee x_3$$

wiedergegeben, da diese Zeichenkette einen nicht zulässigen Ausdruck beschreibt! Korrekt ist entweder eine Klammerung gemäß

$$(x_1 \wedge x_2) \vee x_3 \qquad\qquad\qquad\qquad (*)$$

oder eine Klammerung gemäß

$$x_1 \wedge (x_2 \vee x_3). \qquad\qquad\qquad\qquad (**)$$

Damit werden wohlbemerkt unterschiedliche Sachverhalte beschrieben! Das sieht man am einfachsten bei einer bestimmten Variablenbelegung. Wir wählen

$$|x_1| = |x_2| = F, \quad |x_3| = W.$$

Die Wahrheitswerte der Ausdrücke lauten dann

$$(F \wedge F) \vee W = F \vee W = W \qquad \text{bei} \quad (*),$$
$$F \wedge (F \vee W) = F \wedge F = F \qquad \text{bei} \quad (**).$$

Sollte demnach die obige Beschreibung im Sinne des Ausdrucks $(*)$ verstanden werden, so würde sie auf ein bestimmtes Zimmer, das nur Telefon (und weder Radio noch Fernseher) hat, zutreffen, denn $(*)$ ist für diese Belegung eine wahre Aussage. Eine sprachlich präzise Formulierung ist nicht so einfach, da die Klammerung verbal ersichtlich werden muß. Möglich ist die Verwendung des Gedankenstrichs:

> Unsere Zimmer sind mit Radio und Fernseher – oder mit Telefon ausgestattet.

Interpretiert man obige Beschreibung jedoch im Sinne des Ausdrucks $(**)$, so träfe sie auf ein nur mit Telefon ausgestattetes Zimmer nicht zu, denn der Wahrheitswert von $(**)$ ist für diese Belegung F. Eine dieser Interpretation entsprechende Formulierung wäre beispielsweise

> Unsere Zimmer sind mit Radio – und zusätzlich mit Fernseher oder Telefon ausgestattet.

Beispiel 1.5.12. Wir untersuchen den Text

> Werktags außer samstags verkehrt um 22.10 Uhr entweder ein Zug oder Bahnbus von Rottweil nach Villingen.

Im Rahmen des Aussagenkalküls ist das eine Verknüpfung folgender Einzelsätze

a: es ist werktags.
b: es ist samstags.
c: es verkehrt um 22.10 Uhr ein Zug von Rottweil nach Villingen.
d: es verkehrt um 22.10 Uhr ein Bahnbus von Rottweil nach Villingen.

Übersetzt man den Text ohne weitere Überlegung in den Aussagenkalkül, so erhält man den Ausdruck

$$a \wedge \neg b \rightarrow (c \wedge \neg d) \vee (\neg c \wedge d), \qquad\qquad\qquad (1)$$

wobei der Hintersatz die Formulierung „entweder *c* oder *d*" darstellt. Der Ausdruck ist syntaktisch zulässig, aber semantisch falsch, d. h. er ist im Einklang mit den Konstruktionsvorschriften gebildet worden, gibt aber die Bedeutung des vom Text gemeinten Sachverhalts nicht korrekt wieder. Um dies zu verdeutlichen, wähle man einmal die Belegung $|a| = F$, $|b| = F$ („sonntags"). Damit entsteht ein falsches Konjungat als Vordersatz und somit eine wahre Aussage für beliebige Belegungen von *c* und *d*. Mit $|c| = |d| = W$ ergäbe sich „Sonntags verkehrt ... ein Zug und ein Bus ..." als wahre Aussage.

So will aber der Text nicht verstanden werden. Vielmehr schließt er (stillschweigend) ein, daß samstags und sonntags kein Bahnverkehr (zu dieser Zeit auf dieser Strecke) stattfindet. Die korrekte Textergänzung lautet demnach

> ... und wenn es nicht werktags außer samstags ist, dann verkehrt um 22.10 Uhr weder ein Zug noch ein Bahnbus von Rottweil nach Villingen.

und formalisiert

$$\neg(a \wedge \neg b) \rightarrow (\neg c \wedge \neg d).$$

Damit lautet der vollständige Ausdruck

$$\bigl(a \wedge \neg b \rightarrow (c \wedge \neg d) \vee (\neg c \wedge d)\bigr) \wedge \bigl(\neg(a \wedge \neg b) \rightarrow (\neg c \wedge \neg d)\bigr) \tag{2}$$

Aufstellung der Wahrheitswertetafel:

a	b	c	d	① $a \wedge \neg b$	② $c \wedge \neg d$	③ $\neg c \wedge d$	④ ②∨③	⑤ ①→④	⑥ $\neg(a \wedge \neg b)$	⑦ $\neg c \wedge \neg d$	⑧ ⑥→⑦	⑤∧⑧
W	W	W	W	F	F	F	F	W	W	F	F	F
W	W	W	F	F	W	F	W	W	W	F	F	F
W	W	F	W	F	F	W	W	W	W	F	F	F
W	W	F	F	F	F	F	F	W	W	W	W	W
W	F	W	W	W	F	F	F	F	F	F	W	F
W	F	W	F	W	W	F	W	W	F	F	W	W
W	F	F	W	W	F	W	W	W	F	F	W	W
W	F	F	F	W	F	F	F	F	F	W	W	F
F	W	W	W	F	F	F	F	W	W	F	F	F
F	W	W	F	F	W	F	W	W	W	F	F	F
F	W	F	W	F	F	W	W	W	W	F	F	F
F	W	F	F	F	F	F	F	W	W	W	W	W
F	F	W	W	F	F	F	F	W	W	F	F	F
F	F	W	F	F	W	F	W	W	W	F	F	F
F	F	F	W	F	F	W	W	W	W	F	F	F
F	F	F	F	F	F	F	F	W	W	W	W	W

Es ergibt sich eine Kontingenz, die aufgrund der Tafel umfassend interpretierbar ist:

1. Die ersten vier Zeilen geben die Situation am Samstag wieder: an diesem Tag ver-

kehrt weder Zug noch Bahnbus, also kann nur die Belegung $|c| = |d| = F$ zu einer wahren Aussage führen.

2. Die Zeilen 5 bis 8 beziehen sich auf den Bahnverkehr von Montag bis Freitag. An diesen Tagen verkehrt entweder Zug oder Bahnbus, also liefern genau die Belegungen der Zeilen 6 und 7 wahre Aussagen.

3. Die Zeilen 9 bis 12 sind nicht interpretierbar, da die Belegung $|a| = F$, $|b| = W$ (nicht werktags und samstags) keine Realität besitzt. Der Formalismus des Aussagenkalküls erfaßt jedoch auch diese vier Fälle, da er sich nicht an der Interpretationsfähigkeit, sondern einzig an der formalen Erklärung der Aussageverknüpfungen orientiert.

4. Die letzten vier Zeilen bedeuten „sonntags". Auf Grund unserer Vervollständigung haben wir erreicht, daß in Übereinstimmung mit dem Sinn des Textes nur die Belegungen $|c| = |d| = F$ zu einer wahren Aussage führen: sonntags ruht der Bahnverkehr!

Im Nachgang zum Beispiel 1.5.12 halten wir fest: Die inhaltliche Interpretation eines Textes im Sinne einer semantischen Analyse, eines Fragens nach dem möglicherweise oder eigentlich Gemeinten, ist grundsätzlich nicht Sache der Logik. Deshalb ist (1) in 1.5.12 die korrekte Formalisierung des Textes vom Standpunkt der mathematischen Logik aus. Hingegen beschreibt der Ausdruck (2) eine zusätzlich vorgenommene Interpretation des Textes.

Die mathematische Logik ist jedoch im hervorragenden Maße geeignet, die logische Struktur von Aussagen sichtbar zu machen und Texte damit eindeutig und vollständig zu formulieren. Ungezählte Komplikationen wären vermeidbar, wenn sprachliche Fassungen unmißverständlich und interpretationsfrei vorgenommen würden.

Die meisten Schwierigkeiten ergeben sich erfahrungsgemäß bei den Wenn-dann-Aussagen (Subjunktionen), zu denen auch der Text von 1.5.12 gehört. *Diese sind oft insofern unvollständig formuliert, als keine Angabe für den Fall gemacht wird, daß der Vordersatz nicht zutrifft.* Tritt diese Situation ein, so muß man von sich aus eine Interpretation vornehmen, die sich dann im Nachherein in vielen Fällen als nicht zutreffend herausstellt. Vom inhaltlichen Aspekt aus ist eine Subjunktion erst dann vollständig, wenn der Text

$$\text{Wenn } a, \text{ dann } b \qquad\qquad (a \rightarrow b)$$

ergänzt wird durch den Satz

$$\text{und wenn nicht } a, \text{ dann } c \qquad (\neg a \rightarrow c).$$

Der diese *vollständige* Subjunktion beschreibende aussagenlogische Ausdruck ist das Konjugat

$$(a \rightarrow b) \wedge (\neg a \rightarrow c). \tag{1}$$

Einer der häufigsten logischen Denkfehler besteht darin, den Vordersatz $a \rightarrow b$ durch dessen „Inversion" $\neg a \rightarrow \neg b$ zu ergänzen, d.h. $a \rightarrow b$ als

$$(a \rightarrow b) \wedge (\neg a \rightarrow \neg b) \tag{2}$$

zu interpretieren! Der Leser überzeuge sich anhand einer Wahrheitswertetafel davon, daß dies dann und nur dann statthaft ist, wenn die *Bijunktion*

$$a \leftrightarrow b \qquad\qquad (3)$$

gilt: (2) und (3) haben gleichen *W-F*-Verlauf! Andererseits ergibt sich $a \to b$ aus (1), wenn man dort $b \vee \neg b$ für c setzt:

$$(a \to b) \wedge (\neg a \to b \vee \neg b).$$

Der Leser prüfe eine gegebene Wenn-dann-Aussage sehr sorgfältig, ob sie diesen Sachverhalt meint! Dann und nur dann stellt $a \to b$ den richtigen aussagenlogischen Ausdruck für den betreffenden Sachverhalt dar. Zu dieser Problematik vgl. auch Beispiel 1.8.12.

Aufgaben 1.5

1. Welche der folgenden Zeichenketten sind zulässige aussagenlogische Ausdrücke?

a) $\neg a \wedge \neg \neg b$
b) $W \to a \leftrightarrow F$
c) $p \vee q \vee \neg p \vee \neg q$
d) $x y \wedge z$
e) $((x_1 \leftrightarrow x_2) \leftrightarrow x_3)$
f) $\neg (a \leftrightarrow (b \wedge c) \vee (\neg b \wedge \neg c)$
g) $(W, F) \leftrightarrow (F, W)$
h) $\neg a \wedge b \to c \leftrightarrow \neg d \vee e$

2. Schreiben Sie die folgenden aussagenlogischen Ausdrücke mit einem Minimum an Klammern!

a) $(a \leftrightarrow b) \to c$
b) $(p \to (\neg q \to (\neg r \to x)))$
c) $(x \wedge y) \vee (\neg x \wedge \neg y)$
d) $(x_1 \wedge \neg x_2) \to (x_3 \leftrightarrow \neg x_1) \vee x_2$
e) $\neg (a \wedge \neg b) \leftrightarrow (c \vee d)$

3. Von der aussagenlogischen Aussageform $A(x, y, z)$ gemäß

$$(x \wedge \neg y) \to (\neg (\neg x \to \neg y) \vee (y \to x)) \leftrightarrow \neg z$$

berechne man den Wahrheitswert $A(F, F, W)$.

4. Bestimmen Sie von den folgenden aussagenlogischen Aussageformen die Erfüllungsmengen:

a) $A(x)$: $\qquad x \to (\neg x \wedge x) \leftrightarrow x \vee W$
b) $B(x, y)$: $\qquad \neg (\neg (x \wedge y) \vee (\neg x \to y \leftrightarrow \neg y)) \vee y$
c) $C(x, y, z)$: $(y \vee z \to \neg x) \wedge (\neg x \vee \neg z \to y) \wedge (z \to x)$

5. Eine vierstellige Aussageform ist falsch für folgenden Belegungsquadrupel: (W, F, F, W), (F, W, F, W), (W, W, W, W), (F, F, F, F), (W, F, F, F). Wie lautet die Erfüllungsmenge?

6. Entscheiden Sie anhand von Wahrheitswertetafeln, welche der folgenden Aussageformen Tautologien, Kontingenzen bzw. Kontradiktionen sind

a) $a \to (b \to c) \leftrightarrow (a \to b) \to c$
b) $(a \wedge c) \vee (b \wedge \neg c) \leftrightarrow (a \wedge \neg c) \wedge (b \vee c)$
c) $((x \wedge y) \vee (x \wedge \neg y)) \vee (\neg x \wedge y)$
d) $(p \wedge \neg p) \wedge (q \vee \neg q \to p \leftrightarrow q)$
e) $\neg (x_1 \wedge \neg x_3 \leftrightarrow x_3 \vee \neg x_1) \wedge (F \vee x_2)$
f) $(a \vee \neg a) \wedge (b \vee \neg b) \to W$

7. Gegeben seien die Aussagen

Die Sonne scheint (x_1)
Ein Auftrag liegt vor (x_2)
Miss Peel übt Karate (x_3)
Miss Peel besucht Mr. Steed (x_4)
Mr. Steed spielt Golf (x_5)
Mr. Steed luncht mit Miss Peel (x_6)

Übersetzen Sie damit folgende Aussagen:

a) Wenn die Sonne scheint, spielt Mr. Steed Golf.
b) Wenn die Sonne nicht scheint und kein Auftrag vorliegt, luncht Mr. Steed mit Miss Peel.
c) Entweder übt Miss Peel Karate oder sie besucht Mr. Steed.
d) Miss Peel übt Karate genau dann, wenn Mr. Steed Golf spielt – oder ein Auftrag liegt vor.
e) Entweder scheint die Sonne und Mr. Steed spielt Golf – oder Miss Peel besucht Mr. Steed und dieser luncht mit ihr.
f) Es trifft nicht zu, daß Miss Peel Mr. Steed besucht, wenn ein Auftrag vorliegt.
g) Nur dann, wenn kein Auftrag vorliegt, luncht Mr. Steed mit Miss Peel.

1.6   Aussagenlogische Gesetze

Nachdem wir die Syntax aussagenlogischer Ausdrücke und deren Semantik (Bewertungen) kennengelernt haben, wollen wir jetzt die allgemeingültigen Aussageformen näher untersuchen. Sie stellen die eigentlichen Gesetze der Aussagenlogik dar, vergleichbar mit den „Sätzen" (Formeln, Theoremen, Identitäten) anderer mathematischer Gebiete. Ihre Sonderstellung unter den übrigen Ausdrücken (vgl. Figur 1.6.1) ist nicht zuletzt im menschlichen Denken selbst verankert: logisch richtig denken wir, wenn der Sachverhalt mit den Gesetzen der Logik in Einklang steht.

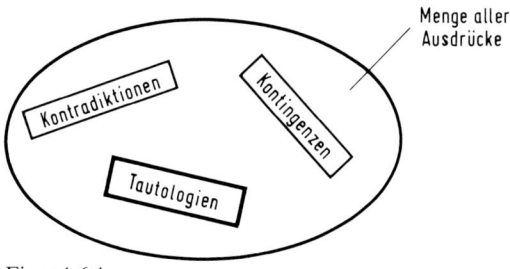

Figur 1.6.1

Für die Gesetze der Aussagenlogik stellen sich folgende Fragen:

– Wie sind diese Gesetze allgemein zu formulieren?
– Welche Typen von Tautologien gibt es?
– Welche Beziehungen zwischen Aussageformen entstehen auf Grund der Tautologien?
– Mit welchen Methoden läßt sich von einer beliebigen aussagenlogischen Aussageform entscheiden, ob sie allgemeingültig ist?

Zunächst erinnern wir noch einmal daran, daß wir in Def. 1.5.11 eine allgemeingültige aussagenlogische Aussageform dadurch charakterisiert hatten, daß sie für *alle* Belegungen den Wert W annimmt. Deshalb erklären wir folgende Formalisierung:

Definition 1.6.1. Ist $A(x_1, \ldots, x_n)$ eine allgemeingültige aussagenlogische Aussageform, so schreiben wir dafür

$$A(x_1, \ldots, x_n) \Leftrightarrow W$$

lies: A ist **äquivalent** W. [17a])

Der Leser beachte, daß „$\Leftrightarrow$" kein Verknüpfungszeichen (Junktor) des Aussagenkalküls ist! Das Äquivalenzzeichen charakterisiert vielmehr eine bestimmte Eigenschaft der Aussageform A, nämlich, daß diese bei $A \Leftrightarrow W$ für jede Belegung eine wahre Aussage ist.

An dieser Stelle wollen wir kurz auf die *Sprachschichtung* bei einer formalisierten Theorie eingehen. Wir haben zu unterscheiden zwischen **Objektsprache** und **Metasprache.** Das verdeutlichen wir uns am besten zunächst exemplarisch. Der nach den Syntaxregeln des Aussagenkalküls korrekt gebildete Ausdruck

$$\neg\,(x \wedge \neg\,x)$$

ist ein Bestandteil der Objektsprache. Der Satz

$$\neg\,(x \wedge \neg\,x) \quad \text{ist allgemeingültig}$$

oder, abgekürzt,

$$\neg\,(x \wedge \neg\,x) \Leftrightarrow W$$

ist ein Bestandteil der Metasprache! Während die Objektsprache die Menge aller (korrekt gebildeten) aussagenlogischen Ausdrücke darstellt, umfaßt die Metasprache auch alle Zeichenketten, mit denen wir, etwa in der deutschen Sprache, *über* die Objektsprache sprechen. *Die „Objekte" des Aussagenkalküls sind also einzig und allein die aussagenlogischen Ausdrücke, alles andere gehört in die „Oberschicht" der Sprachbeschreibungssprache (Metasprache, Kontext).* Zur letzteren gehören insbesondere Überlegungen zur Bedeutung (Semantik) der Zeichen wie Erklärungen zur Allgemeingültigkeit, Erfüllbarkeit oder Unerfüllbarkeit von Ausdrücken, Beziehungen zwischen Ausdrücken, ferner Aussagen zur Axiomatik des Kalküls: Widerspruchsfreiheit, Vollständigkeit, Unabhängigkeit, Entscheidbarkeit.

Sprachschichtungen können wir übrigens auch in ganz anderen Denkbereichen beobachten. Lernt man als Deutscher Englisch, so spielt hier die englische Sprache die Rolle der Objektsprache, während die deutsche Sprache als Metasprache dient.

Wir stellen die bisher gebrachten Formulierungen der Allgemeingültigkeit noch einmal zusammen.

- A ist allgemeingültig (Tautologie)
- $A \Leftrightarrow W$
- $|A| = W$ für alle Belegungen von A
- $E[A] = \{W, F\}^n$

[17a]) In diesem Zusammenhang verstehen sich W bzw. F als Zeichen für die n-stellige Tautologie bzw. n-stellige Kontradiktion.

Beispiel 1.6.2. Die einstellige Aussageform $x \vee \neg\, x$ ist allgemeingültig:

$$x \vee \neg\, x \Leftrightarrow W.$$

Beweis: Für $|x| = W$ ergibt sich $W \vee F = W$, und für die Belegung $|x| = F$ ist $F \vee W = W$. Verbale Formulierung dieses Gesetzes: Das Disjungat aus einer Aussage und deren Negat ist stets wahr. Beispiel: Morgen wird es regnen oder nicht regnen.

Beispiel 1.6.3. Es gilt die n-stellige Tautologie

$$A(x_1, \ldots, x_n) \vee W \Leftrightarrow W,$$

d. h. eine beliebige Aussageform disjungiert mit dem Wert W ist allgemeingültig. Das ist direkt verständlich auf Grund der Definition 1.3.4, wonach ein Disjungat nur falsch ist, wenn beide Operanden falsch sind, was hier niemals eintreten kann.

Wir betrachten nun die beiden wichtigsten Klassen (Typen) von Tautologien $A \Leftrightarrow W$: Äquivalenzen und Implikationen.

Definition 1.6.4. Hat eine allgemeingültige aussagenlogische Aussageform A die Gestalt eines Bijungats $B \leftrightarrow C$ zweier Ausdrücke B und C, so schreibt man für

$$B \leftrightarrow C \Leftrightarrow W$$

die **Äquivalenz**

$$B \Leftrightarrow C$$

(lies: B äquivalent C).

Der Leser beachte, daß nicht jede bijunktive Verknüpfung innerhalb eines Ausdrucks auch schon die Form $B \leftrightarrow C$ für den Ausdruck liefert. Man vergleiche etwa das (allgemeingültige!) Bijungat

$$a \wedge \neg\, a \leftrightarrow b \wedge \neg\, b \tag{$*$}$$

mit dem (ebenfalls allgemeingültigen!) Ausdruck

$$(a \vee \neg\, a) \vee (a \leftrightarrow b), \tag{$**$}$$

der die Form $B \vee C$ hat und somit ein *Disjungat* ist. Während man die Allgemeingültigkeit von $(*)$ durch

$$a \wedge \neg\, a \Leftrightarrow b \wedge \neg\, b$$

zum Ausdruck bringen kann, bleibt für $(**)$ nur die Darstellung

$$(a \vee \neg\, a) \vee (a \leftrightarrow b) \Leftrightarrow W.$$

Bevor wir uns den Eigenschaften der Äquivalenz zuwenden, sehen wir uns eine der bekanntesten Äquivalenzen, das **Kontrapositionsgesetz,**

$$a \rightarrow b \Leftrightarrow \neg\, b \rightarrow \neg\, a$$

anhand der Wahrheitswertetafel an:

a	b	B $a \rightarrow b$	$\neg\, a$	$\neg\, b$	C $\neg\, b \rightarrow \neg\, a$	$B \leftrightarrow C$
W	W	W	F	F	W	W
W	F	F	F	W	F	W
F	W	W	W	F	W	W
F	F	W	W	W	W	W

Man erkennt, daß die Allgemeingültigkeit von $B \leftrightarrow C$ deshalb besteht, weil in jeder Zeile bei B und C jeweils der gleiche Wahrheitswert steht: man sagt, die Aussageformen B und C haben gleichen *Wahrheitswerteverlauf* bzw. haben den gleichen *W-F-Vektor*. Das gilt ganz allgemein! Vgl. Figur 1.6.2.

Satz 1.6.5. *Zwei aussagenlogische Ausdrücke B und C sind äquivalent genau dann, wenn sie die gleichen Erfüllungsmengen (gleichen Wahrheitswerteverlauf) haben.*

Beweis: Sei $B \Leftrightarrow C$. Dann ist $B \leftrightarrow C$ Tautologie und nach Definition 1.3.6 $|B| = |C|$ für jede Belegung von B und C. Daraus folgt, daß in jeder Zeile, in der unter B der Wert W steht, auch unter C der Wert W stehen muß – und umgekehrt, was aber die Gleichheit der Erfüllungsmengen nach sich zieht. In entsprechender Weise schließt man auch umgekehrt von $E[B] = E[C]$ auf $B \Leftrightarrow C$. Man beachte: Sind am Aufbau von B m Variable, am Aufbau von C jedoch nur $n, n < m$, Variable beteiligt, so ist entsprechend der 2^m-zeiligen Wahrheitswertetafel für $B \leftrightarrow C$ die Erfüllungsmenge auch von C als m-tupel-Menge zu schreiben. Im Falle $B \Leftrightarrow W$ ist $E[W] = \{W, F\}^m$. Ferner gilt $E[F] = \emptyset$.

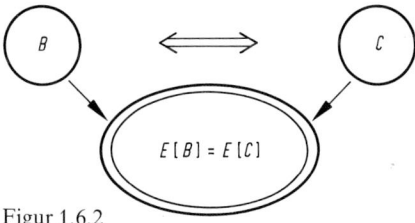

Figur 1.6.2

Satz 1.6.6. *Die Äquivalenz „$\Leftrightarrow$" hat die Eigenschaften*

1. $A \Leftrightarrow A$ (*Reflexivität*)
2. *Wenn* $A \Leftrightarrow B$, *dann* $B \Leftrightarrow A$ (*Symmetrie*)
3. *Wenn* $A \Leftrightarrow B$ *und* $B \Leftrightarrow C$, *dann* $A \Leftrightarrow C$ (*Transitivität*)

und ist damit eine algebraische Äquivalenzrelation.

Beweis: Man gehe von den Äquivalenzen zwischen den Ausdrücken zu den Gleichheitsbeziehungen der zugehörigen Erfüllungsmengen über. Für die Mengengleichheits-Relation sind aber die Eigenschaften Reflexivität, Symmetrie, Transitivität erfüllt[18]).

---

[18]) Die Kenntnis dieses Sachverhalts der elementaren Mengenlehre wird hier als bekannt vorausgesetzt. Vgl. 2.4. Die Äquivalenzklassen werden in 1.10.8 eingeführt und erläutert.

Definition 1.6.7. Besteht eine Äquivalenz auf Grund einer Festsetzung, so spricht man von einer **Äquivalenz per definitionem** und schreibt

$$B :\Leftrightarrow C$$

(lies: B ist nach Definition äquivalent zu C).

Die definierende Äquivalenz ist allerdings nicht symmetrisch: der Doppelpunkt zeigt verabredungsgemäß auf den neu *definierten* Ausdruck, während auf der anderen Seite der *definierende* Ausdruck steht. Haben wir also einen Ausdruck A gegeben und hat dieser die Form eines Bijungats $B \leftrightarrow C$, so heißt das korrekt: das Bijungat $B \leftrightarrow C$ ist per definitionem äquivalent dem vorliegenden Ausdruck A, wofür wir

$$A \Leftrightarrow : B \leftrightarrow C$$

schreiben, denn $B \leftrightarrow C$ ist die neue Schreibweise für A. Natürlich könnten wir auch

$$B \leftrightarrow C :\Leftrightarrow A$$

setzen. In den meisten Fällen wird die definierende Äquivalenz zur Einführung einer neuen Bezeichnung, Abkürzung oder Umbenennung verwendet, übrigens ganz entsprechend der Definitionsgleichheit „$=:$" sonst in der Mathematik. Man merke sich, daß der Doppelpunkt stets auf den neuen Begriff zeigt.

Satz 1.6.8. *Sei $A(x_1, \ldots, x_n)$ eine Tautologie, $B(y_1, \ldots, y_m)$ ein beliebiger aussagenlogischer Ausdruck. Ersetzt man dann eine Variable x_i in A durch den Ausdruck B, so ist der damit bestimmte Ausdruck*

$$A(x_1, \ldots, x_{i-1},\quad B(y_1, \ldots, y_m), x_{i+1}, \ldots, x_n)$$
$$\Leftrightarrow : C(x_1, \ldots, x_{i-1}, x_{i+1}, \ldots, x_n, y_1, \ldots, y_m)$$

wieder allgemeingültig **(Einsetzungsregel 1).**

Beweis: Nach Voraussetzung ist

$$|A| = A(|x_1|, \ldots, |x_n|) = W$$

für alle Belegungen, während für

$$|B| = B(|y_1|, \ldots, |y_m|) \in \{W, F\}$$

je nach den Belegungen der y_k gilt. Demnach kann sich am Wert $|A| = W$ nichts ändern, wenn man den Wert $|x_i| \in \{W, F\}$ an allen Stellen seines Auftretens im Ausdruck A durch den jeweiligen Wert $|B|$ ersetzt, gleichgültig, ob nun $|x_i| = |B|$ oder $|x_i| \neq |B|$ ist. Das heißt aber, es ist auch

$$A(|x_1|, \ldots, |x_{i-1}|, |B|, |x_{i+1}|, \ldots, |x_n|) = W$$

für alle Belegungen, die Allgemeingültigkeit ist erhalten geblieben.

Beispiel 1.6.9. Wir nehmen einige Substitutionen im Kontrapositionsgesetz vor:

$$x_1 \to x_2 \Leftrightarrow \neg x_2 \to \neg x_1.$$

Ersetzt man in der Tautologie

$$x_1 \to x_2 \leftrightarrow \neg x_2 \to \neg x_1 \Leftrightarrow: A(x_1, x_2)$$

die Variable x_2 durch die Aussageform

$$y_1 \wedge \neg y_3 \to y_2 \Leftrightarrow: B(y_1, y_2, y_3),$$

so entsteht die allgemeingültige Aussageform

$$x_1 \to (y_1 \wedge \neg y_3 \to y_2) \leftrightarrow \neg (y_1 \wedge \neg y_3 \to y_2) \to \neg x_1$$
$$\Leftrightarrow A(x_1, B(y_1, y_2, y_3)) \Leftrightarrow: C(x_1, y_1, y_2, y_3).$$

Natürlich gibt es noch viele andere Möglichkeiten einer Substitution. Es brauchen dabei nicht notwendig neue Variable eingeführt zu werden, so kann man in

$$x_1 \to x_2 \leftrightarrow \neg x_2 \to \neg x_1$$

die Variable x_1 durch $\neg x_1$ ersetzen. Dann entsteht

$$\neg x_1 \to x_2 \leftrightarrow \neg x_2 \to \neg \neg x_1$$

als neue Tautologie.

Damit wird bereits deutlich, daß die Anwendung der Substitution zur Gewinnung neuer Tautologien dienen kann. Hierbei bedarf es übrigens nicht eines Zurückgehens auf ein Bijungat, man kann vielmehr sofort von einer Äquivalenz

$$A(x_1, \ldots, x_n) \Leftrightarrow B(x_1, \ldots, x_n)$$

ausgehen und darin *beiderseits* die gleiche Variable durch einen beliebigen Ausdruck ersetzen. Die Äquivalenzbeziehung bleibt in jedem Fall erhalten!

Eine zweite, äquivalenzerhaltende Umformung ist mit dem folgenden Satz möglich.

Satz 1.6.10. *Ersetzt man in einer beliebigen aussagenlogischen Aussageform einen Teilausdruck durch einen dazu äquivalenten Ausdruck, so entsteht eine zur gegebenen Aussageform äquivalente Aussageform* (**Einsetzungsregel 2**).

Beweis: Der gegebene Ausdruck sei $A(x_1, \ldots, x_n)$. Den Teilausdruck nennen wir $T(x_{i_1}, \ldots, x_{i_m})$, wobei die indizierten Indizes zur Indexmenge $\{1, \ldots, n\}$ gehören. Diese sind erforderlich, weil am Aufbau von T nicht notwendig alle Variablen beteiligt sein müssen. Den gegebenen Ausdruck A können wir dann in der Form

$$A'(x_1, \ldots, x_n, T(x_{i_1}, \ldots, x_{i_m})) :\Leftrightarrow A(x_1, \ldots, x_n) \tag{1}$$

schreiben. Ersetzen wir $T(x_{i_1}, \ldots, x_{i_m})$ durch einen dazu äquivalenten Ausdruck $S(x_{i_1}, \ldots, x_{i_m})$, so entsteht der Ausdruck

$$A'(x_1, \ldots, x_n, S(x_{i_1}, \ldots, x_{i_m})). \tag{2}$$

Wir wollen zeigen, daß (1) und (2) gleichen Wahrheitswerteverlauf haben. Dazu brauchen wir uns aber nur den Aufbau der Wahrheitswertetafeln (1) und (2) zu verdeutlichen. Beide Ausdrücke (1) und (2) haben den gleichen Aufbau, nur dort, wo bei (1) der Teilausdruck T steht, befindet sich bei (2) der Teilausdruck S. Da aber beide voraussetzungsgemäß äquivalent sind, sind die *W-F*-Vektoren von *T*- und *S*-Spalte identisch, d. h. aber, die Wahrheitswertetafel von (1) wird durch die Substitution nicht verändert, (1) und (2) sind äquivalent.

Beispiel 1.6.11. Gegeben seien

$$A(x_1, x_2, x_3, x_4, x_5) :\Leftrightarrow (\neg\, x_2 \vee x_4 \rightarrow x_5) \vee (\neg\, x_1 \wedge x_2 \leftrightarrow x_3) \leftrightarrow (x_4 \rightarrow \neg\, x_2 \vee x_4)$$
$$T(x_2, x_4) :\Leftrightarrow \neg\, x_2 \vee x_4 \quad (i_1 = 2,\ i_2 = 4),$$

also

$$A'\big(x_1, x_2, x_3, x_4, x_5, T(x_2, x_4)\big) :\Leftrightarrow (T \rightarrow x_5) \vee (\neg\, x_1 \wedge x_2 \leftrightarrow x_3) \leftrightarrow (x_4 \rightarrow T).$$

Ersetzt man *T* durch den Ausdruck $S(x_2, x_4)$ gemäß

$$S(x_2, x_4) :\Leftrightarrow x_2 \rightarrow x_4 \quad (\Leftrightarrow \neg\, x_2 \vee x_4!)$$

(mit Wahrheitswertetafel nachprüfen!), so erhält man

$$A'\big(x_1, x_2, x_3, x_4, x_5, S(x_2, x_4)\big) \Leftrightarrow (S \rightarrow x_5) \vee (\neg\, x_1 \wedge x_2 \leftrightarrow x_3) \leftrightarrow (x_4 \rightarrow S)$$

oder in ausführlicher Schreibweise

$$\big((x_2 \rightarrow x_4) \rightarrow x_5\big) \vee (\neg\, x_1 \wedge x_2 \leftrightarrow x_3) \leftrightarrow \big(x_4 \rightarrow (x_2 \rightarrow x_4)\big).$$

Man achte auf die erforderlich gewordene zusätzliche Klammerung, die die vorrangige Berechnung des Teilausdrucks $x_2 \rightarrow x_4$ sicherstellt!

Als Gedächtnisstütze stellen wir die wichtigsten Erklärungen und Eigenschaften der Äquivalenz noch einmal zusammen:

Äquivalenz $A \Leftrightarrow B$

- $|A| = |B|$ für alle Belegungen
- $E[A] = E[B]$
- $A \leftrightarrow B$ ist allgemeingültig
- $A \leftrightarrow B \Leftrightarrow W$
- „$\Leftrightarrow$" ist eine algebraische Äquivalenz-Relation

---

Wir wenden uns nun einer weiteren Klasse allgemeingültiger Ausdrücke $A \Leftrightarrow W$ zu, bei denen *A* die Form eines Subjungats hat.

Definition 1.6.12. Hat eine allgemeingültige aussagenlogische Aussageform *A* die Gestalt eines Subjungats $B \rightarrow C$, so schreiben wir für

$$B \rightarrow C \Leftrightarrow W$$

die **Implikation**

$$B \Rightarrow C$$

(lies: *B* impliziert *C*).

In der gleichen Weise wie das Äquivalenzzeichen „⇔" gehört auch das Implikationszeichen „⇒" zu den *metasprachlichen Zeichen*, mit dem hier eine *Beziehung* (Relation) zwischen den Ausdrücken *B, C* formalisiert wird. Auf keinen Fall darf „⇒" mit dem Junktor „→" der Subjunktion verwechselt werden, der ein Element der Objektsprache ist und eine *Verknüpfung* im Aussagenkalkül bezeichnet.

Als Vorbereitung des nächsten Satzes entwickeln wir die Wahrheitswertetafel für das Subjungat

$$(a \vee b \to c) \to (a \to c) \vee (b \to c)$$

a	b	c	$a \vee b$	① $a \vee b \to c$	② $a \to c$	③ $b \to c$	④ ②∨③	①→④
W	W	W	W	W	W	W	W	W
W	W	F	W	F	F	F	F	W
W	F	W	W	W	W	W	W	W
W	F	F	W	F	F	W	W	W
F	W	W	W	W	W	W	W	W
F	W	F	W	F	W	F	W	W
F	F	W	F	W	W	W	W	W
F	F	F	F	W	W	W	W	W

Man erkennt die Allgemeingültigkeit, d. h. es ist

$$(a \vee b \to c) \Rightarrow (a \to c) \vee (b \to c)$$

und die im folgenden Satz 1.6.13 ausgesprochene Teilmengen-Beziehung zwischen den Erfüllungsmengen von Vordersatz ① und Hintersatz ④:

$$E[a \vee b \to c] = \{(W, W, W), (W, F, W), (F, W, W), (F, F, W), (F, F, F)\}$$

$$E[(a \to c) \vee (b \to c)] = \{(W, W, W), (W, F, W), (W, F, F), (F, W, W),$$
$$(F, W, F), (F, F, W), (F, F, F)\}$$

Dieser Sachverhalt gilt bei jeder Implikation!

Satz 1.6.13. *Zwei aussagenlogische Ausdrücke B, C stehen in der Implikation B ⇒ C genau dann, wenn die Erfüllungsmenge E[B] des Vordersatzes eine Teilmenge der Erfüllungsmenge E[C] des Hintersatzes ist.*

Beweis: 1. Sei $B \Rightarrow C$. Dann ist der Fall $|B| = W$ und $|C| = F$ nicht möglich, da für diesen $|B \to C| = F$ wäre. Die W-F-Vektoren, welche $|B| = |C| = W$ erzeugen, liegen sowohl in $E[B]$ als auch in $E[C]$. Alle W-F-Vektoren mit $|B| = F$ ($|C| = W$ oder $|C| = F$), erweitern aber höchstens die Erfüllungsmenge $E[C]$, so daß jeder W-F-Vektor aus $E[B]$ auch in $E[C]$ liegt: $E[B] \subseteq E[C]$.

2. Sei $B \nRightarrow C$, d. h. $B \to C$ nicht allgemeingültig. Dann muß es wenigstens einen W-F-Vektor geben, für den $|B| = W$ und $|C| = F$ ist. Dieser Vektor gehört damit zur

Erfüllungsmenge von *B*, nicht aber zur Erfüllungsmenge von *C*. Damit kann $E[B]$ keine Teilmenge von $E[C]$ sein: $E[B] \nsubseteq E[C]$. Man vergleiche Figur 1.6.3.

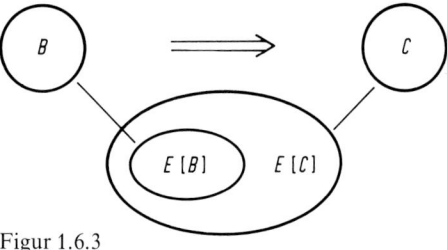

Figur 1.6.3

Satz 1.6.14. *Die Implikation „⇒" hat die Eigenschaften*

1. $A \Rightarrow A$ (*Reflexivität*)
2. *Wenn* $A \Rightarrow B$ *und* $B \Rightarrow A$, *dann* $A \Leftrightarrow B$ (*Identitivität*)
3. *Wenn* $A \Rightarrow B$ *und* $B \Rightarrow C$, *dann* $A \Rightarrow C$ (*Transitivität*)

und ist damit eine algebraische Ordnungsrelation.

Beweis: Man betrachte die zugehörigen Erfüllungsmengen! Zu 1: Jede Menge ist Teilmenge von sich selbst, hier: $E[A] \subseteq E[A]$. Zu 2: Ist $E[A] \subseteq E[B]$ und $E[B] \subseteq E[A]$, dann zieht dies $E[A] \subseteq E[B]$ nach sich! Zu 3: Mit $E[A] \subseteq E[B]$ und $E[B] \subseteq E[C]$ ist auch $E[A] \subseteq E[C]$. In allen drei Fällen haben wir also die Eigenschaften reflexiv, identitiv und transitiv von der Teilmengen-Relation „$\subseteq$" (und von daher bekannt!) auf die Implikation übertragen und damit den Satz bewiesen.

Der Leser werfe noch einmal einen Blick auf die Identitivität. Sie stellt den Zusammenhang zwischen Implikation und Äquivalenz her: eine *beiderseitige Implikation ist gleichbedeutend mit einer Äquivalenz zweier Ausdrücke*. Dies gilt übrigens auch umgekehrt: $A \Leftrightarrow B$ hat stets auch die beiden Aussagen $A \Rightarrow B$ und $B \Rightarrow A$ zur Folge. Im Aussagenkalkül heißt das: die bijunktive Aussageform

$$(A \rightarrow B) \wedge (B \rightarrow A) \leftrightarrow (A \leftrightarrow B)$$

ist allgemeingültig, d. h. es gilt die Äquivalenz

$$(A \rightarrow B) \wedge (B \rightarrow A) \Leftrightarrow (A \leftrightarrow B),$$

was man übrigens auch unabhängig von Satz 1.6.14 in der Form

$$(a \rightarrow b) \wedge (b \rightarrow a) \Leftrightarrow (a \leftrightarrow b)$$

direkt mit einer Wahrheitswertetafel bestätigen kann. Der Übergang von den Aussagenvariablen a, b zu den aussagenlogischen Ausdrücken A, B wird durch die Einsetzungsregel 1 (Satz 1.6.8) ermöglicht. Man beachte aber, daß es *falsch* ist, diesen Sachverhalt in der Gestalt

$$(A \Rightarrow B) \wedge (B \Rightarrow A) \Leftrightarrow (A \Leftrightarrow B)$$

zu schreiben. Dazu erinnere man sich, daß der Konjunktions-Junktor innerhalb des Aussagenkalküls zwei Wahrheitswerte bzw. zwei Aussageformen miteinander verknüpft, während er hier zwischen zwei Beziehungen (Implikationen) und damit zwischen zwei Aussagen über den Aussagenkalkül steht.

Wir stellen die Erklärungen und Eigenschaften der Implikation noch einmal zusammen:

Implikation $A \Rightarrow B$

- Für alle Belegungen ist entweder $|A| = |B| = W$ oder
  $|A| = F$, $|B| \in \{W, F\}$
- $E[A] \subseteq E[B]$
- $A \to B$ ist allgemeingültig
- $A \to B \Leftrightarrow W$
- „$\Rightarrow$" ist eine algebraische Ordnungsrelation

Wir werden die Implikationen in Kapitel 1.9, bei der Behandlung der aussagen-logischen Schlußfolgerungen, ausführlich untersuchen. Zum Schluß dieses Kapitels geben wir eine Übersicht der am häufigsten benutzten Tautologien. Der Nachweis der Allgemeingültigkeit kann in jedem Fall mit einer Wahrheitswertetafel durchgeführt werden.

Äquivalenzen in einer Aussagenvariablen

$a \Leftrightarrow a$	Reflexivität der Äquivalenz	(1)
$\neg \neg a \Leftrightarrow a$	Gesetz der doppelten Negation	(2)
$a \wedge a \Leftrightarrow a$	Idempotenz der Konjunktion	(3)
$a \vee a \Leftrightarrow a$	Idempotenz der Disjunktion	(4)
$a \wedge \neg a \Leftrightarrow F$	Gesetz des Widerspruchs	(5)
$a \vee \neg a \Leftrightarrow W$	Gesetz vom ausgeschlossenen Dritten	(6)
$a \to a \Leftrightarrow W$	Reflexivität der Implikation	(7)
$a \wedge W \Leftrightarrow a$	W ist Neutralelement der Konjunktion	(8)
$a \vee W \Leftrightarrow W$	Disjunktion mit W erzwingt W	(9)
$a \vee F \Leftrightarrow a$	F ist Neutralelement der Disjunktion	(10)
$a \wedge F \Leftrightarrow F$	Konjunktion mit F erzwingt F	(11)

Disjunktionsgesetze

$a \vee b \Leftrightarrow b \vee a$	Kommutativität von „$\vee$"	(12)
$a \vee (b \vee c) \Leftrightarrow (a \vee b) \vee c$	Assoziativität von „$\vee$"	(13)
$a \vee (b \wedge c) \Leftrightarrow (a \vee b) \wedge (a \vee c)$	Distributivität von „$\vee$" über „$\wedge$"	(14)
$a \vee (a \wedge b) \Leftrightarrow a$	Absorptionsgesetz für „$\vee$"	(15)
$\neg (a \vee b) \Leftrightarrow \neg a \wedge \neg b$	DE MORGAN-Gesetz	(16)
$a \vee b \Leftrightarrow \neg a \to b$	Umwandlung „$\vee$" in „$\to$"	(17)

$(a \wedge b) \vee (c \wedge d) \vee (e \wedge f)$

$\Leftrightarrow (a \vee c \vee e \vee f) \wedge (a \vee d \vee e \vee f) \wedge (b \vee c \vee e \vee f) \wedge (b \vee d \vee e \vee f)$

44

$(a \vee b) \wedge (c \vee d) \wedge (e \vee f)$

$\Leftrightarrow (a \wedge c \wedge e \wedge f) \vee (a \wedge d \wedge e \wedge f) \vee (b \wedge c \wedge e \wedge f) \vee (b \wedge d \wedge e \wedge f)$

Aussagenlogik

Konjunktionsgesetze

$a \wedge b \Leftrightarrow b \wedge a$	Kommutativität von „ $\wedge$ “	(18)
$a \wedge (b \wedge c) \Leftrightarrow (a \wedge b) \wedge c$	Assoziativität von „ $\wedge$ “	(19)
$a \wedge (b \vee c) \Leftrightarrow (a \wedge b) \vee (a \wedge c)$	Distributivität von „ $\wedge$ “ über „ $\vee$ “	(20)
$a \wedge (a \vee b) \Leftrightarrow a$	Absorptionsgesetz für „ $\wedge$ “	(21)
$\neg (a \wedge b) \Leftrightarrow \neg a \vee \neg b$	DE MORGAN-Gesetz	(22)
$a \wedge b \Leftrightarrow \neg (a \rightarrow \neg b)$	Umwandlung „ $\wedge$ “ in „ $\rightarrow$ “	(23)

Subjunktionsgesetze

$a \rightarrow b \Leftrightarrow \neg b \rightarrow \neg a$	Kontrapositionsgesetz	(24)
$a \rightarrow b \Leftrightarrow \neg a \vee b$	Umwandlung von „ $\rightarrow$ “ in „ $\vee$ “	(25)
$a \rightarrow (b \wedge c) \Leftrightarrow (a \rightarrow b) \wedge (a \rightarrow c)$	Distributivität von „ $\rightarrow$ “ über „ $\wedge$ “	(26)
$a \rightarrow (b \vee c) \Leftrightarrow (a \rightarrow b) \vee (a \rightarrow c)$	Distributivität von „ $\rightarrow$ “ über „ $\vee$ “	(27)
$(a \vee b) \rightarrow c \Leftrightarrow (a \rightarrow c) \wedge (b \rightarrow c)$	Modifiziertes Distributivgesetz	(28)
$(a \wedge b) \rightarrow c \Leftrightarrow (a \rightarrow c) \vee (b \rightarrow c)$	Modifiziertes Distributivgesetz	(29)
$a \rightarrow (b \rightarrow c) \Leftrightarrow b \rightarrow (a \rightarrow c)$	Tauschgesetz für Vorderglieder	(30)
$a \rightarrow (b \rightarrow c) \Leftrightarrow (a \wedge b) \rightarrow c$	Klammer-Änderungsgesetz für „ $\rightarrow$ “	(31)

Bijunktionsgesetze

$a \leftrightarrow b \Leftrightarrow b \leftrightarrow a$	Kommutativität von „ $\leftrightarrow$ “	(32)
$a \leftrightarrow (b \leftrightarrow c) \Leftrightarrow (a \leftrightarrow b) \leftrightarrow c$	Assoziativität von „ $\leftrightarrow$ “	(33)
$a \leftrightarrow b \Leftrightarrow (a \wedge b) \vee (\neg a \wedge \neg b)$	Umwandlung „ $\leftrightarrow$ “ in „ $\vee$ “	(34)
$a \leftrightarrow b \Leftrightarrow (\neg a \vee b) \wedge (a \vee \neg b)$	Umwandlung „ $\leftrightarrow$ “ in „ $\wedge$ “	(35)
$a \leftrightarrow b \Leftrightarrow (a \rightarrow b) \wedge (b \rightarrow a)$	Darstellung von „ $\leftrightarrow$ “ mit „ $\rightarrow$ “	(36)
$a \leftrightarrow b \Leftrightarrow \neg a \leftrightarrow \neg b$	Kontrapositionsgesetz für „ $\leftrightarrow$ “	(37)

Implikationen

$F \Rightarrow a$	ex falso quodlibet	(38)
$a \Rightarrow W$	ex quodlibet verum	(39)
$a \wedge b \Rightarrow a$	Abschwächung der Konjunktion	(40)
$a \Rightarrow a \vee b$	Abschwächung zur Disjunktion	(41)
$\neg a \Rightarrow a \rightarrow b$	Satz vom negierten Vorderglied	(42)
$b \Rightarrow a \rightarrow b$	Satz vom Hinterglied	(43)
$a \wedge b \Rightarrow a \vee b$	Konjunktion impliziert Disjunktion	(44)
$a \wedge (a \rightarrow b) \Rightarrow b$	Abtrennungsgesetz (modus ponens)	(45)
$\neg b \wedge (a \rightarrow b) \Rightarrow \neg a$	Widerlegungsgesetz (modus tollens)	(46)
$(a \rightarrow b) \wedge (b \rightarrow c) \Rightarrow (a \rightarrow c)$	Transitivitätsgesetz	(47)
$(a \vee b) \wedge ((a \rightarrow c) \wedge (b \rightarrow c)) \Rightarrow c$	Gesetz der Fallunterscheidung	(48)

Aufgaben zu 1.6

1. Man gebe für jede der folgenden Äquivalenzen eine sprachliche (verbale) Interpretation!

   a) $a \wedge a \Leftrightarrow a$

   b) $\neg \neg a \Leftrightarrow a$

   c) $\neg (a \wedge b) \Leftrightarrow \neg a \vee \neg b$

   d) $\neg a \vee b \Leftrightarrow a \rightarrow b$

   e) $a \wedge (a \vee b) \Leftrightarrow a$

   f) $(a \rightarrow b) \wedge (b \rightarrow a) \Leftrightarrow a \leftrightarrow b$

2. Zeigen Sie, daß für beliebige Ausdrücke A, B die Äquivalenz $A \Leftrightarrow B$ stets die Äquivalenz $\neg A \Leftrightarrow \neg B$ nach sich zieht und umgekehrt. Anleitung: Beginnen Sie mit dem Gesetz (37) und ziehen Sie die Einsetzungsregel 1 heran!

3. Leiten Sie das DE MORGAN-Gesetz (16) aus dem DE MORGAN-Gesetz (22) her. Kann man auch (22) aus (16) gewinnen?

4. Man beweise das Absorptionsgesetz (21), indem man den linksseitig stehenden Ausdruck nach Einsetzungsregel 2 durch Äquivalenzumformungen auf den rechtsseitig stehenden Ausdruck umwandelt. Anleitung: mit Gesetz (10) beginnen!

5. Man beweise das Distributivgesetz (27), indem man die linke Seite durch Äquivalenzumformungen in die rechte Seite überführt. Anleitung: Beginnen Sie mit einer Anwendung des Gesetzes (25).

6. Zeigen Sie die Ungültigkeit des Ausdrucks

   $$((a \wedge b) \vee (a \wedge \neg b)) \wedge ((\neg a \wedge b) \vee (\neg a \wedge \neg b))$$

   durch äquivalente Umwandlung in den Ausdruck F.

7. Zeigen Sie die Allgemeingültigkeit des Ausdrucks

   $$b \rightarrow ((a \rightarrow (b \rightarrow a)) \rightarrow b),$$

   indem Sie den Ausdruck durch eine Kette von Äquivalenzumformungen in den Wahrheitswert W überführen!

8. Vereinfachen Sie den Ausdruck

   $$(b \leftrightarrow ((a \rightarrow c) \vee (\neg a \rightarrow c))) \wedge \neg c.$$

9. Nach Aufgabe 1 (1. 4) und Beispiel 1.5.12 kann die Entweder-oder-Verknüpfung (exklusives oder) durch die Äquivalenz

   $$a|b :\Leftrightarrow (a \wedge \neg b) \vee (\neg a \wedge b)$$

   erklärt werden, wobei „|" den zugehörigen Junktor bezeichne. Zeigen Sie durch Äquivalenzumformungen

   a) $a|b \Leftrightarrow (\neg a \rightarrow b) \wedge (b \rightarrow \neg a) \Leftrightarrow \neg a \leftrightarrow b$

   b) „|" ist kommutativ

   c) „|" ist assoziativ (Anleitung: Verwenden Sie die unter a) gezeigte Darstellung von „|" mittels „↔")

10. Zeigen Sie das Transitivitätsgesetz (47)!
    Anleitung: Beachten Sie die Definition 1.6.12.

11. Leiten Sie das Widerlegungsgesetz (46) aus dem Abtrennungsgesetz (45) her! Beginnen Sie mit einer Anwendung des Kontrapositionsgesetzes (24)!

12. Unter welcher Voraussetzung kann man für $A \Rightarrow B$ auch $A \Leftrightarrow B$ schreiben? Umgekehrt: Unter welcher Voraussetzung kann man statt $A \Leftrightarrow B$ auch $A \Rightarrow B$ schreiben?

1.7   Einfache Normalformen

In diesem Kapitel wollen wir eine der wichtigsten Anwendungen des Aussagenkalküls kennenlernen. Es geht noch einmal um die Frage nach der Allgemeingültigkeit eines aussagenlogischen Ausdrucks. Aber während wir in den vorangegangenen Kapiteln auf die Wahrheitswertetafeln angewiesen waren, können wir jetzt Verfahren entwickeln, die auf einer *systematischen Äquivalenzumformung* mit Hilfe unserer aussagenlogischen Gesetze beruhen. Auch hier gelangen wir nach endlich vielen Schritten zum Ziel, wobei der Rechenaufwand oft wesentlich geringer als bei der Aufstellung der Tafel ist. Außerdem ist bereits das Vorhandensein von Normalformen ein wesentliches Strukturelement des Aussagenkalküls.

Wir beginnen mit einer Erweiterung der Definition 1.5.1, mit der wir die Bildungsvorschrift für aussagenlogische Ausdrücke festlegten. Danach mußten wir beispielsweise für ein Konjungat in drei Variablen

$$a \wedge (b \wedge c)$$

oder

$$(a \wedge b) \wedge c$$

schreiben, je nachdem bei einer Belegung der Variablen mit Wahrheitswerten die Auswertung des Ausdrucks mit den beiden letzten bzw. mit den beiden ersten Variablen beginnen soll. Nun gehört aber nach 1.4 zu den Konjunktionsgesetzen auch das Assoziativgesetz (19)

$$a \wedge (b \wedge c) \Leftrightarrow (a \wedge b) \wedge c,$$

wonach also die Berechnung eines mehrgliedrigen Konjungats *unabhängig von der Klammersetzung* ist. Deshalb kann ein Weglassen der Klammern hier zu keinen Mißverständnissen führen. Dies gilt in entsprechender Weise für jede *assoziative* Verknüpfung.

Definition 1.7.1. Seien a, b, c Aussagenvariable, und bezeichne „$*$" einen Junktor für eine zweistellige Aussagenverknüpfung. Gilt dann für „$*$" das Assoziativgesetz, so soll

$$a * (b * c) \Leftrightarrow (a * b) * c \Leftrightarrow : a * b * c$$

geschrieben werden.

Als Folgerung daraus können wir das Weglassen der Klammern bei einem beliebigen n-gliedrigen Ausdruck ($n \geq 3$)

$$x_1 * x_2 * x_3 * \ldots * x_n$$

in einer *assoziativen* Verknüpfung festhalten. Dabei darf übrigens statt eines x_i auch das Negat $\neg x_i$ stehen, da nach unserer Prioritätenregelung in Definition 1.5.1 der Negator Vorrang vor allen anderen Junktoren hat, mit anderen Worten, ein Ausdruck der Form

$$x_3 \wedge \neg x_1 \wedge \neg x_5 \wedge x_2 \wedge x_4$$

ist korrekt. Im Rahmen des in Definition 1.5.1 festgelegten Aussagenkalküls[19]) sind außer der Konjunktion noch die Disjunktion und Bijunktion assoziativ:

$$a \vee (b \vee c) \Leftrightarrow (a \vee b) \vee c \Leftrightarrow : a \vee b \vee c$$
$$a \leftrightarrow (b \leftrightarrow c) \Leftrightarrow (a \leftrightarrow b) \leftrightarrow c \Leftrightarrow : a \leftrightarrow b \leftrightarrow c$$

nicht hingegen die Subjunktion! Man vergleiche die Gesetze (13), (19) und (33) in 1.4!

Disjunktive Normalformen. Unser Ziel ist die äquivalente Umformung eines Ausdrucks in eine Disjunktion von „Konjunktionstermen". Dabei müssen wir berücksichtigen, daß die Variablen in beliebiger Reihenfolge, gegebenenfalls auch wiederholt und negiert oder nicht-negiert auftreten können. Um dafür eine allgemeine Formulierung anzugeben, werden wir die Variablenindizes nochmals indizieren, also etwa

$$x_{i_\lambda}$$

schreiben, wobei der *indizierte Index* i_λ ein Element der Indexmenge

$$I := \{1, 2, \ldots, n\}$$

bedeutet und λ die Indizes von links nach rechts durchnumeriert. Ferner führen wir zu jeder Variablen einen formalen Exponenten ein, der angibt, ob die betreffende Variable negiert (Exponent 0) oder nicht-negiert (Exponent 1) auftritt.

Definition 1.7.2. Ein Ausdruck der Form

$$K(x_1, x_2, \ldots, x_n) :\Leftrightarrow x_{i_1}^{e_1} \wedge x_{i_2}^{e_2} \wedge \ldots \wedge x_{i_m}^{e_m}$$

heiße ein **Konjunktionsterm.** Dabei sei

$$e_\lambda \in \{0, 1\}, \quad i_\lambda \in I, \quad x_{i_\lambda}^0 :\Leftrightarrow \neg x_{i_\lambda}, \quad x_{i_\lambda}^1 :\Leftrightarrow x_{i_\lambda}, \quad \lambda \in \{1, 2, \ldots, m\}$$

Definition 1.7.3. Eine n-stellige aussagenlogische Aussageform $A(x_1, \ldots, x_n)$ liege in einer **disjunktiven Normalform** vor, wenn sie ein Disjungat von Konjunktionstermen $K_1(x_1, \ldots, x_n)$, $K_2(x_1, \ldots, x_n), \ldots, K_r(x_1, \ldots, x_n)$ ist ($r \geqq 1$):

$$\boxed{A \Leftrightarrow K_1 \vee K_2 \vee \ldots \vee K_r}$$

Beispiel 1.7.4. Die folgenden Ausdrücke A, B und C haben die Gestalt einer disjunktiven Normalform:

$$A(x_1, x_2) :\Leftrightarrow (x_2 \wedge \neg x_1 \wedge \neg x_2) \vee (x_1 \wedge x_2) \vee (\neg x_1 \wedge x_1 \wedge \neg x_1)$$
$$B(x_1, x_2, x_3) :\Leftrightarrow (x_1 \wedge \neg x_3) \vee (\neg x_2 \wedge x_1 \wedge x_3 \wedge \neg x_3 \wedge \neg x_1 \wedge x_2)$$
$$C(x_1, x_2, x_3, x_4) :\Leftrightarrow (x_2 \wedge x_4) \vee (\neg x_1 \wedge x_3) \vee (\neg x_1 \wedge \neg x_2 \wedge \neg x_3),$$

---

[19]) Auf die Untersuchung weiterer aussagenlogischer Verknüpfungen kommen wir in Kapitel 1.10 zurück.

während die folgenden Ausdrücke E, F und G nicht in einer disjunktiven Normalform vorliegen:

$$E(x_1, x_2) :\Leftrightarrow (x_1 \vee x_2) \wedge (\neg x_1 \vee \neg x_2)$$

$$F(x_1, x_2, x_3) :\Leftrightarrow (x_2 \wedge \neg x_3 \wedge \neg x_1) \vee \neg (\neg x_1 \wedge x_2)$$

$$G(x_1, x_2, x_3, x_4) :\Leftrightarrow (x_4 \rightarrow x_1 \wedge \neg x_2) \leftrightarrow (\neg x_1 \vee x_4 \rightarrow x_2 \wedge \neg x_3).$$

Hingegen beachte man, daß ein Konjunktionsterm auf eine einzelne, gegebenenfalls negierte Variable zusammenschrumpfen darf, mithin ein Ausdruck der Form

$$H(x_1, x_2, x_3) :\Leftrightarrow x_2 \vee \neg x_3 \vee x_1 \vee x_3$$

auch eine disjunktive Normalform darstellt, und ebenso gilt dies für den Ausdruck

$$N(x_1, x_2, x_3) :\Leftrightarrow \neg x_1 \wedge x_2 \wedge \neg x_3 \wedge x_1 \wedge \neg x_2,$$

der die Gestalt eines einzelnen Konjunktionsterms besitzt. Wir werden später sehen, daß man diese Sonderfälle auch noch anders lesen kann.

Satz 1.7.5. *Jede aussagenlogische Aussageform läßt sich auf eine disjunktive Normalform äquivalent umformen.*

Beweis: Wir führen den Beweis konstruktiv und gehen in folgenden vier Schritten vor.

1. Schritt: Elimination der Bijunktoren „$\leftrightarrow$" gemäß

$$B \leftrightarrow C \Leftrightarrow (B \wedge C) \vee (\neg B \wedge \neg C),$$

wobei B und C für die jeweils bijunktiv verknüpften Teilausdrücke des Gesamtausdruckes stehen.

2. Schritt: Elimination der Subjunktoren „$\rightarrow$" gemäß

$$B \rightarrow C \Leftrightarrow \neg B \vee C.$$

3. Schritt: Auflösung negierter Konjungate mit dem DE MORGAN-Gesetz gemäß

$$\neg (B \wedge C) \Leftrightarrow \neg B \vee \neg C;$$

Auflösung negierter Disjungate mit dem DE MORGAN-Gesetz gemäß

$$\neg (B \vee C) \Leftrightarrow \neg B \wedge \neg C.$$

4. Schritt: Anwendung des Distributivgesetzes (20) aus 1.6 zur Umformung von Konjungaten der Gestalt $B \wedge (C \vee D)$ gemäß

$$B \wedge (C \vee D) \Leftrightarrow (B \wedge C) \vee (B \wedge D).$$

Beispiel 1.7.6. Man bringe die Aussageform

$$A(a, b) :\Leftrightarrow (\neg a \rightarrow b) \leftrightarrow (b \rightarrow a \wedge b)$$

auf eine disjunktive Normalform! Mit Schritt 1 ist zunächst

$$A(a, b) \Leftrightarrow \big((\neg a \rightarrow b) \wedge (b \rightarrow a \wedge b)\big) \vee \big(\neg (\neg a \rightarrow b) \wedge \neg (b \rightarrow a \wedge b)\big).$$

Elimination des Subjungators „→" nach Schritt 2 liefert

$$A(a, b) \Leftrightarrow ((a \lor b) \land (\neg b \lor (a \land b))) \lor (\neg (a \lor b) \land \neg (\neg b \lor (a \land b))).$$

Anwendung der DE MORGANschen Gesetze in Schritt 3 ergibt

$$A(a, b) \Leftrightarrow ((a \lor b) \land (\neg b \lor (a \land b))) \lor ((\neg a \land \neg b) \land (b \land (\neg a \lor \neg b)))$$
$$\Leftrightarrow : A_1 \lor A_2.$$

Aus Gründen der Übersichtlichkeit empfiehlt es sich, die Teilausdrücke A_1 und A_2 gesondert zu behandeln. Der Teilausdruck

$$A_1 :\Leftrightarrow (a \lor b) \land (\neg b \lor (a \land b))$$

hat die Form $B \land (C \lor D)$ mit

$$B :\Leftrightarrow a \lor b, \quad C :\Leftrightarrow \neg b, \quad D :\Leftrightarrow a \land b$$

und wird in Schritt 4 wie folgt umgeformt:

$$A_1 \Leftrightarrow ((a \lor b) \land \neg b) \lor ((a \lor b) \land (a \land b))$$
$$\Leftrightarrow (a \land \neg b) \lor (b \land \neg b) \lor (a \land a \land b) \lor (b \land a \land b).$$

Auch der zweite Teilausdruck

$$A_2 :\Leftrightarrow (\neg a \land \neg b) \land (b \land (\neg a \lor \neg b))$$
$$\Leftrightarrow (\neg a \land \neg b \land b) \land (\neg a \lor \neg b)$$

hat die Form $B \land (C \lor D)$ mit

$$B :\Leftrightarrow \neg a \land \neg b \land b, \quad C :\Leftrightarrow \neg a, \quad D :\Leftrightarrow \neg b$$

und ergibt bei Anwendung von Schritt 4

$$A_2 \Leftrightarrow (\neg a \land \neg b \land b \land \neg a) \lor (\neg a \land \neg b \land b \land \neg b).$$

Damit erhalten wir für den Gesamtausdruck

$$A \Leftrightarrow (a \land \neg b) \lor (b \land \neg b) \lor (a \land a \land b) \lor (b \land a \land b)$$
$$\lor (\neg a \land \neg b \land b \land \neg a) \lor (\neg a \land \neg b \land b \land \neg b)$$

als *eine* disjunktive Normalform. Dazu äquivalente, aber einfachere disjunktive Normalformen gewinnt man durch Anwendung der Idempotenzgesetze (3), (4) aus 1.6 auf den dritten bis sechsten Konjunktionsterm:

$$A \Leftrightarrow (a \land \neg b) \lor (b \land \neg b) \lor (a \land b) \lor (\neg a \land \neg b \land b)$$

und bei Anwendung der Äquivalenzen

$$x \land \neg x \Leftrightarrow F, \quad F \land \neg x \Leftrightarrow F, \quad F \lor x \Leftrightarrow x$$

auf den zweiten und vierten Konjunktionsterm

$$A \Leftrightarrow (a \land \neg b) \lor (a \land b).$$

Die zuletzt vorgenommenen Vereinfachungen werden allerdings nicht von dem die obigen vier Schritte umfassenden Verbalalgorithmus geliefert. Wie wir in Satz 1.7.7 sehen werden, kommt es bei der Entwicklung von Normalformen nicht auf eine Minimierung des Ausdrucks, sondern auf diese Form selbst an, aus der man bestimmte Eigenschaften unmittelbar ablesen kann. Vereinfachungen wird man immer dann vornehmen, wenn der Ausdruck andernfalls zu unübersichtlich und unnötig verwickelt wird.

Als Folgerung aus diesen Betrachtungen halten wir an dieser Stelle fest, daß die Darstellung einer Aussageform in einer disjunktiven Normalform *nicht eindeutig* ist.

Der eigentliche Zweck der disjunktiven Normalform wird mit dem folgenden Satz ausgesagt.

Satz 1.7.7. *Ein aussagenlogischer Ausdruck ist ungültig (eine Kontradiktion) genau dann, wenn in einer disjunktiven Normalform alle Konjunktionsterme (wenigstens) eine Variable zugleich mit ihrem Negat enthalten.*

Beweis: Tritt in einem Konjunktionsterm K_j etwa die Variable x_i zugleich mit $\neg\, x_i$ auf, so hat (ggf. nach Anwendung des Kommutativgesetzes) K_j die Form

$$K_j \Leftrightarrow K_j' \wedge (x_i \wedge \neg\, x_i) \wedge K_j'',$$

wobei K_j' und K_j'' Teilkonjungate bezeichnen. Wegen des Widerspruchsgesetzes (5) in 1.6 ist

$$x_i \wedge \neg\, x_i \Leftrightarrow F$$

und damit auch wegen (11) in 1.6

$$
\begin{aligned}
K_j &\Leftrightarrow K_j' \wedge F \wedge K_j''\\
&\Leftrightarrow (K_j' \wedge F) \wedge K_j''\\
&\Leftrightarrow F \wedge K_j''\\
&\Leftrightarrow F
\end{aligned}
$$

Umgekehrt wird ein Konjunktionsterm K_j auch nur dann ungültig sein, wenn F als Operand auftritt, und dies ist auf Grund der speziellen Bauart des Konjunktionsterms wiederum nur dann möglich, wenn wenigstens eine Variable negiert und nichtnegiert vorkommt. Tritt also ein solches Variablenpaar in jedem Konjunktionsterm auf, so erhält die disjunktive Normalform des betreffenden Ausdrucks die Gestalt einer Disjunktion aus lauter Kontradiktionen und ist damit selbst eine Kontradiktion.

Beispiel 1.7.8. Der Ausdruck

$$A(x_1, x_2, x_3) :\Leftrightarrow (x_2 \wedge \neg\, x_3 \wedge x_3 \wedge x_1 \wedge x_3) \vee (x_1 \wedge \neg\, x_1)$$
$$\vee (x_1 \wedge x_2 \wedge \neg\, x_2 \wedge \neg\, x_3 \wedge x_3) \vee (x_3 \wedge x_2 \wedge \neg\, x_3)$$

liegt in einer disjunktiven Normalform vor, worin jeder Konjunktionsterm ungültig ist. Deshalb ist A eine Kontradiktion: für keine Variablenbelegung wird A wahr!

Konjunktive Normalformen. Sie bilden das Gegenstück zu den disjunktiven Normalformen: Konjunktion und Disjunktion vertauschen ihre Rollen. In entsprechender Weise machen sie eine Aussage über die Allgemeingültigkeit der betreffenden Aussageform.

Definition 1.7.9. Ein Ausdruck der Form

$$D(x_1, x_2, \ldots, x_n) :\Leftrightarrow x_{i_1}^{e_1} \vee x_{i_2}^{e_2} \vee \ldots \vee x_{i_k}^{e_k}$$

heiße ein **Disjunktionsterm.** Dabei sei mit $I = \{1, \ldots, n\}$

$$e_\lambda \in \{0, 1\}, \quad i_\lambda \in I, \quad x_{i_\lambda}^0 :\Leftrightarrow \neg x_{i_\lambda}, \quad x_{i_\lambda}^1 :\Leftrightarrow x_{i_\lambda}, \qquad \lambda \in \{1, \ldots, k\}$$

Eine n-stellige aussagenlogische Aussageform $A(x_1, \ldots, x_n)$ liegt in einer **konjunktiven Normalform** vor, wenn sie als Konjungat von Disjunktionstermen $D_1, D_2, \ldots, D_s$ $(s \geqq 1)$ erscheint:

$$\boxed{A \Leftrightarrow D_1 \wedge D_2 \wedge \ldots \wedge D_s}$$

Satz 1.7.10. *Jede aussagenlogische Aussageform läßt sich auf eine konjunktive Normalform äquivalent umformen.*

Beweis: Wir zeigen die Behauptung wieder konstruktiv, indem wir in vier Schritten vorgehen:

1. Schritt: Elimination der Bijunktionszeichen „$\leftrightarrow$" gemäß

$$B \leftrightarrow C \Leftrightarrow (B \vee \neg C) \wedge (\neg B \vee C)$$

2. Schritt: Elimination der Subjunktionszeichen „$\rightarrow$" gemäß

$$B \rightarrow C \Leftrightarrow \neg B \vee C$$

3. Schritt: Auflösung negierter Konjungate und negierter Disjungate mit den DE MORGANschen Gesetzen gemäß

$$\neg (B \wedge C) \Leftrightarrow \neg B \vee \neg C$$
$$\neg (B \vee C) \Leftrightarrow \neg B \wedge \neg C$$

4. Schritt: Anwendung des Distributivgesetzes (14) aus 1.6 zur Umformung von Disjungaten der Gestalt $B \vee (C \wedge D)$ gemäß

$$B \vee (C \wedge D) \Leftrightarrow (B \vee C) \wedge (B \vee D).$$

Beispiel 1.7.11. Wir werden den Algorithmus von Satz 1.7.10 auf den Ausdruck

$$A(a, b, c) :\Leftrightarrow ((a \leftrightarrow b) \rightarrow c) \wedge (\neg c \rightarrow (b \leftrightarrow \neg c))$$

an. Realisierung von Schritt 1 ergibt

$$A(a, b, c) \Leftrightarrow ((a \vee \neg b) \wedge (\neg a \vee b) \rightarrow c) \wedge (\neg c \rightarrow (b \vee c) \wedge (\neg b \vee \neg c)).$$

Realisierung von Schritt 2 liefert

$$A(a, b, c) \Leftrightarrow (\neg ((a \vee \neg b) \wedge (\neg a \vee b)) \vee c) \wedge (c \vee ((b \vee c) \wedge (\neg b \vee \neg c))).$$

Realisierung von Schritt 3 führt auf

$$\begin{aligned}
A(a, b, c) &\Leftrightarrow (\neg (a \vee \neg b) \vee \neg (\neg a \vee b) \vee c) \wedge (c \vee ((b \vee c) \wedge (\neg b \vee \neg c))) \\
&\Leftrightarrow ((\neg a \wedge b) \vee (a \wedge \neg b) \vee c) \wedge (c \vee ((b \vee c) \wedge (\neg b \vee \neg c))).
\end{aligned}$$

Wir setzen vorübergehend $A \Leftrightarrow: B \wedge C$ und behandeln die Teilausdrücke B und C gemäß Schritt 4 einzeln:

$$B :\Leftrightarrow (\neg a \wedge b) \vee (a \wedge \neg b) \vee c$$
$$\Leftrightarrow ((\neg a \wedge b) \vee (a \wedge \neg b)) \vee c$$
$$\Leftrightarrow (((\neg a \wedge b) \vee a) \wedge ((\neg a \wedge b) \vee \neg b)) \vee c$$
$$\Leftrightarrow ((\neg a \vee a) \wedge (b \vee a) \wedge (\neg a \vee \neg b) \wedge (b \vee \neg b)) \vee c$$
$$\Leftrightarrow (\neg a \vee a \vee c) \wedge (b \vee a \vee c) \wedge (\neg a \vee \neg b \vee c) \wedge (b \vee \neg b \vee c)$$
$$C :\Leftrightarrow c \vee ((b \vee c) \wedge (\neg b \vee \neg c))$$
$$\Leftrightarrow (c \vee b \vee c) \wedge (c \vee \neg b \vee \neg c)$$

Berücksichtigen wir noch die Kommutativität von Konjunktion und Disjunktion, so erhalten wir für den gesamten Ausdruck als eine konjunktive Normalform

$$A(a, b, c) \Leftrightarrow (a \vee \neg a \vee c) \wedge (a \vee b \vee c) \wedge (\neg a \vee \neg b \vee c)$$
$$\wedge \ (b \vee \neg b \vee c) \wedge (b \vee c \vee c) \wedge (\neg b \vee c \vee \neg c).$$

Wir zeigen noch einige *Vereinfachungen,* die zugleich auf die fehlende Eindeutigkeit hinweisen. Mit den Äquivalenzen

$$x \vee \neg x \Leftrightarrow W, \quad W \vee x \Leftrightarrow W, \quad W \wedge x \Leftrightarrow x$$

schrumpft A auf drei Disjunktionsterme zusammen:

$$A(a, b, c) \Leftrightarrow (a \vee b \vee c) \wedge (\neg a \vee \neg b \vee c) \wedge (b \vee c).$$

Schreibt man das Konjungat aus erstem und drittem Disjunktionsterm in der Form

$$(b \vee c) \wedge ((b \vee c) \vee a),$$

so gestattet das Absorptionsgesetz (21) in 1.6 die Vereinfachung

$$(b \vee c) \wedge ((b \vee c) \vee a) \Leftrightarrow b \vee c$$
$$A(a, b, c) \Leftrightarrow (b \vee c) \wedge (\neg a \vee \neg b \vee c).$$

Die Anwendung der Distributivgesetze (14) und (20) aus 1.6 liefert schließlich

$$(c \vee b) \wedge (c \vee (\neg a \vee \neg b))$$
$$\Leftrightarrow c \vee (b \wedge (\neg a \vee \neg b))$$
$$\Leftrightarrow c \vee ((b \wedge \neg a) \vee (b \wedge \neg b))$$
$$\Leftrightarrow c \vee (b \wedge \neg a)$$
$$\Leftrightarrow (c \vee b) \wedge (c \vee \neg a)$$

und damit

$$A(a, b, c) \Leftrightarrow (\neg a \vee c) \wedge (b \vee c)$$

als *einfachste* konjunktive Normalform für A[20]).

---

[20]) Dem Leser sei nicht vorenthalten, daß in geeigneten Fällen ein vom Algorithmus abweichendes Vorgehen schneller zum Ziele führen kann. Im vorliegenden Beispiel kommt man z. B. mit weniger Umformungen aus, wenn man im Teilausdruck B von der Äquivalenz $a \leftrightarrow b \Leftrightarrow (a \wedge b) \vee (\neg a \wedge \neg b)$ ausgeht!

Satz 1.7.12. *Ein aussagenlogischer Ausdruck ist allgemeingültig (Tautologie) genau dann, wenn in einer konjunktiven Normalform alle Disjunktionsterme (wenigstens) eine Variable zugleich mit ihrem Negat enthalten.*

Beweis. Tritt in einem Disjunktionsterm D_j die Variable x_i zugleich mit ihrem Negat $\neg x_i$ auf, so hat D_j die Form

$$D_j \Leftrightarrow D_j' \vee (x_i \vee \neg x_i) \vee D_j'',$$

wobei D_j' und D_j'' Teildisjungate bezeichnen. Wegen des Gesetzes vom ausgeschlossenen Dritten (6) in 1.6 ist

$$x_i \vee \neg x_i \Leftrightarrow W$$

und damit auch wegen (9) in 1.6

$$
\begin{aligned}
D_j &\Leftrightarrow D_j' \vee W \vee D_j'' \\
&\Leftrightarrow (D_j' \vee W) \vee D_j'' \\
&\Leftrightarrow W \vee D_j'' \\
&\Leftrightarrow W.
\end{aligned}
$$

Umgekehrt ist ein Disjunktionsterm D_j auch nur dann allgemeingültig, wenn W als Operand auftritt, und das ist auf Grund der speziellen Bauart eines Disjunktionsterms wiederum nur dann möglich, wenn wenigstens eine Variable negiert und nicht-negiert vorkommt. Liegt dieser Sachverhalt für jeden Disjunktionsterm vor, so hat der Ausdruck die Gestalt einer Konjunktion von lauter Tautologien und ist somit auch selbst Tautologie.

Beispiel 1.7.13. Der Ausdruck

$$
\begin{aligned}
A(x_1, x_2, x_3, x_4, x_5) \Leftrightarrow &(x_3 \vee x_1 \vee \neg x_2 \vee x_4 \vee x_1 \vee \neg x_3) \\
&\wedge (x_2 \vee x_4 \vee \neg x_4 \vee \neg x_5 \vee x_5) \\
&\wedge (x_1 \vee \neg x_1 \vee x_2 \vee x_3 \vee x_1 \vee x_5)
\end{aligned}
$$

ist allgemeingültig: er ist eine konjunktive Normalform, und jeder Disjunktionsterm ist bereits für sich Tautologie. Auch die Disjunktionsterme des Ausdrucks

$$
\begin{aligned}
B(x_1, x_2, x_3, x_4) \Leftrightarrow &(x_4 \vee x_3 \vee \neg x_3 \vee \neg x_4 \vee x_1 \vee x_2) \\
&\wedge (x_2 \vee \neg x_2 \vee x_4 \vee x_3) \\
&\wedge (x_1 \vee x_2 \vee x_3 \vee x_4 \vee \neg x_4 \vee x_1) \\
&\wedge \neg (x_2 \vee \neg x_2 \vee x_3)
\end{aligned}
$$

besitzen jeder wenigstens eine Variable negiert und nicht-negiert, dennoch ist B keine Tautologie: es liegt keine konjunktive Normalform vor!

Aufgaben 1.7

1. Entwickeln Sie den Ausdruck

$$A(a, b, c) :\Leftrightarrow (a \wedge b \leftrightarrow c) \rightarrow \neg b$$

a) in eine disjunktive Normalform
b) in eine konjunktive Normalform!

Halten Sie sich streng an die in den Sätzen 1.7.5 und 1.7.10 beschriebenen Konstruktionsverfahren!

2. Durch äquivalente Umformung in eine konjunktive Normalform ist zu prüfen, ob der Ausdruck

$$(a \wedge c) \vee (b \wedge \neg c) \leftrightarrow (a \vee \neg c) \wedge (b \vee c)$$

allgemeingültig ist. Anleitung: Man forme beide Seiten des Bijungats zunächst getrennt um!

1.8   Kanonische Normalformen

Ein empfindlicher Mangel der bisher betrachteten Normalformen war ihre Mehrdeutig-
keit: zu einem gegebenen Ausdruck gibt es unendlich viele disjunktive und konjunktive
Normalformen. Sie sind zwar, wenn sie den gleichen Ausdruck beschreiben, alle
untereinander äquivalent, doch lassen sie sich auf Grund ihrer äußeren Verschieden-
heit nicht ohne weiteres direkt miteinander vergleichen. Entwickelt man diese Normalformen zu zwei beliebigen Ausdrücken, so ist es im allgemeinen nicht möglich, deren
Äquivalenz bzw. Nichtäquivalenz anhand der Normalformen sofort zu erkennen –
von einer Angabe der Erfüllungsmengen ganz zu schweigen. Aber gerade diesen Vorzug besitzen die kanonischen Normalformen. Auf Grund ihrer Eindeutigkeit erlauben
sie ein direktes Ablesen der Erfüllungsmenge und damit eine unmittelbare Entscheidung
zwischen allgemein-, teil- oder ungültig. Will man zwei Ausdrücke auf Äquivalenz
untersuchen, so liefern die zugehörigen kanonischen Normalformen ein direktes
Ergebnis.

Definition 1.8.1. Ein Konjunktionsterm $M(x_1, x_2, \ldots, x_n)$ heißt **Minterm** (Vollkonjun-
gat), wenn jede Variable – entweder negiert oder nicht-negiert – genau einmal auftritt:

$$M(x_1, x_2, \ldots, x_n) :\Leftrightarrow x_1^{e_1} \wedge x_2^{e_2} \wedge \ldots \wedge x_n^{e_n}$$

$$e_i \in \{0, 1\}, \ x_i^{e_i} \Leftrightarrow (e_i = 1 \leftrightarrow x_i, \neg x_i)$$

Hat ein aussagenlogischer Ausdruck $A(x_1, \ldots, x_n)$ die Gestalt eines Disjungats lauter
paarweise nicht-äquivalenter Minterme

$$\boxed{A \Leftrightarrow M_1 \vee M_2 \vee \ldots \vee M_k,}$$

so heißt diese Darstellung die **kanonische disjunktive Normalform** von A.

Eine indizierte Indizierung der Variablen ist hier nicht erforderlich, da jede Variable
in einem Minterm genau einmal vorkommt und die Anordnung nach wachsenden
Indexwerten wegen der Kommutativität der Konjunktion keine Einschränkung der
Allgemeinheit ist.

Bei der Entwicklung der kanonischen disjunktiven Normalform wird man zweckmäßigerweise eine disjunktive Normalform aufstellen, diese gegebenenfalls vereinfachen, und sodann die Konjunktionsterme auf Vollkonjungate expandieren. Für die
dreistellige Aussageform

$$A(a, b, c) :\Leftrightarrow \left((a \vee \neg c) \to (b \leftrightarrow c)\right) \vee b$$

erhält man nach Elimination von „$\leftrightarrow$" und „$\to$"

$$\neg (a \vee \neg c) \vee (b \wedge c) \vee (\neg b \wedge \neg c) \vee b$$
$$\Leftrightarrow (\neg a \wedge c)) \vee (b \wedge c) \vee (\neg b \wedge \neg c) \vee b$$
$$\Leftrightarrow (\neg a \wedge c) \vee (\neg b \wedge \neg c) \vee b,$$

wobei wir für die letzte Umwandlung das Absorptionsgesetz (15) aus 1.6 herangezogen haben. Keiner der drei Terme ist bereits ein Minterm, dazu fehlt dem ersten die Variable b, dem zweiten die Variable a und dem letzten sogar die Variablen a und c. Die *Methode der Expansion* (Erweiterung) besteht nun darin, in die nicht besetzten Variablenpositionen zunächst W als Neutralelement der Konjunktion gemäß (8) in 1.6 einzufügen

$$(\neg a \wedge W \wedge c) \vee (W \wedge \neg b \wedge \neg c) \vee (W \wedge b \wedge W)$$

und nun gemäß (6) in 1.6 für W die Disjungate der jeweils fehlenden Variablen und ihres Negats zu setzen:

$$\left(\neg a \wedge (b \vee \neg b) \wedge c\right) \vee \left((a \vee \neg a) \wedge \neg b \wedge \neg c\right)$$
$$\vee \left((a \vee \neg a) \wedge b \wedge (c \vee \neg c)\right).$$

Die Anwendung des Distributivgesetzes (20) aus 1.6 liefert dann die gewünschten Minterme und damit zugleich die kanonische disjunktive Normalform, wenn man mehrfach auftretende Minterme auf Grund des Idempotenzgesetzes (4) aus 1.6 bis auf jeweils einen streicht:

$$A(a, b, c) \Leftrightarrow (\neg a \wedge b \wedge c) \vee (\neg a \wedge \neg b \wedge c) \vee (a \wedge \neg b \wedge \neg c)$$
$$\vee (\neg a \wedge \neg b \wedge \neg c) \vee (a \wedge b \wedge c) \vee (a \wedge b \wedge \neg c)$$
$$\vee (\neg a \wedge b \wedge \neg c).$$

Satz 1.8.2. *Ist*

$$M(x_1, x_2, \ldots, x_n) :\Leftrightarrow x_1^{e_1} \wedge x_2^{e_2} \wedge \ldots \wedge x_n^{e_n}$$

ein gegebener Minterm, so gibt es genau ein Belegungs-n-tupel, für das M wahr und zugleich jeder andere n-stellige Minterm falsch ist.

Beweis: Wir wählen das n-tupel so, daß jede in M nicht-negiert auftretende Variable mit W, jede negiert vorkommende Variable mit F belegt wird:

$$|x_i| = (e_i = 1 \leftrightarrow W, F) \text{ für jedes } i \in \{1, 2, \ldots, n\}.$$

Damit ergibt sich $|M|$ als Konjunktion lauter W-Werte

$$M(|x_1|, |x_2|, \ldots, |x_n|) = W \wedge W \wedge \ldots \wedge W = W.$$

Jede andere Belegung brächte an wenigstens einer Stelle ein F in das Konjungat, womit auch $|M| = F$ würde. Ist nun $M' \not\Leftrightarrow M$ ein beliebiger n-stelliger, aber zu M nicht-äquivalenter Minterm

$$M'(x_1, x_2, \ldots, x_n) :\Leftrightarrow x_1^{e_1'} \wedge x_2^{e_2'} \wedge \ldots \wedge x_n^{e_n'}$$

so muß für wenigstens einen Index $j \in I = \{1, 2, \ldots, n\}$

$$e_j' \neq e_j$$

sein. Damit geht bei obiger Belegung an dieser Stelle in M' ein anderer Wahrheitswert ein als in M, und dies hat $|M'| = F$ zur Folge.

Beispiel 1.8.3. Für die kanonische disjunktive Normalform

$$A(a, b, c) \Leftrightarrow (\neg a \wedge b \wedge \neg c) \vee (\neg a \wedge \neg b \wedge \neg c) \vee (a \wedge b \wedge c)$$
$$\vee (\neg a \wedge b \wedge c) \vee (a \wedge \neg b \wedge \neg c) \vee (a \wedge b \wedge \neg c)$$

wird der erste Minterm

$$M_1(a, b, c) :\Leftrightarrow \neg a \wedge b \wedge \neg c$$

für das Belegungstripel (F, W, F) wahr:

$$M_1(F, W, F) = \neg F \wedge W \wedge \neg F = W \wedge W \wedge W = W.$$

Der Leser prüfe nach, daß die übrigen Minterme für diese Belegung den Wert F haben. Es ist jedoch

$$A(F, W, F) = W,$$

denn für ein wahres Disjungat genügt *ein* W-Wert. Übertragen auf die Minterme M_2 bis M_6 bedeutet dies, daß der gegebene Ausdruck A für genau die sechs Belegungen wahr ist, für die jeweils einer der Minterme wahr ist:

$$A(F, W, F) = W \quad \text{wegen} \quad M_1(F, W, F) = W$$
$$A(F, F, F) = W \quad \text{wegen} \quad M_2(F, F, F) = W$$
$$A(W, W, W) = W \quad \text{wegen} \quad M_3(W, W, W) = W$$
$$A(F, W, W) = W \quad \text{wegen} \quad M_4(F, W, W) = W$$
$$A(W, F, F) = W \quad \text{wegen} \quad M_5(W, F, F) = W$$
$$A(W, W, F) = W \quad \text{wegen} \quad M_6(W, W, F) = W.$$

Da andererseits $A(a, b, c)$ für keine andere Belegung wahr ist, haben wir damit die Wahrheitswertetafel komplett und somit die Erfüllungsmenge gewonnen:

a	b	c	$A(a, b, c)$	zugeordneter Minterm
W	W	W	W	$a \wedge b \wedge c$
W	W	F	W	$a \wedge b \wedge \neg c$
W	F	W	F	—
W	F	F	W	$a \wedge \neg b \wedge \neg c$
F	W	W	W	$\neg a \wedge b \wedge c$
F	W	F	W	$\neg a \wedge b \wedge \neg c$
F	F	W	F	—
F	F	F	W	$\neg a \wedge \neg b \wedge \neg c$

$$E[A(a, b, c)] = \{(W, W, W), \ (W, W, F), \ (W, F, F), \ (F, W, W),$$
$$(F, W, F), \ (F, F, F)\}.$$

Die vorliegende Aussageform ist also teilgültig. Den Zusammenhang zwischen Erfüllungsmenge und Mintermen können wir verallgemeinern.

Satz 1.8.4. *Jeder Minterm der kanonischen disjunktiven Normalform eines aussagenlogischen Ausdrucks ist umkehrbar eindeutig einem Element der Erfüllungsmenge zugeordnet: diese besteht aus genau den W-F-Vektoren, für die jeweils genau ein Minterm wahr ist.*

Eine unmittelbare Folgerung aus diesem Satz ist die Tatsache, daß der Fall der Allgemeingültigkeit an das Auftreten sämtlicher möglicher Minterme gebunden ist.

Satz 1.8.5. *Ein n-stelliger aussagenlogischer Ausdruck ist allgemeingültig genau dann, wenn seine kanonische disjunktive Normalform alle 2^n Minterme aufweist.*

Damit kann jede einstellige Tautologie in der Form

$$A(x_1) :\Leftrightarrow W \Leftrightarrow x_1 \vee \neg x_1,$$

jede zweistellige Tautologie gemäß

$$A(x_1, x_2) :\Leftrightarrow W \Leftrightarrow (x_1 \wedge x_2) \vee (x_1 \wedge \neg x_2) \vee (\neg x_1 \wedge x_2) \vee (\neg x_1 \wedge \neg x_2),$$

jede dreistellige Tautologie durch den Ausdruck

$$A(x_1, x_2, x_3) :\Leftrightarrow W \Leftrightarrow (x_1 \wedge x_2 \wedge x_3) \vee (x_1 \wedge x_2 \wedge \neg x_3)$$
$$\vee (x_1 \wedge \neg x_2 \wedge x_3) \vee (x_1 \wedge \neg x_2 \wedge \neg x_3) \vee (\neg x_1 \wedge x_2 \wedge x_3)$$
$$\vee (\neg x_1 \wedge x_2 \wedge \neg x_3) \vee (\neg x_1 \wedge \neg x_2 \wedge x_3) \vee (\neg x_1 \wedge \neg x_2 \wedge \neg x_3)$$

etc. dargestellt werden.

Satz 1.8.6. *Jede der Kontradiktion nicht-äquivalente Aussageform $A(x_1, x_2, \ldots, x_n)$ läßt sich als kanonische disjunktive Normalform darstellen. Diese Darstellung ist eindeutig.*

Beweis: 1. Existenz. Wir geben ein Konstruktionsverfahren an, das im Anschluß an Definition 1.8.1 bereits exemplarisch erläutert wurde:

a) Herstellung einer disjunktiven Normalform nach Satz 1.7.5. Ggf. vereinfachen!

b) Konjunktionsterme, die noch keine Vollkonjugate sind, auf Minterme äquivalent umformen (Methode der Expansion).

c) Mehrfach auftretende (d. h. äquivalente) Minterme bis auf jeweils einen streichen.

Jeder Minterm ist umkehrbar eindeutig einem Belegungs-n-tupel zugeordnet, für das $|A| = W$ ist, d. h. das Element der Erfüllungsmenge $E[A]$ ist. Deshalb gilt für die Anzahl k der (nicht-äquivalenten) Minterme $1 \leq k \leq 2^n$. Da Kontradiktionen leere Erfüllungsmengen haben, d. h. für keine Belegung wahr sind, besitzen sie keine kanonische disjunktive Normalform.

2. Eindeutigkeit. Angenommen, es gäbe für den Ausdruck $A(x_1, \ldots, x_n)$ zwei unterschiedliche Darstellungen als kanonische disjunktive Normalform:

$$A \Leftrightarrow M_1 \vee M_2 \vee \ldots \vee M_k \tag{1}$$

$$A \Leftrightarrow M_1' \vee M_2' \vee \ldots \vee M_l' \tag{2}$$

mit den Minterm-Mengen

$$M := \{M_1, M_2, \ldots, M_k\}$$

bezgl. (1) und

$$M' := \{M_1', M_2', \ldots, M_l'\}$$

bezgl. (2). Sei nun $M_i \in M$ ein Minterm der Darstellung (1). Dann gibt es nach Satz 1.8.2 genau ein Belegungs-n-tupel $(|x_1|, \ldots, |x_n|)$ mit

$$M_i(|x_1|, \ldots, |x_n|) = W,$$

für das also auch

$$A(|x_1|, \ldots, |x_n|) = W$$

ist. Dann muß aber für eben diesen W-F-Vektor auch ein Minterm $M_j' \in M'$ vorhanden sein, so daß

$$M_j'(|x_1|, \ldots, |x_n|) = W$$

gilt. Ebenfalls nach Satz 1.8.2 muß dann

$$M_i \Leftrightarrow M_j'$$

sein. Also ist $M_i \in M'$. Mit der gleichen Überlegung gilt dies für jeden Minterm aus M, d.h. alle Minterme aus M sind auch in M' enthalten:

$$M \subseteq M',$$

und ebenso ergibt sich in umgekehrter Richtung

$$M' \subseteq M.$$

Die wechselseitige Teilmengenbeziehung hat aber $M = M'$ zur Folge und damit gleiche kanonische disjunktive Normalformen (1) und (2) für den Ausdruck A im Widerspruch zur Annahme.

Beispiel 1.8.7. Sind die Ausdrücke

$$A(x, y, z) :\Leftrightarrow x \rightarrow (y \leftrightarrow z)$$
$$B(x, y, z) :\Leftrightarrow (x \leftrightarrow y) \rightarrow z$$

äquivalent? Dazu stellen wir die kanonischen disjunktiven Normalformen auf:

$$x \rightarrow (y \leftrightarrow z) \Leftrightarrow x \rightarrow (y \wedge z) \vee (\neg y \wedge \neg z)$$
$$\Leftrightarrow \neg x \vee \big((y \wedge z) \vee (\neg y \wedge \neg z)\big)$$

$$\Leftrightarrow (\neg x \wedge y \wedge z) \vee (\neg x \wedge y \wedge \neg z) \vee (\neg x \wedge \neg y \wedge z)$$
$$\vee (\neg x \wedge \neg y \wedge \neg z) \vee (x \wedge y \wedge z) \vee (x \wedge \neg y \wedge \neg z)$$
$$(x \leftrightarrow y) \rightarrow z \Leftrightarrow (x \vee \neg y) \wedge (\neg x \vee y) \rightarrow z$$
$$\Leftrightarrow \neg (x \vee \neg y) \vee \neg (\neg x \vee y) \vee z$$
$$\Leftrightarrow (x \wedge y \wedge z) \vee (x \wedge \neg y \wedge z) \vee (x \wedge \neg y \wedge \neg z)$$
$$\vee (\neg x \wedge y \wedge z) \vee (\neg x \wedge y \wedge \neg z) \vee (\neg x \wedge \neg y \wedge z)$$

Der Vergleich der Minterme ergibt keine Übereinstimmung und damit keine Äquivalenz zwischen den Ausdrücken A und B. Der Leser schreibe sich zur Übung auch die Erfüllungsmengen von A und B auf, die unmittelbar durch die Minterm-Mengen bestimmt sind, und vergleiche die Belegungstripel miteinander.

Definition 1.8.8. Ein Disjunktionsterm $N(x_1, x_2, \ldots, x_n)$ heißt **Maxterm** (Volldisjungat), wenn jede Variable – entweder negiert oder nicht-negiert – genau einmal auftritt

$$N(x_1, x_2, \ldots, x_n) :\Leftrightarrow x_1^{e_1} \vee x_2^{e_2} \vee \ldots \vee x_n^{e_n}$$
$$e_i \in \{0, 1\}, \quad x_i^{e_i} :\Leftrightarrow (e_i = 1 \bullet\!\!\!\rightarrow x_i, \neg x_i)$$

Hat ein Ausdruck $A :\Leftrightarrow A(x_1, x_2, \ldots, x_n)$ die Form eines Konjungats lauter paarweise nichtäquivalenter Maxterme

$$\boxed{A \Leftrightarrow N_1 \wedge N_2 \wedge \ldots \wedge N_k,}$$

so heißt diese Darstellung die **kanonische konjunktive Normalform** von A.

Liegt ein Ausdruck in einer konjunktiven Normalform vor, so erfolgt seine „Kanonisierung" durch ein ähnliches Verfahren, wie wir es bei der kanonischen disjunktiven Normalform kennengelernt haben: die einzelnen Disjunktionsterme werden auf Maxterme äquivalent „expandiert". Der Ausdruck

$$A(p, q, r) :\Leftrightarrow (p \vee \neg q \vee p \vee r) \wedge (\neg p \vee q \vee p) \wedge (p \vee q) \wedge (\neg r)$$

verkürzt sich zunächst wegen

$$p \vee p \Leftrightarrow p$$
$$\neg p \vee q \vee p \Leftrightarrow (p \vee \neg p) \vee q \Leftrightarrow W \vee q \Leftrightarrow W$$

auf drei Disjunktionsterme

$$(p \vee \neg q \vee r) \wedge (p \vee q) \wedge (\neg r),$$

die auf Grund der Gesetze (10) und (5) aus 1.6 erweitert werden können:

$$(p \vee \neg q \vee r) \wedge (p \vee q \vee F) \wedge (F \vee F \vee \neg r)$$
$$\Leftrightarrow (p \vee \neg q \vee r) \wedge (p \vee q \vee (r \wedge \neg r)) \wedge ((p \wedge \neg p) \vee (q \wedge \neg q) \vee \neg r).$$

Jeder F-Wert wird also durch das Konjungat der gerade fehlenden Variablen und deren Negat ersetzt. Danach liefern die Anwendungen des Distributivgesetzes (14) aus 1.6 die gesuchten Maxterme:

$$A \Leftrightarrow (p \vee \neg q \vee r) \wedge (p \vee q \vee r) \wedge (p \vee q \vee \neg r)$$
$$\wedge (p \vee q \vee \neg r) \wedge (p \vee \neg q \vee \neg r) \wedge (\neg p \vee q \vee \neg r) \wedge (\neg p \vee \neg q \vee \neg r)$$
$$\Leftrightarrow (p \vee \neg q \vee r) \wedge (p \vee q \vee r) \wedge (p \vee q \vee \neg r)$$
$$\wedge (p \vee \neg q \vee \neg r) \wedge (\neg p \vee q \vee \neg r) \wedge (\neg p \vee \neg q \vee \neg r).$$

Auch die kanonische konjunktive Normalform steht in einer direkten *Beziehung zum Wahrheitswerteverlauf* des betreffenden Ausdrucks. Man sieht dies leicht an der oben entwickelten Form. Die Belegung

$$(F, W, F)$$

liefert für den ersten Maxterm $p \vee \neg q \vee r$ den Wert

$$F \vee \neg W \vee F = F \vee F \vee F = F,$$

für alle übrigen Maxterme den Wert W und für A selbst somit den Wert

$$A(F, W, F) = F \wedge W \wedge W \wedge W \wedge W \wedge W = F.$$

Bei entsprechenden Überlegungen für die anderen Maxterme gelangen wir damit direkt zur Wertetafel für unseren Ausdruck.

p	q	r	$A(p, q, r)$	zugeordneter Maxterm
W	W	W	F	$\neg p \vee \neg q \vee \neg r$
W	W	F	W	—
W	F	W	F	$\neg p \vee q \vee \neg r$
W	F	F	W	—
F	W	W	F	$p \vee \neg q \vee \neg r$
F	W	F	F	$p \vee \neg q \vee r$
F	F	W	F	$p \vee q \vee \neg r$
F	F	F	F	$p \vee q \vee r$

Diesen Sachverhalt wollen wir allgemein formulieren und beweisen. Man vergleiche dazu Satz 1.8.2.

Satz 1.8.9. *Ist*

$$N(x_1, x_2, \ldots, x_n) :\Leftrightarrow x_1^{e_1} \vee x_2^{e_2} \vee \ldots \vee x_n^{e_n}$$

ein gegebener Maxterm, so gibt es genau ein Belegungs-n-tupel, für das N falsch und zugleich jeder andere n-stellige Maxterm wahr ist.

Beweis: Der Belegungsvektor wird so gewählt, daß für jede in N nicht-negiert vorkommende Variable der Wert F, für jede negiert auftretende Variable der Wert W genommen wird:

$$|x_i| = (e_i = 1 \longleftrightarrow F, W) \text{ für jedes } i \in \{1, 2, \ldots, n\}.$$

Damit wird $|N|$ ein Disjungat lauter F-Werte

$$N(|x_1|, |x_2|, \ldots, |x_n|) = F \vee F \vee \ldots \vee F = F.$$

Jeder andere Belegungsvektor hätte den Wert W für den Maxterm zur Folge, denn es würde doch an wenigstens einer Stelle der Wert W erscheinen.

Ist nun $N' \not\Leftrightarrow N$ und durch

$$N'(x_1, x_2, \ldots, x_n) :\Leftrightarrow x_1^{e_1'} \vee x_2^{e_2'} \vee \ldots \vee x_n^{e_n'}$$

gegeben, so muß für wenigstens einen Index $j \in \{1, 2, \ldots, n\}$

$$e_j' \neq e_j$$

sein, d. h. an wenigstens dieser Stelle stehen bei obiger Belegung in N und N' verschiedene Wahrheitswerte, was aber $|N'| = W$ nach sich zieht.

Satz 1.8.10. *Jede nicht-allgemeingültige aussagenlogische Aussageform $A(x_1, \ldots, x_n)$ läßt sich als kanonische konjunktive Normalform schreiben. Die Darstellung ist eindeutig.*

Beweis: 1. Existenz. Wir konstruieren die Darstellung in folgenden Schritten:

a) Entwicklung einer konjunktiven Normalform nach Satz 1.7.10. Ggf. vereinfachen.

b) Disjunktionsterme, die noch nicht alle Variablen aufweisen, auf Maxterme äquivalent umformen („Expansion").

c) Mehrfach auftretende (äquivalente) Maxterme bis auf jeweils einen streichen.

Jeder Maxterm ist umkehrbar eindeutig einem Belegungs-n-tupel zugeordnet, für das $|A| = F$ ist. Deshalb gilt für die Anzahl k der (nicht-äquivalenten) Maxterme $1 \leq k \leq 2^n$. Da Tautologien für keine Belegung falsch sind, besitzen sie keine kanonische konjunktive Normalform.

2. Eindeutigkeit. Wir nehmen an, es gäbe für $A(x_1, \ldots, x_n)$ zwei verschiedene Darstellungen als kanonische konjunktive Normalform

$$A \Leftrightarrow N_1 \wedge N_2 \wedge \ldots \wedge N_k \tag{1}$$

$$A \Leftrightarrow N_1' \wedge N_2' \wedge \ldots \wedge N_l' \tag{2}$$

mit den Maxterm-Mengen

$$N := \{N_1, N_2, \ldots, N_k\}$$

bezgl. (1) und

$$N' := \{N_1', N_2', \ldots, N_l'\}$$

bezgl. (2). Sei nun $N_i \in N$ ein Maxterm der Darstellung (1). Dann gibt es nach Satz 1.8.9 genau ein Belegungs-n-tupel $(|x_1|, \ldots, |x_n|)$ mit

$$N_i(|x_1|, \ldots, |x_n|) = F,$$

für das also auch der gegebene Ausdruck

$$A(|x_1|, \ldots, |x_n|) = F$$

ist. Genau für dieses n-tupel muß es auch einen Maxterm $N'_j \in N'$ geben mit

$$N'_j(|x_1|, \ldots, |x_n|) = F.$$

Ebenfalls nach Satz 1.8.9 sind dann aber die Maxterme N_i und N'_j äquivalent, d. h. es ist

$$N_i \in N'.$$

Die gleiche Überlegung dehne man auf alle anderen Maxterme aus, womit man

$$N \subseteq N'$$

und bei umgekehrten Gedankengang

$$N' \subseteq N.$$

erhält. Damit folgt also hier die Gleichheit der Maxterme-Mengen und damit die Übereinstimmung der Darstellungen (1) und (2). *Es gibt also zu jedem nicht-tautologischen Ausdruck eine und nur eine kanonische konjunktive Normalform.*

Beispiel 1.8.11. Die umkehrbar eindeutige Zuordnung zwischen W-Werten und Mintermen bzw. F-Werten und Maxtermen erlaubt es, bei gegebenem Wahrheitswerteverlauf sofort wenigstens eine der kanonischen Normalformen anzuschreiben. Damit hat der durch die Tafel

a	b	c	$A(a, b, c)$
W	W	W	F
W	W	F	W
W	F	W	F
W	F	F	W
F	W	W	W
F	W	F	F
F	F	W	F
F	F	F	F

gegebene Ausdruck

$$A(a, b, c) \Leftrightarrow (a \wedge b \wedge \neg c) \vee (a \wedge \neg b \wedge \neg c) \vee (\neg a \wedge b \wedge c)$$

als kanonische disjunktive Normalform und   *Erfüllungsmenge*

$$A(a, b, c) \Leftrightarrow (\neg a \vee \neg b \vee \neg c) \wedge (\neg a \vee b \vee \neg c) \wedge (a \vee \neg b \vee c)$$
$$\wedge (a \vee b \vee \neg c) \wedge (a \vee b \vee c) \quad \textit{Falsifizierungen}$$

als kanonische konjunktive Normalform.

Beispiel 1.8.12. Abschließend wollen wir ein Problem betrachten, das deutlich machen soll, in welcher Weise mathematische Logik und Rechtslogik zu unterschiedlichen Ergebnissen kommen können. Wir wählen einen Text, der eine Aussage über die zu einer schriftlichen Hochschulprüfung zugelassenen Hilfsmittel macht. Der Wortlaut sei

„Zugelassene Hilfsmittel sind Manuskript oder Formelsammlung",

wobei „oder" im Sinne der Disjunktion zu verstehen sei[21]). Zur Formalisierung ordnen wir dem Text eine aussagenlogische Aussageform $A(x_1, x_2)$ so zu, daß deren Bewertung bei $|A(x_1, x_2)| = W$ ein korrektes Verhalten, bei $|A(x_1, x_2)| = F$ ein unkorrektes Verhalten des Studenten anzeigt. Wir wählen

x_1 für „Das Manuskript wird benutzt"

x_2 für „Die Formelsammlung wird benutzt".

Der Sachverhalt wird nun *nicht,* wie man auf den ersten Blick denken könnte, durch

$$A(x_1, x_2) \Leftrightarrow x_1 \vee x_2$$

beschrieben, was man sofort an der Belegung

$$|x_1| = |x_2| = F$$

erkennt: in diesem Fall benutzt der Student nämlich keines der beiden Hilfsmittel, verhält sich also im Sinne des Textes korrekt, während man für A den Wert

$$|A(x_1, x_2)| = A(F, F) = F \vee F = F$$

erhält. Am schnellsten schreibt man A in seiner kanonischen disjunktiven Normalform an

$$A(x_1, x_2) \Leftrightarrow (x_1 \wedge x_2) \vee (x_1 \wedge \neg x_2) \vee (\neg x_1 \wedge x_2) \vee (\neg x_1 \wedge \neg x_2) \tag{1}$$

Dahinter steht die Tatsache, daß jeder Minterm einem W-Wert der A-Spalte der Wahrheitswertetafel zugeordnet ist. Tatsächlich verhält sich der Student korrekt, wenn er beide Hilfsmittel, nur eines oder auch gar keines benutzt. Vereinfacht ergibt sich für A die zweistellige Tautologie

$$A(x_1, x_2) \Leftrightarrow W. \tag{2}$$

Nun der Konfliktfall: Der Student benutze ein (im Text nicht angegebenes) Buch. Verhält er sich korrekt? Darauf gibt die mathematische Logik folgende Antwort. Der Wortlaut des Textes ist mit (1) eindeutig beschrieben. Eine Aussagenvariable x_3 gemäß

„Ein weiteres Hilfsmittel wird benutzt"

kommt im Ausdruck $A(x_1, x_2)$ *nicht vor,* da dieser Sachverhalt auch im Wortlaut des Textes fehlt. Das heißt aber, A ist unabhängig von x_3, eine Belegung von x_3 hat auf den Wert von A keinen Einfluß. Deshalb handelt der Student in diesem Fall korrekt. Man kann sogar noch einen Schritt weitergehen: da A nach (2) Tautologie, also allgemeingültig ist, *entlarvt sich der Text im Sinne der mathematischen Logik als ein dummy-statement.* Welche Hilfsmittel der Student auch immer benutzt oder nicht benutzt, stets befindet er sich im Einklang mit dem Text, $A(x_1, x_2)$ gibt für jede Belegung den Wert W an!

---

[21]) Man beachte, daß die übliche Formulierung mit „und" im Sinne der mathematischen Logik eine andere Aussage darstellt!

Will man jedoch, was anzunehmen ist, den Text im Sinne eines Ausschlusses weiterer Hilfsmittel verstanden wissen, so verlangt die mathematische Logik eine explizite Formulierung dieser Forderung, etwa:

> Zugelassene Hilfsmittel sind Manuskript oder Formelsammlung. Weitere Hilfsmittel sind nicht erlaubt.

oder kürzer:

> Einzige zugelassene Hilfsmittel sind Manuskript oder Formelsammlung.

Der dafür zuständige Ausdruck $A(x_1, x_2, x_3)$ lautet in der kanonischen disjunktiven Normalform

$$A(x_1, x_2, x_3) \Leftrightarrow (x_1 \wedge x_2 \wedge \neg x_3) \vee (x_1 \wedge \neg x_2 \wedge \neg x_3)$$
$$\vee (\neg x_1 \wedge x_2 \wedge \neg x_3) \vee (\neg x_1 \wedge \neg x_2 \wedge \neg x_3)$$

und in der minimalen Form

$$A(x_1, x_2, x_3) \Leftrightarrow \neg x_3,$$

und jetzt ergibt sich etwa bei Benutzung von Manuskript, Formelsammlung und eines weiteren Buches mit

$$|x_1| = |x_2| = |x_3| = W$$
$$A(W, W, W) = F.$$

Nun das gleiche Beispiel aus rechtslogischer Sicht. Der Rechtsanwender hat es mit Normen zu tun, denen er Gehorsam schuldet. Er muß nach § 133 BGB handeln (im Hinblick auf die Auslegung von Willenserklärungen; gleiches gilt indessen auch für die Gesetzesauslegung): *„Bei der Auslegung ist der wirkliche Wille zu erforschen und nicht an dem buchstäblichen Sinne des Ausdrucks zu haften."* Im Hinblick auf den Konfliktfall findet sich in vielen Prüfungsordnungen folgende Bestimmung: „Unternimmt es ein Kandidat, das Ergebnis einer Aufsichtsarbeit durch Benützung eines nicht zugelassenen Hilfsmittels zu beeinflussen, so ist die Arbeit mit ungenügend zu bewerten oder der Kandidat von der Prüfung auszuschließen; im letzteren Falle gilt die Prüfung als nicht bestanden."

Die Bestimmung macht deutlich, wie bedeutsam die Frage ist, ob sich der Text auch im Sinne der juristischen Logik als ein dummy-statement entlarvt; alsdann könnte nämlich die angedrohte Sanktion nicht verhängt werden.

1. Der Text „Zugelassene Hilfsmittel sind Manuskript oder Formelsammlung" läßt aus rechtlicher Sicht die Benützung eines anderen, in diesem Text nicht genannten Hilfsmittels, nicht zu. Das folgt aus dem Wortlaut der Vorschrift i. V. mit ihrem Normzweck, das heißt mit der Überlegung, daß sie in das Gesetz gekommen ist, um die Frage, ob und bejahendenfalls welche Hilfsmittel zugelassen sind, erschöpfend zu beantworten. Das zuständige Prüfungsamt kann und muß also in dem angenommenen Konfliktfall die vorgesehene Sanktion verhängen.

Die juristische Logik besteht darin, den Sinn des Textes, das heißt des Rechtssatzes, klarzustellen, *und zwar in dem Sinn, der für das Rechtsleben, also ggf. auch für die richterliche Entscheidung, der maßgebende ist; das geschieht im Wege der Auslegung.*

Diese geht aus von dem Wortlaut des Gesetzes, der unter Beachtung der Regeln der Grammatik und namentlich des üblichen Sprachgebrauchs klarzustellen ist. Neben dem Wortlaut sind alle systematischen und historischen Momente zu berücksichtigen, die einen Schluß auf den Sinn des Gesetzes zulassen: der äußere und innere Zusammenhang der Vorschrift mit anderen Bestimmungen desselben Gesetzes oder anderer Gesetze; der Rechtsstand, wie er vor Erlaß des Gesetzes bestand und die historische Entwicklung; die Entstehungsgeschichte der Vorschrift selber, insbesondere die sog. Gesetzesmateralien (amtliche Begründung des Gesetzentwurfs etc.); Wert des Ergebnisses, insbesondere unter dem Gesichtspunkt der Vernünftigkeit und der Praktikabilität.

2. Aus dem unter Ziffer 1 Gesagten folgt, daß bei rechtlicher Betrachtung die Benützung eines anderen als der beiden genannten Hilfsmittel unzulässig ist. Eine andere Frage ist es, ob der Text „Zugelassene Hilfsmittel sind Manuskript oder Formelsammlung" kumulativ oder alternativ zu verstehen ist. Nach dem juristischen Sprachgebrauch ist letzteres der Fall, weshalb der Kandidat entweder das Manuskript oder die Formelsammlung, nicht aber beide Hilfsmittel zugleich benützen darf. Soll letzteres zulässig sein, so muß die Vorschrift folgenden Wortlaut erhalten: „Zugelassene Hilfsmittel sind Manuskript und Formelsammlung".

Nach der in Ziffer 1 Abs. 2 genannten Auslegungsmethode ist es zwar unwahrscheinlich, aber doch denkbar, daß das Wort „oder" in einer Rechtsvorschrift ausnahmsweise kumulativ gemeint ist. Ein solches Auslegungsergebnis, das zu dem üblichen juristischen Sprachgebrauch im Widerspruch steht, setzt allerdings voraus, daß die anderen (als die sprachlichen) Auslegungskriterien eindeutig sind, daß also feststeht, daß sich der Gesetzgeber im Ausdruck vergriffen hat.

Aufgaben 1.8

1. Man entwickle für den Ausdruck

$$A(a, b, c, d) :\Leftrightarrow (a \leftrightarrow b) \rightarrow (c \leftrightarrow d)$$

a) die kanonische disjunktive und
b) die kanonische konjunktive Normalform.

2. Die dreistellige Aussageform $A(x_1, x_2, x_3)$ sei ungültig: $A \Leftrightarrow F$. Schreiben Sie die kanonische konjunktive Normalform von A direkt an!

3. Die Erfüllungsmenge einer aussagenlogischen Aussageform $A(a, b, c, d)$ laute

$$E = \{(W, F, W, W), (F, W, F, F), (F, F, F, F)\}.$$

Wie heißt die kanonische disjunktive Normalform von A?

4. Geben Sie die Erfüllungsmenge des Ausdrucks

$$A(a, b, c) \Leftrightarrow (a \vee \neg b \vee c) \wedge (\neg a \vee \neg b \vee c)$$

direkt, d. h. ohne Aufstellung der Wahrheitswertetafel an!

5. Ein Interessent für einen Gebrauchtwagen nennt folgende Bedingungen: der Wagen soll

   – nicht mehr als 30 000 *km* gefahren sein (a),
   – im Verbrauch unter 10 *l* liegen (b),
   – aus erster Hand stammen (c),
   – unfallfrei sein (d),
   – die TÜV-Plakette neuesten Datums haben (e),
   – nicht mehr als 10 000,— DM kosten (f).

   Ein Wagen kommt in die engere Wahl, falls er wenigstens 5 der 6 Forderungen erfüllt. Übersetzen Sie diese Aussageform in die Sprache der Logik!

6. Schreiben Sie die Entweder-oder-Verknüpfung anhand des *W-F*-Verlaufs in beiden kanonischen Normalformen an!

7. Geben Sie sämtliche (paarweise nicht-äquivalenten) einstelligen Aussageformen in Gestalt ihrer kanonischen Normalformen an! Orientieren Sie sich anhand der Wahrheitswertetafel. Wie viele gibt es? Wie groß ist diese Zahl bei $n = 2$, $n = 3$ und allgemeinem n?

1.9   Aussagenlogisches Schließen

Zu den ältesten und bekanntesten Anwendungen der Logik gehört der logische Schluß. Wenn wir logisch schließen, dann gehen wir von bekannten Voraussetzungen („Prämissen") aus und gewinnen daraus unter Verwendung bestimmter „Schlußregeln" neue Aussagen („Konklusionen"). Gehören die Regeln zu den Gesetzen der Aussagenlogik, so spricht man von aussagenlogischem Schließen.

Es ist ein weit verbreiteter Irrtum, alles Schließen sei logischer Natur. Die weitaus meisten Schlußfolgerungen, die im Alltag oder Berufsleben gezogen werden, sind nicht logisch. So schließt der Arzt aus vorhandenen Symptomen auf eine bestimmte Krankheit des Patienten. Der Ingenieur untersucht ein technisches System und schließt aus den Meßwerten auf einen bestimmten Zustand. Der Politiker schließt aus Meinungsäußerungen auf gewisse Denk- und Verhaltensweisen seiner Wähler. Der Staatsanwalt wird aus der Feststellung, daß der Angeklagte zur Tatzeit ein sicheres Alibi hat, schließen müssen, daß er als Täter nicht in Frage kommt.

In allen diesen Fällen wird nicht nach logischen Regeln, sondern auf Grund von Erfahrungen geschlossen. Hierbei spielen Induktionsschlüsse – vom Besonderen aufs Allgemeine führend – und Analogieschlüsse, basierend auf der Ähnlichkeit oder Übereinstimmung zweier Objekte in einer Reihe von Eigenschaften und folgernd auf die Ähnlichkeit bzw. Übereinstimmung in weiteren Eigenschaften, eine führende Rolle. Zweifellos sind sie für unser Denken unentbehrlich. Ihre Anwendung verlangt jedoch eine gewisse Vorsicht. Insbesondere muß man sich stets bewußt sein, daß die Konklusionen auch falsch sein können! Aber eben dieser Umstand tritt bei einem genau nach den logischen Regeln durchgeführten Schluß niemals ein: *hier stellen die Schlußregeln sicher, daß in jedem Fall aus wahren Aussagen wieder wahre Aussagen folgen.*

Man beachte auch den Unterschied zwischen „nicht logisch" und „unlogisch". Induktions- und Analogieschlüsse sind zweifellos nicht logisch, denn sie beruhen nicht auf den Gesetzen der Logik, sondern auf anderen Überlegungen. Gleichwohl stehen sie auch nicht im Widerspruch zur Logik. Hingegen nennen wir eine Schlußfolgerung unlogisch, wenn sie ein konkretes Gesetz der Logik verletzt. Wer aus der Erfahrungstatsache, daß die Sonne im Osten aufgeht, den Schluß zieht, daß die Sonne auch morgen wieder im Osten aufgeht, argumentiert nicht logisch. Wer andererseits aus der Aussage: „Wenn die Batterie verbraucht ist, brennt die Lampe nicht mehr" die Folgerung zieht: „Wenn die Lampe nicht mehr brennt, ist die Batterie verbraucht", schließt unlogisch, denn er verstößt gegen das Kontrapositionsgesetz. Vielmehr lautet die korrekte Umkehrung: „Wenn die Lampe brennt, ist die Batterie nicht verbraucht".

Definition 1.9.1. Die Aussageform $A(x_1, x_2, \ldots, x_n)$ heißt eine **aussagenlogische Folgerung** aus den aussagenlogischen Aussageformen

$$A_1(x_1, x_2, \ldots, x_n), \quad A_2(x_1, x_2, \ldots, x_n), \ldots, \quad A_m(x_1, x_2, \ldots, x_n),$$

wenn für jedes Belegungs-n-tupel

$$(|x_1|, |x_2|, \ldots, |x_n|) \in \{W, F\}^n$$

mit

$$
\left.
\begin{aligned}
A_1(|x_1|, |x_2|, \ldots, |x_n|) &= W \\
A_2(|x_1|, |x_2|, \ldots, |x_n|) &= W \\
\overline{} & \overline{} \\
A_m(|x_1|, |x_2|, \ldots, |x_n|) &= W
\end{aligned}
\right\}
\tag{1}
$$

auch

$$A(|x_1|, |x_2|, \ldots, |x_n|) = W \tag{2}$$

ist. Man nennt (1) die **Prämissen** (Voraussetzungen, Vordersätze), (2) die **Konklusion** (Schlußsatz, Folgesatz), während die Bezeichnungen Folgerung, Schlußfolgerung, **Schluß** sowohl für die Aussageform (2) als auch für die logische Prozedur der Gewinnung von (2) aus (1) üblich sind. Vorschriften zur Durchführung eines logischen Schlusses heißen **Schlußregeln**. Als Kurzschreibweisen verwendet man:

$$
\begin{array}{c}
A_1 \\
A_2 \\
\vdots \\
A_m \\
\hline
A
\end{array}
\qquad \text{oder} \qquad A_1, A_2, \ldots, A_m \vdash A
$$

Satz 1.9.2. *Mit den Erklärungen von 1.9.1 gilt: A ist eine Folgerung aus den $A_1, A_2, \ldots, A_m$ genau dann, wenn das Subjungat*

$$A_1 \wedge A_2 \wedge \ldots \wedge A_m \to A$$

allgemeingültig ist, mithin die Implikation

$$A_1 \wedge A_2 \wedge \ldots \wedge A_m \Rightarrow A \tag{3}$$

besteht.

Beweis: Nach 1.6.13 gilt die Implikation (3), wenn die Erfüllungsmenge des Vordergliedes eine Teilmenge der Erfüllungsmenge des Hintergliedes ist:

$$E[A_1 \wedge A_2 \wedge \ldots \wedge A_m] \subseteq E[A].$$

Ein Belegungs-n-tupel, für welches das Konjungat der A_i wahr ist, muß auch für jedes einzelne A_i den Wert W ergeben und, wegen der Teilmengenbeziehung, auch für A den Wert W liefern. Ist umgekehrt A eine Folgerung aus den A_i, so wird jeder W-F-Vektor, der die A_i einzeln auf W abbildet, auch das Konjungat der A_i in den Wert W überführen, womit $E[A_1 \wedge A_2 \wedge \ldots \wedge A_n]$ zu einer Teilmenge von $E[A]$ wird und damit die Implikation (3) erzeugt.

Definition 1.9.3. Die Prämissenmenge

$$\{A_1, A_2, \ldots, A_m\}$$

heißt **konsistent**, wenn das Konjungat ihrer Elemente A_i keine Kontradiktion ist. Man nennt ferner A eine **triviale Folgerung**, wenn A Tautologie ist.

Beispiel 1.9.4. Wir konstruieren eine dreistellige Aussageform $A(x_1, x_2, x_3)$ anhand einer Wahrheitswertetafel so, daß sie Folgerung aus vier Aussageformen $A_1(x_1, x_2, x_3), \ldots, A_4(x_1, x_2, x_3)$ ist. Dabei ist nur darauf zu achten, daß $E[A_1 \wedge A_2 \wedge A_3 \wedge A_4]$ eine Teilmenge von $E[A]$ wird. Es gibt mehrere Lösungen, eine davon ist:

x_1	x_2	x_3	A_1	A_2	A_3	A_4	$A_1 \wedge A_2 \wedge A_3 \wedge A_4$	A
W	W	W	W	W	W	W	W	W
W	W	F	F	W	F	W	F	W
W	F	W	F	W	F	F	F	F
W	F	F	W	F	W	F	F	F
F	W	W	F	F	W	F	F	W
F	W	F	W	W	W	W	W	W
F	F	W	F	W	W	W	F	F
F	F	F	F	F	F	W	F	F

Es ist ablesbar

$$E[A_1 \wedge A_2 \wedge A_3 \wedge A_4] = \{(W, W, W), (F, W, F)\}$$
$$E[A] = \{(W, W, W), (W, W, F), (F, W, W), (F, W, F)\}$$

und damit

$$E[A_1 \wedge A_2 \wedge A_3 \wedge A_4] \subseteq E[A]$$
$$A_1 \wedge A_2 \wedge A_3 \wedge A_4 \Rightarrow A$$
$$A_1, A_2, A_3, A_4 \vdash A.$$

Der Leser wird mit Leichtigkeit andere Folgerungen aus den A_i angeben können, er braucht dazu nur den W-F-Verlauf von A zu ändern, *allerdings unter Erhaltung der*

Teilmengenbeziehung zwischen den Erfüllungsmengen. Man sieht aber schon an diesem Beispiel, daß es nur endlich viele Folgerungen aus einem System gegebener Prämissen geben kann. Dieser Sachverhalt wird in Satz 1.9.7 näher untersucht werden.

Beispiel 1.9.5. Die Prämissen

$$A_1(x_1, x_2, x_3) :\Leftrightarrow x_1 \wedge x_2 \rightarrow x_3$$
$$A_2(x_1, x_2, x_3) :\Leftrightarrow \neg x_1 \rightarrow x_2 \leftrightarrow x_3$$
$$A_3(x_1, x_2, x_3) :\Leftrightarrow x_1 \wedge x_2 \wedge \neg x_3$$

haben *jede* dreistellige aussagenlogische Aussageform als Folgerung! Dies wird verständlich, wenn man das Konjungat der A_i untersucht; es ergibt sich

$$
\begin{aligned}
A_1 \wedge A_2 \wedge A_3 \ &\Leftrightarrow\ (x_1 \wedge x_2 \rightarrow x_3) \wedge (\neg x_1 \rightarrow x_2 \leftrightarrow x_3) \wedge (x_1 \wedge x_2 \wedge \neg x_3) \\
&\Leftrightarrow\ \neg(x_1 \wedge x_2 \wedge \neg x_3) \wedge (\neg x_1 \rightarrow x_2 \leftrightarrow x_3) \wedge (x_1 \wedge x_2 \wedge \neg x_3) \\
&\Leftrightarrow\ F \wedge (\neg x_1 \rightarrow x_2 \leftrightarrow x_3) \\
&\Leftrightarrow\ F,
\end{aligned}
$$

d. h. eine Kontradiktion. Die Prämissenmenge ist nicht konsistent! Für sie gilt das Gesetz (38) aus 1.6 „Ex falso quodlibet": $F \Rightarrow a$. Nach der Einsetzungsregel 1 (Satz 1.6.8) kann die Variable a durch einen beliebigen Ausdruck ersetzt werden, die Implikation bleibt bestehen! Mengenalgebraisch: die leere Menge $\emptyset = E[F]$ ist Teilmenge jeder Erfüllungsmenge $E[A]$.

Beispiel 1.9.6. Die Aussageform

$$A(a, b) :\Leftrightarrow a \rightarrow (b \rightarrow a)$$

läßt sich aus *jedem* Prämissensystem folgern! So gilt etwa mit

$$A_1(a, b) :\Leftrightarrow a \wedge b, \quad A_2(a, b) :\Leftrightarrow a \vee b$$
$$A_3(a, b) :\Leftrightarrow a \rightarrow b, \quad A_4(a, b) :\Leftrightarrow a \leftrightarrow b$$
$$A_1, A_2, A_3, A_4 \vdash A$$

Untersuchung von A ergibt

$$
\begin{aligned}
a \rightarrow (b \rightarrow a) \ &\Leftrightarrow\ a \rightarrow (\neg b \vee a) \\
&\Leftrightarrow\ \neg a \vee (\neg b \vee a) \\
&\Leftrightarrow\ (a \vee \neg a) \vee \neg b \\
&\Leftrightarrow\ W \vee \neg b \\
&\Leftrightarrow\ W,
\end{aligned}
$$

d. h. A ist Tautologie. Nach Gesetz (39) in 1.6 gilt $a \Rightarrow W$ („ex quodlibet verum"). Ersetzt man a beliebig, so heißt das, eine allgemeingültige Aussageform folgt aus jeder Prämissenmenge! Es gilt also „trivialerweise"

$$A_1 \wedge A_2 \wedge A_3 \wedge A_4 \Rightarrow W$$

Mengenalgebraisch: die Menge $E[W] = \{W, F\}^3$ *aller* Tripel aus W- oder F-Werten hat jede W-F-Tripelmenge zur Teilmenge (auch sich selbst und die leere Menge!). „$A \Leftrightarrow a \rightarrow (b \rightarrow a)$" ist also triviale Folgerung aus den A_i.

Satz 1.9.7. *Seien $A_1, A_2, \ldots, A_m$ n-stellige aussagenlogische Aussageformen. Besitzt dann das Konjungat*

$$A_1 \wedge A_2 \wedge \ldots \wedge A_m \Leftrightarrow : B \qquad (4)$$

eine kanonische konjunktive Normalform mit k Maxtermen $(0 < k \leqq 2^n)$, so gilt

a) *Die Gesamtheit der nichttrivialen Folgerungen besteht bis auf Äquivalenz aus allen Maxtermen von (4) und allen Konjungaten dieser Maxterme.*

b) *Es gibt genau 2^k paarweise nicht-äquivalente Folgerungen aus den A_i.*

Ist das Konjungat (4) jedoch allgemeingültig, so gibt es nur die triviale Folgerung.

Beweis. Wir verwenden die „Abschwächung der Konjunktion". Hat B die kanonische konjunktive Normalform in Maxtermen N_i

$$B \Leftrightarrow N_1 \wedge N_2 \wedge \ldots \wedge N_k, \qquad (5)$$

so folgt nach (40) in 1.6

$$B \Rightarrow N_1, \ B \Rightarrow N_2, \ldots, B \Rightarrow N_k$$

und nach dem Assoziativgesetz (19) in 1.6 allgemein

$$B \Rightarrow N_{i_1} \wedge N_{i_2} \wedge \ldots \wedge N_{i_r}$$

$$i_1, i_2, \ldots, i_r \in \{1, 2, \ldots, k\}$$

für jedes Teilkonjungat von (5). Ist umgekehrt C eine beliebige nicht-triviale Folgerung aus den Prämissen A_i, gilt also $B \Rightarrow C$, so denke man sich den Wahrheitswerteverlauf von B und C nebeneinander aufgetragen. Es muß dann in jeder Zeile mit einem W in der B-Spalte auch ein W in der C-Spalte stehen, und umgekehrt bei einem F in der C-Spalte auch ein F in der B-Spalte. Jeder Maxterm von C kommt damit unter den Maxtermen von B vor, d. h. C läßt sich als ein Maxterm von B oder ein Konjungat von mehreren Maxtermen von B darstellen. Damit ist der Teil a) gezeigt. – Für die Bestimmung der Anzahl in Teil b) summieren wir zunächst alle nicht-trivialen Folgerungen, das sind

$$N_1, N_2, N_3, \ldots, N_k \qquad\qquad : \binom{k}{1} \ \text{Folgerungen}$$

$$N_1 \wedge N_2, N_1 \wedge N_3, \ldots, N_1 \wedge N_k, \ldots, N_{k-1} \wedge N_k \qquad : \binom{k}{2} \ \text{Folgerungen}$$

$$N_1 \wedge N_2 \wedge N_3, \ N_1 \wedge N_2 \wedge N_4, \ldots, N_{k-2} \wedge N_{k-1} \wedge N_k : \binom{k}{3} \ \text{Folgerungen}$$

$$\text{--}$$

$$N_1 \wedge N_2 \wedge N_3 \wedge \ldots \wedge N_k \qquad\qquad : \binom{k}{k} \ \text{Folgerungen}$$

d. h. die Anzahl aller Teilkonjungate aus i von k Maxtermen $(1 \leqq i \leqq k)$ ist bestimmt durch die Anzahl aller „Kombinationen von k Elementen zu Klassen von je i Stück" (ohne Wiederholung), also durch den *Binomialkoeffizienten* $\binom{k}{i}$ gegeben. Für ihre Summe erhält man demnach aus dem binomischen Satz

$$\binom{k}{1}+\binom{k}{2}+\cdots+\binom{k}{k}=\sum_{i=0}^{k}\binom{k}{i}-\binom{k}{0}=2^k-1.$$

Unter Hinzunahme der trivialen Folgerung bekommt man somit die behauptete Anzahl 2^k. – Ist schließlich das Konjugat der Prämissen allgemeingültig, $B \Leftrightarrow W$, so kann es nur sich selbst als Folgerung, d. h. aber die triviale Folgerung haben.

Beispiel 1.9.8. Man gebe alle Folgerungen an, die sich aus den Prämissen

$$A_1 :\Leftrightarrow b \rightarrow (\neg a \rightarrow c)$$
$$A_2 :\Leftrightarrow b \vee (\neg a \wedge \neg c) \vee (a \wedge c)$$
$$A_3 :\Leftrightarrow \neg b \wedge \neg c \rightarrow \neg a$$
$$A_4 :\Leftrightarrow a \vee ((b \vee \neg c) \wedge (\neg b \vee c))$$

ziehen lassen! Dazu wollen wir die Aussageformen A_i gemäß Satz 1.7.10 in der kanonischen konjunktiven Normalform darstellen:

$$A_1 \Leftrightarrow a \vee \neg b \vee c$$
$$A_2 \Leftrightarrow (\neg a \vee b \vee c) \wedge (a \vee b \vee \neg c)$$
$$A_3 \Leftrightarrow \neg a \vee b \vee c$$
$$A_4 \Leftrightarrow (a \vee \neg b \vee c) \wedge (a \vee b \vee \neg c)$$

und nun das Konjugat der A_i bilden:

$$A_1 \wedge A_2 \wedge A_3 \wedge A_4 \Leftrightarrow (a \vee \neg b \vee c) \wedge (a \vee b \vee \neg c) \wedge (\neg a \vee b \vee c).$$

Nach Satz 1.9.7 sind alle Maxterme und alle Konjugate von Maxtermen sowie die (dreistellige) Tautologie Konklusionen; ihre Anzahl ist wegen $k = 3$ genau 8. Wir bezeichnen sie mit C_1 bis C_8:

$$C_1 :\Leftrightarrow a \vee \neg b \vee c \qquad (\Leftrightarrow A_1)$$
$$C_2 :\Leftrightarrow a \vee b \vee \neg c$$
$$C_3 :\Leftrightarrow \neg a \vee b \vee c \qquad (\Leftrightarrow A_3)$$
$$C_4 :\Leftrightarrow (a \vee \neg b \vee c) \wedge (a \vee b \vee \neg c) \qquad (\Leftrightarrow A_4)$$
$$C_5 :\Leftrightarrow (a \vee \neg b \vee c) \wedge (\neg a \vee b \vee c)$$
$$C_6 :\Leftrightarrow (a \vee b \vee \neg c) \wedge (\neg a \vee b \vee c) \qquad (\Leftrightarrow A_2)$$
$$C_7 :\Leftrightarrow (a \vee \neg b \vee c) \wedge (a \vee b \vee \neg c) \wedge (\neg a \vee b \vee c)$$
$$C_8 :\Leftrightarrow W \qquad \text{(triviale Folgerung)}$$

Trägt man die Prämissen und Konklusionen in eine Wahrheitswertetafel ein – dies kann anhand der angeschriebenen Normalformen direkt geschehen –, so erkennt man, daß die W-F-Vektoren der C_i rein formal-kombinatorisch durch systematisches Verteilen der W- und F-Werte entstehen:

a	b	c	A_1	A_2	A_3	A_4	$A_1 \wedge A_2 \wedge A_3 \wedge A_4$	C_1	C_2	C_3	C_4	C_5	C_6	C_7	C_8
W	W	W	W	W	W	W	W	W	W	W	W	W	W	W	W
W	W	F	W	W	W	W	W	W	W	W	W	W	W	W	W
W	F	W	W	W	W	W	W	W	W	W	W	W	W	W	W
W	F	F	W	F	F	W	F	W	W	F	W	F	F	F	W
F	W	W	W	W	W	W	W	W	W	W	W	W	W	W	W
F	W	F	F	W	W	F	F	F	W	W	F	F	W	F	W
F	F	W	W	F	W	F	F	W	F	W	F	W	F	F	W
F	F	F	W	W	W	W	W	W	W	W	W	W	W	W	W

Beispiel 1.9.9. Gegeben seien die Sätze

a: Wolfgang lernt Logik.
b: Wolfgang trifft sich mit Edelgard.
c: Wolfgang geht tanzen.

Folgende Prämissen mögen gesetzt werden:

A_1: Wolfgang lernt Logik oder trifft sich mit Edelgard.
A_2: Wolfgang geht niemals mit Edelgard tanzen.
A_3: Entweder lernt Wolfgang Logik oder er geht tanzen.

Man berechne, welche der folgenden Sätze C_1 bis C_4 eine Folgerung aus diesen Prämissen ist:

C_1: Wolfgang geht nicht tanzen.
C_2: Wolfgang geht ohne Edelgard tanzen.
C_3: Auf keinen Fall lernt Wolfgang Logik und geht dabei tanzen.
C_4: Entweder lernt Wolfgang Logik und trifft sich mit Edelgard – oder: Wolfgang lernt keine Logik und geht tanzen.

Die Verbalisierungen müssen zunächst formalisiert und auf die kanonische konjunktive Normalform gebracht werden, dabei erhält man

$$A_1 \Leftrightarrow a \vee b$$
$$\Leftrightarrow (a \vee b \vee c) \wedge (a \vee b \vee \neg c)$$
$$A_2 \Leftrightarrow \neg (b \wedge c)$$
$$\Leftrightarrow (a \vee \neg b \vee \neg c) \wedge (\neg a \vee \neg b \vee \neg c)$$
$$A_3 \Leftrightarrow (a \wedge \neg c) \vee (\neg a \wedge c)$$
$$\Leftrightarrow (a \vee b \vee c) \wedge (a \vee \neg b \vee c) \wedge (\neg a \vee b \vee \neg c) \wedge (\neg a \vee \neg b \vee \neg c)$$
$$A_1 \wedge A_2 \wedge A_3 \Leftrightarrow (a \vee b \vee c) \wedge (a \vee \neg b \vee c) \wedge (a \vee b \vee \neg c)$$
$$\wedge (a \vee \neg b \vee \neg c) \wedge (\neg a \vee b \vee \neg c) \wedge (\neg a \vee \neg b \vee \neg c)$$
$$C_1 \Leftrightarrow \neg c$$
$$\Leftrightarrow (a \vee b \vee \neg c) \wedge (a \vee \neg b \vee \neg c) \wedge (\neg a \vee b \vee \neg c) \wedge (\neg a \vee \neg b \vee \neg c)$$

C_1 ist also Folgerung aus den A_i: jeder Maxterm von C_1 kommt unter den Maxtermen von $A_1 \wedge A_2 \wedge A_3$ vor!

$$C_2 \Leftrightarrow \neg\, b \wedge c$$
$$\Leftrightarrow (a \vee \neg\, b \vee c) \wedge (\neg\, a \vee \neg\, b \vee c) \wedge (a \vee \neg\, b \vee \neg\, c)$$
$$\wedge (\neg\, a \vee \neg\, b \vee \neg\, c) \wedge (a \vee b \vee c) \wedge (\neg\, a \vee b \vee c)$$

C_2 ist keine Konklusion aus den A_i, denn die Maxterme $\neg\, a \vee \neg\, b \vee c$ und $\neg\, a \vee b \vee c$ kommen in der kanonischen konjunktiven Normalform von $A_1 \wedge A_2 \wedge A_3$ nicht vor!

$$C_3 \Leftrightarrow \neg\,(a \wedge c)$$
$$\Leftrightarrow (\neg\, a \vee b \vee \neg\, c) \wedge (\neg\, a \vee \neg\, b \vee \neg\, c)$$

C_3 ist eine Konklusion aus den A_i, da es ein Teilkonjungat von Maxtermen von $A_1 \wedge A_2 \wedge A_3$ ist.

$$C_4 \Leftrightarrow \big((a \wedge b) \wedge \neg\,(\neg\, a \wedge c)\big) \vee \big(\neg\,(a \wedge b) \wedge (\neg\, a \wedge c)\big)$$
$$\Leftrightarrow (a \vee b \vee c) \wedge (a \vee \neg\, b \vee c) \wedge (\neg\, a \vee b \vee c) \wedge (\neg\, a \vee b \vee \neg\, c)$$

Da der Maxterm $\neg\, a \vee b \vee c$ in der Maxterm-Menge des Prämissenkonjungats nicht vorkommt, ist C_4 keine aussagenlogische Folgerung aus den A_i.

Hinweis: Da die kanonische konjunktive Normalform von $A_1 \wedge A_2 \wedge A_3$ 6 Maxterme besitzt, gibt es hier bis auf Äquivalenz $2^6 = 64$ Aussagen, die man als Schlußfolgerungen aus den A_i gewinnen kann!

Wir wenden uns jetzt einigen Schlußregeln und deren Anwendungen zu. Dabei halten wir fest, daß diese Vorschriften zur Ausführung eines logischen Schlusses auf den Gesetzen der Aussagenlogik basieren, selbst aber metasprachlicher Natur sind: sie beschreiben verbal und formal, wie man direkt – ohne irgendeine Zwischenrechnung – aus einer oder mehreren Prämissen auf den Folgesatz schließt. Auch hierbei wird in Einklang mit der Definition 1.9.1 stets von wahren Prämissen auf eine wahre Konklusion geschlossen. Wendet man eine Schlußregel auf einen konkreten Fall an, so ist es selbstverständlich eine außerhalb der Logik liegende Angelegenheit, zu prüfen bzw. sicherzustellen, daß die verwendeten Voraussetzungen inhaltlich auch tatsächlich stimmen, d. h. wahr sind. Die „Leistung" des Schlusses besteht dann darin, daß die gefolgerte Konklusion stets auch richtig ist (und eben nicht mehr überprüft zu werden braucht!)

Schlußregeln

1. Modus ponens (Abtrennungsregel)
  (vgl. 1.6 (45))

$$A$$
$$\underline{A \rightarrow B}$$
$$B$$

Gilt mit einem Subjungat zugleich das Vorderglied, so ist auch das Hinterglied wahr (das Vorderglied kann dann „abgetrennt" werden)

---

2. Modus tollens (Widerlegungsregel) $\big(\text{vgl. } 1.6\,(46)\big)$

$$A \rightarrow B$$
$$\underline{\qquad \neg\, B \qquad}$$
$$\neg\, A$$

Aus einem wahren Subjungat mit falschem Hinterglied schließt man auf ein falsches Vorderglied.

3. Kontrapositionsregel $\big(\text{vgl. } 1.6\,(24)\big)$

$$\underline{\qquad A \rightarrow B \qquad}$$
$$\neg\, B \rightarrow \neg\, A$$

Ein Subjungat wird kontraponiert, indem man aus dem Negat des Hintergliedes auf das Negat des Vordergliedes schließt.

4. Abschwächung der Konjunktion $\big(\text{vgl. } 1.6\,(40)\big)$

$$\frac{A \wedge B}{A} \qquad\qquad \frac{A \wedge B}{B}$$

Gilt ein Konjungat, so ist auch jede Teilaussage wahr.

5. Abschwächung zur Disjunktion $\big(\text{vgl. } 1.6\,(41)\big)$

$$\frac{A}{A \vee B} \qquad\qquad \frac{B}{A \vee B}$$

Gilt eine Aussage, so ist auch ihre Disjunktion mit einer anderen Aussage wahr.

6. Kettenschluß $\big(\text{vgl. } 1.6\,(47)\big)$

$$A \rightarrow B$$
$$\underline{B \rightarrow C}$$
$$A \rightarrow C$$

Gelten zwei Wenn-dann-Verknüpfungen, von denen das Hinterglied der einen als Vorderglied der anderen genommen wird, so gilt auch das Subjungat vom Vorderglied der ersten zum Hinterglied der zweiten Verknüpfung.

7. Reductio ad absurdum

$$A \rightarrow B$$
$$\underline{\qquad A \rightarrow \neg\, B \qquad}$$
$$\neg\, A$$

Gelten zwei Subjungate, die sich nur im Wahrheitswert des Hintergliedes unterscheiden, so folgt daraus das Negat des Vordergliedes.

Anwendungen des modus ponens

Wir wollen die Verwendung der Schlußregeln in der Mathematik näher untersuchen. Dabei kommt es darauf an, die häufigsten Gedankengänge, Rede- und Bezeichnungsweisen logisch transparent zu machen. Es wird sich zeigen, daß man mit vergleichsweise wenig Regeln auskommt.

Ergibt sich aus einem (mathematischen) Sachverhalt A durch bestimmte Überlegungen ein (mathematischer) Sachverhalt B, so schreibt man in der Literatur dafür kurz

$$A \Rightarrow B, \tag{$*$}$$

lies: aus A folgt B, A impliziert B. Die Bezeichnung mit dem einseitigen Doppelpfeil „$\Rightarrow$" ist dabei die gleiche, wie wir sie in 1.6 für die Implikation eingeführt haben. So schreibt man für den aus der euklidischen Geometrie bekannten Satz „Gleichen Seiten eines Dreiecks liegen gleiche Winkel gegenüber" mit den Bezeichnungen der Figur 1.9.1

$$a = b \Rightarrow \alpha = \beta.$$

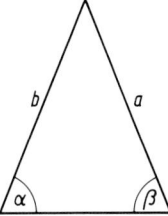

Hierbei ist aber folgendes zu beachten:

Mit „$a = b$" und „$\alpha = \beta$" sind hier Aussagen gemeint, die sich im Rahmen der Aussagenlogik auf *ein bestimmtes* Dreieck beziehen[22]). Die Implikation ($*$) versteht sich in der folgenden Weise:

Figur 1.9.1

1. A steht für die Aussage $a = b$.
   Nach Voraussetzung *sei $a = b$*, d. h. wir gehen von $|a = b| = W$ aus.

2. $A \to B$ steht für das Subjungat $a = b \to \alpha = \beta$. Diese Aussage wird in der Geometrie auf ihren Wahrheitswert hin untersucht. Dabei ergibt sich, daß entweder die Werte $|a = b| = W$ und $|\alpha = \beta| = W$ – oder die Werte $|a = b| = F$ und $|\alpha = \beta| = F$ gepaart sind. Andere Kombinationen treten nicht auf. Nach 1.3 ordnet die Subjunktion sowohl dem Argument (W, W) als auch dem Argument (F, F) den Wert W zu. Damit haben wir sichergestellt, daß auch für das Subjungat der Wert $|a = b \to \alpha = \beta| = W$ gilt.

3. B steht für die Aussage $\alpha = \beta$. Auf Grund der wahren Prämissen A und $A \to B$ schließt man mit dem modus ponens auf die Richtigkeit von B, d. h. $|\alpha = \beta| = W$, es gilt $\alpha = \beta$.

Wir analysieren noch ein Beispiel aus der Analysis: Die reelle Funktion f mit der Zuordnungsvorschrift $x \mapsto y = x^2$ hat als Ableitungsfunktion f' mit $x \mapsto y' = 2x$. Kurzschreibweise als Implikation $A \Rightarrow B$:

$$y = x^2 \Rightarrow y' = 2x$$

---

[22]) Tatsächlich gilt der Satz für alle Dreiecke: in dieser Fassung ist er jedoch Gegenstand der Prädikatenlogik!

Interpretation:

1. A steht für die Aussage „Die gegebene Funktion f ist durch $y = x^2$ bestimmt". Voraussetzungsgemäß *sei* $y = x^2$, d. h. $|y = x^2| = W$.

2. $A \to B$ steht für das Subjungat $y = x^2 \to y' = 2x$, das auf seinen Wahrheitswert untersucht werden muß. Aus der Differentialrechnung ist bekannt, daß $y' = 2x$ die Ableitung zu $y = x^2$ ist, also ist zunächst $|y = x^2| = W$ mit $|y' = 2x| = W$ gekoppelt. Nun gibt es aber auch noch zwei weitere Fälle. Andere Funktionen können die gleiche Ableitung haben, etwa $y = x^2 + 1$. Für sie gilt $|y \neq x^2| = W$ bzw. $|y = x^2| = F$, aber $|y' = 2x| = W$. Ferner können andere Funktionen auch andere Ableitungen haben, etwa $y = x^3$ mit $y' = 3x^2$. Für diese gilt $|y = x^2| = F$ und $|y' = 2x| = F$. *Nicht auftreten* kann jedoch die Wertepaarung (W, F): Zu $y = x^2$ gibt es keine von $y' = 2x$ verschiedene Ableitung! Für alle drei Fälle – (W, W), (F, W), (F, F) – liefert die Subjunktion den Wert W, und das heißt, das Subjungat hat stets den Wert $|y = x^2 \to y' = 2x| = W$[23]).

3. Auf Grund der Voraussetzungen 1. und 2. bekommen wir mit dem modus ponens die Aussage: die Ableitung $B :\Leftrightarrow y' = 2x$ ist richtig, d. h. $|y' = 2x| = W$.

Mit diesen Beispielen ist sicher deutlich geworden, daß die in der Mathematik übliche Implikation $A \Rightarrow B$, so weit sie im Rahmen der Aussagenlogik bleibt, im Sinne des modus ponens $A, A \to B \vdash B$ interpretiert sein will. Es wird stets von wahren Prämissen auf eine wahre Konklusion geschlossen. *Die Feststellung der Richtigkeit der Prämissen erfolgt durch inhaltliche Überlegungen. Nur der Schluß selbst ist logisch im Sinne des aussagenlogischen Schließens.*

Es wird dem Leser aufgefallen sein, daß die inhaltliche Untersuchung des Subjungats $A \to B$ in unseren bisherigen Beispielen niemals auf den Fall $|A| = W$, $|B| = F$ führte. Richtiges Denken kann niemals aus wahren Aussagen falsche erschließen. Genau diesen Sachverhalt hat die Definition 1.3.5 der Subjunktion im Auge, als sie in allen Fällen außer dem Paar (W, F) den Wert W zuordnet: mit dieser Erklärung wird nämlich erreicht, daß in allen inhaltlich möglichen Fällen der Wert $|A \to B| = W$ entsteht und damit der modus ponens zum Zuge kommt! Ist die Implikation sogar eine Äquivalenz $A \Leftrightarrow B$, so tritt übrigens auch der Fall $|A| = F$, $|B| = W$ nicht auf, wie wir bei dem Satz über das Dreieck sahen.

Je nach Umfang und Komplexität der Herleitung wird man den modus ponens in Teilschlüsse zerlegen, wobei man sich von der Verständlichkeit der Darstellung leiten läßt. Eine Implikations*kette*

$$A \Rightarrow B_1 \Rightarrow B_2 \Rightarrow B_3 \Rightarrow \cdots \Rightarrow B_n \Rightarrow B$$

besitzt demnach als logischen Untergrund eine Folge geschachtelter modus-ponens-Schlüsse

---

[23]) Nach Einsicht in den Sachverhalt würde es genügen, zu prüfen, ob der Fall $|A| = W$, $|B| = F$ möglich ist. Wenn ja, dann geht der Schluß nicht. Anderenfalls ist immer $|A \to B| = W$, und aus $|A| = W$ folgt $|B| = W$.

$$
\left.
\begin{array}{c}
A \\
\dfrac{A \rightarrow B_1}{B_1} \\[2pt]
\dfrac{B_1 \rightarrow B_2}{B_2} \\[2pt]
\dfrac{B_2 \rightarrow B_3}{B_3} \;. \\
 \\
B_n \\
\dfrac{B_n \rightarrow B}{B}
\end{array}
\right\}
\qquad
\begin{array}{c}
A \\[40pt]
A \rightarrow B \\[40pt]
\hline
B
\end{array}
$$

wobei der geklammerte Mittelteil auf Grund des **Kettenschlusses**

$$
\frac{(A \rightarrow B_1) \wedge (B_1 \rightarrow B_2) \wedge (B_2 \rightarrow B_3) \wedge \ldots \wedge (B_n \rightarrow B)}{A \rightarrow B}
$$

geliefert wird. Insbesondere braucht man die Zwischenergebnisse $B_1, B_2, \ldots, B_n$ nicht festzuhalten, da sie stets sogleich als Prämissen für den folgenden Teilschluß genommen werden.

Analysieren wir dazu den Beweis eines bekannten Satzes:

Eine ganze Zahl ist gerade genau dann, wenn ihr Quadrat gerade ist.

Wir wollen mit G die Menge der geraden Zahlen, mit U die Menge der ungeraden Zahlen und mit $\mathbb{Z}$ die Menge aller ganzen Zahlen bezeichnen. Dann lautet die formale Kurzfassung unseres Satzes[24]:

$$
a \in G \Leftrightarrow a^2 \in G
$$

1. Teil. Beweis für $a \in G \Rightarrow a^2 \in G$.

A	Sei $\quad a \in G$.
$A \rightarrow B_1$	Wenn $a \in G$, $\qquad$ dann $a = 2m$ mit $m \in \mathbb{Z}$
$B_1 \rightarrow B_2$	Wenn $a = 2m$, $\qquad$ dann $a^2 = 4m^2 = 2 \cdot 2m^2$
$B_2 \rightarrow B$	Wenn $a^2 = 2 \cdot 2m^2$, dann $a^2 \in G$
B	Also gilt $a^2 \in G$.

2. Teil. Beweis für $a^2 \in G \Rightarrow a \in G$.
Aus beweistechnischen Gründen (Einfachheit!) verwenden wir den modus ponens in der folgenden Form[25]:

---

[24] Von der Quantifizierung sehen wir hier bewußt ab, um mit unseren Überlegungen im Rahmen der Aussagenlogik zu bleiben.

[25] Ausgehend von der allgemeingültigen Aussageform $a \wedge (a \rightarrow b) \rightarrow b$ erhält man den modus ponens in der vorliegenden Form, wenn man gemäß Einsetzungsregel 1 die Variable a durch den Ausdruck $\neg A \rightarrow \neg B$, die Variable b durch den Ausdruck $B \rightarrow A$ ersetzt.

$$\neg A \to \neg B \qquad\qquad \text{wird gezeigt } (*)$$
$$(\neg A \to \neg B) \to (B \to A) \quad \text{Kontrapositionsgesetz!}$$

$$B \to A \qquad \text{logische Folgerung!}$$

$(*)$

$\neg A \to B_1'$	Wenn $a \in U$, dann $a = 2n+1$ mit $n \in \mathbb{Z}$
$B_1' \to B_2'$	Wenn $a = 2n+1$, dann $a^2 = 4m^2 + 4m + 1 = 2 \cdot (2m^2 + 2m) + 1$
$B_2' \to \neg B$	Wenn $a^2 = 2 \cdot (2m^2 + 2m) + 1$, dann $a^2 \in U$, d. h. $a^2 \notin G$
$\neg A \to \neg B$	Wenn $a \in U$, dann $a^2 \in U$ (Kettenschluß!)

Faßt man Teil 1 und 2 zusammen, so liefert das aussagenlogische Gesetz (36) in 1.6

$$(A \to B) \wedge (B \to A) \Leftrightarrow (A \leftrightarrow B)$$

In diesem Fall spricht man von einem umkehrbaren Schluß.

Anwendung des modus tollens

Die Widerlegungsregel wird in der Mathematik vornehmlich beim indirekten Beweis herangezogen. Indirekt nennt man eine Herleitung dann, wenn nicht, wie beim direkten Beweis, aus einer Folge von Voraussetzungen auf die zu beweisende Aussage geschlossen wird, sondern das Negat der Behauptung am Anfang steht. Gelingt es, daraus auf das Negat einer als richtig bekannten oder gesetzten Aussage zu schließen, so hat man einen Widerspruch erzeugt, der zur Aufhebung des Behauptungsnegats und damit zur Gültigkeit der Behauptung selbst führt.

Schreibt man den modus tollens

$$\frac{\begin{array}{c} A \to B \\ \neg B \end{array}}{\neg A}$$

nach Ersetzung von $\neg B$ für A und $\neg A$ für B in der Form

$$\frac{\begin{array}{c} \neg B \to \neg A \\ A \end{array}}{B,}$$

so heißt das in der Sprache der Aussagenlogik: Eine Aussage A gilt. Um die Aussage B zu beweisen, zeigt man die Gültigkeit des Subjungats $\neg B \to \neg A$. Das ist alles. Oft erkennt man eine „geeignete" Aussage A erst im Verlauf der Schlußkette aus $\neg B$, doch ist dieser Gesichtspunkt von untergeordneter Bedeutung.

Auch dazu betrachten wir einen einfachen Satz:

$${}^3\!\log 2 \text{ ist eine irrationale Zahl.}$$

Diese zu beweisende Aussage nennen wir B. Das Negat $\neg B$ ist dann die Aussage

$${}^3\!\log 2 \text{ ist eine rationale Zahl.}$$

$\neg B \rightarrow A_1$	Wenn $^3\log 2$ rational, dann $^3\log 2 = \dfrac{p}{q}$ mit $p, q \in \mathbb{N}$ [26])
$A_1 \rightarrow A_2$	Wenn $^3\log 2 = \dfrac{p}{q}$, dann $3^{\frac{p}{q}} = 2$
$A_2 \rightarrow \neg A$	Wenn $3^{\frac{p}{q}} = 2$, dann $3^p = 2^q$
$\neg B \rightarrow \neg A$	Wenn $^3\log 2$ rational, dann $3^p = 2^q$ (Kettenschluß!)

Aussage A: Jede Potenz von 2 mit positivem, ganzen Exponenten ist gerade $(2, 4, 8, 16, \ldots)$, jede entsprechende Potenz von 3 ungerade $(3, 9, 27, 81, \ldots)$, also $3^p \neq 2^q$. Damit liefert der modus tollens die Gültigkeit von B:

$$\neg B \rightarrow \neg A, \; A \vdash B.$$

Analyse eines Fehlschlusses

Immer wieder kommt es vor, daß man eine Aussage A „beweist", indem man sie auf eine Aussage B zurückführt, deren Richtigkeit bekannt bzw. offensichtlich ist. Wir zitieren[27]) im folgenden eine solche Herleitung für den bekannten Sachverhalt, nach dem das harmonische Mittel (hier gemäß Zitat H genannt) zweier positiven Zahlen stets kleiner als das geometrische Mittel (hier gemäß Zitat $\overset{\circ}{x}$ genannt) ist. Anschließend zeigen wir die Ungültigkeit des verwendeten Schlusses im Aussagenkalkül und erklären die korrekte Vorgehensweise. Zitat Anfang:

„Sind x_1 und x_2 zwei beliebige positive Meßwerte, so gilt

$$H < \overset{\circ}{x}$$

oder

$$\frac{2}{\dfrac{1}{x_1} + \dfrac{1}{x_2}} < \sqrt{x_1 \cdot x_2}.$$

Denn es ist

$$\frac{2x_1x_2}{x_1 + x_2} < \sqrt{x_1x_2}$$

$$\frac{4x_1^2x_2^2}{x_1^2 + 2x_1x_2 + x_2^2} < x_1x_2$$

$$4x_1^2x_2^2 < x_1x_2(x_1^2 + 2x_1x_2 + x_2^2)$$
$$0 < x_1x_2(x_1^2 - 2x_1x_2 + x_2^2)$$
$$0 < x_1x_2(x_1 - x_2)^2.$$

---

[26]) $\mathbb{N}$ bezeichnet die Menge der ganzen positiven (natürlichen) Zahlen.

[27]) G. Ose, G. Lochmann, G. Schiemann, H. Baumann, W. Körner: Ausgewählte Kapitel der Mathematik für Ingenieur- und Fachschulen. 2. Auflage, Leipzig 1967, Seite 341.

Diese Ungleichung ist sowohl richtig für $x_1 > x_2$ als auch für $x_1 < x_2$, so daß damit auch die Ausgangsbeziehung

$$H < \overset{\circ}{x}$$

richtig und bewiesen ist." Ende des Zitats.[28])

Bezeichnen wir hier die Behauptung $H < \overset{\circ}{x}$ mit A, die als richtig bekannte Aussage

$$0 < x_1 x_2 (x_1 - x_2)^2$$

mit B, so liegt dem „Beweis" der Schluß (Fehlschluß)

$$\frac{\begin{array}{c} A \to B \\ B \end{array}}{A}$$

zugrunde. Für diesen ergibt sich bei Umwandlung in eine konjunktive Normalform

$$(A \to B) \wedge B \to A$$
$$\Leftrightarrow \neg (A \to B) \vee \neg B \vee A$$
$$\Leftrightarrow \neg (\neg A \vee B) \vee \neg B \vee A$$
$$\Leftrightarrow (A \wedge \neg B) \vee \neg B \vee A$$
$$\Leftrightarrow (A \vee \neg B \vee A) \wedge (\neg B \vee \neg B \vee A)$$
$$\Leftrightarrow A \vee \neg B$$

Nach Satz 1.7.12 ist das Subjungat damit nicht allgemeingültig! Der obige „Beweis" ist falsch.

Das richtige Vorgehen zeigt der modus ponens. Mit den gleichen Bezeichnungen bekommt man hier

$$\frac{\begin{array}{c|c} B & x_1 x_2 (x_1 - x_2)^2 > 0 \\ B \to A & x_1 x_2 (x_1 - x_2)^2 > 0 \to H < \overset{\circ}{x} \end{array}}{\begin{array}{c|c} A & H < \overset{\circ}{x} \end{array}}$$

Dabei kann man sich durchaus an den oben zitierten Umformungen orientieren, *muß sich jedoch bei jedem Schritt vergewissern, ob die Umkehrung auch richtig ist.* Daß dies nicht selbstverständlich ist, zeigt eine geringfügige Modifikation der Formel:

$$\frac{2}{\dfrac{1}{x_1} + \dfrac{1}{x_2}} < -\sqrt{x_1 \cdot x_2}$$

Die Aussage ist sofort als falsch zu erkennen, da eine positive Zahl niemals kleiner als eine negative sein kann. Dessen ungeachtet würde der oben zitierte Fehlschluß auch hier auf die richtige Aussage

$$x_1 x_2 (x_1 - x_2)^2 > 0$$

---

[28]) Abgesehen von dem Fehlschluß muß dafür zusätzlich $x_1 \neq x_2$ gefordert werden, anderenfalls ist „$\leq$" für „$<$" zu schreiben.

führen, da beim Quadrieren das Minuszeichen verschwindet! Der richtige Schluß in umgekehrter Richtung bestätigt die Falschaussage jedoch *nicht*: Der Übergang von

$$\frac{4x_1^2x_2^2}{x_1^2+2x_1x_2+x_2^2}<x_1x_2$$

durch Wurzelziehen liefert eindeutig rechterseits eine positive Zahl, da die Quadratwurzel aus einem positiven Radikanden im Reellen definitionsgemäß stets wieder positiv ist:

$$\frac{2x_1x_2}{x_1+x_2}<\sqrt{x_1\cdot x_2}$$

Notwendige und hinreichende Bedingungen

Viele mathematische Sätze machen eine Aussage über einen bestimmten Sachverhalt S und eine zugehörige Bedingung B. Es soll die Gültigkeit des Sachverhaltes anhand der Bedingung überprüft werden, da sich diese Untersuchung einfacher durchführen läßt als der Sachverhalt selbst. Je nach Zielrichtung der Implikation gibt es hierbei drei Möglichkeiten.

Definition 1.9.10. Eine Bedingung B heißt für einen Sachverhalt S **notwendig**, wenn die Implikation

$$S \Rightarrow B$$

besteht, mithin die Bedingung aus dem Sachverhalt folgt.

„Notwendig" heißt: ohne die Bedingung kann der Sachverhalt nicht bestehen. Ist die Bedingung jedoch erfüllt, so folgt daraus nicht schon die Gültigkeit (das Bestehen) des Sachverhalts. Für die Anwendung einer notwendigen, aber nicht hinreichenden Bedingung ergibt sich daraus, daß die Implikation *nur in der kontraponierten Form*

$$\neg B \Rightarrow \neg S$$

anwendbar ist: aus der Ungültigkeit (dem Nichtbestehen) von B folgt die Ungültigkeit des betreffenden Sachverhalts S. Die notwendige Bedingung fordert gewissermaßen zu wenig. In Figur 1.9.2 ist dies durch die unterschiedliche Blockgröße von B und S veranschaulicht.

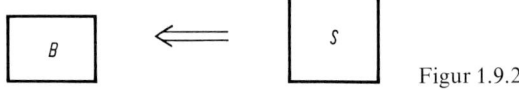

Figur 1.9.2

Die häufigsten Verbalisierungen für $S \Rightarrow B$ sind

- B ist notwendig für S.
- Wenn S, so B.
- S nur dann (höchstens dann), wenn B.
- Aus S folgt B.
- S impliziert B.

Beispiel 1.9.11. Sachverhalt sei die Konvergenz einer unendlichen Reihe $\sum a_n$. Eine notwendige, aber nicht hinreichende Bedingung ist: die Gliederfolge konvergiert zum Grenzwert 0. Implikation:

$$\lim_{n \to \infty} a_n = 0 \;\; \Leftarrow \;\; \sum_{n=1}^{\infty} a_n \in \mathbb{R} \qquad\qquad (*)$$

1. Fall   Harmonische Reihe $\sum \dfrac{1}{n}$.

Notwendige Bedingung ist erfüllt: $\lim\limits_{n \to \infty} \dfrac{1}{n} = 0$

Kein Schluß auf das Konvergenzverhalten der Reihe ist möglich! (Tatsächlich divergiert die harmonische Reihe.)

2. Fall   Die unendliche Reihe sei

$$\sum_{n=1}^{\infty} a_n = \frac{2}{3} + \frac{4}{5} + \frac{6}{7} + \dots$$

Untersuchung des notwendigen Konvergenzkriteriums $(*)$:

$$\lim_{n \to \infty} a_n = \lim_{n \to \infty} \frac{2n}{2n+1} = \lim_{n \to \infty} \frac{1}{1 + \dfrac{1}{2n}} = 1 \neq 0$$

Das Kriterium ist nicht erfüllt! Schlußfolgerung: Die Reihe divergiert.

Definition 1.9.12. Eine Bedingung B heißt **hinreichend** für einen Sachverhalt S, wenn aus der Gültigkeit der Bedingung die Gültigkeit des Sachverhalts folgt

$$B \Rightarrow S.$$

Während die notwendige (aber nicht hinreichende) Bedingung zu wenig forderte, verlangt die hinreichende (aber nicht notwendige) Bedingung zu viel (Figur 1.9.3).

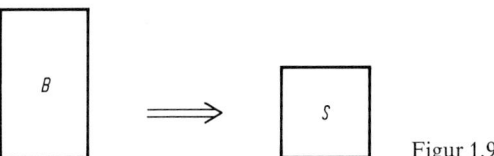

Figur 1.9.3

Die häufigsten Formulierungen in der mathematischen Literatur sind

- Wenn B, so S.
- B ist hinreichend für S.
- Aus B folgt S.
- S dann, wenn B.
- B impliziert S.

Somit kann man aus einer erfüllten hinreichenden Bedingung auf die Gültigkeit des betreffenden Sachverhalts schließen. Ist hingegen eine hinreichende (aber nicht notwendige) Bedingung nicht erfüllt, so ist kein Schluß auf den Sachverhalt möglich. In diesem Fall muß der Sachverhalt mit anderen Mitteln untersucht werden.

Beispiel 1.9.13. Sachverhalt: Die Funktion f hat an der Stelle x_0 ein Maximum. Eine hinreichende, aber nicht notwendige Bedingung dafür ist das Bestehen des Konjungats $f'(x_0) = 0 \wedge f''(x_0) < 0.$ [29])

1. Fall Die Funktion sei $f = \{(x, f(x)) | x \in \mathbb{R}, \ f(x) = \sin x\}$, die Stelle sei $x_0 = \dfrac{\pi}{2}$.

Hinreichende Bedingung ist erfüllt:

$$f'\left(\frac{\pi}{2}\right) = \cos\frac{\pi}{2} = 0, \ f''\left(\frac{\pi}{2}\right) = -\sin\frac{\pi}{2} = -1 < 0.$$

Schlußfolgerung: f hat bei $\dfrac{\pi}{2}$ ein Maximum (Figur 1.9.4).

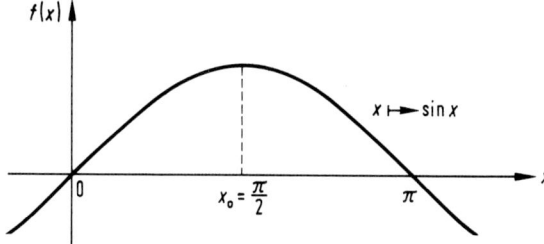

Figur 1.9.4

2. Fall Die Funktion sei $f = \{(x, f(x)) | x \in \mathbb{R}, \ f(x) = -x^4\}$, die Stelle sei $x_0 = 0$. Hinreichende Bedingung ist nicht erfüllt:
mit $f'(x) = -4x^3$, $f''(x) = -12x^2$ ist $f'(0) = 0$ und $f''(0) = 0$.

Kein Schluß auf ein Maximum bei $x_0 = 0$ ist möglich (obgleich f dort tatsächlich ein Maximum besitzt!) Vgl. Figur 1.9.5!

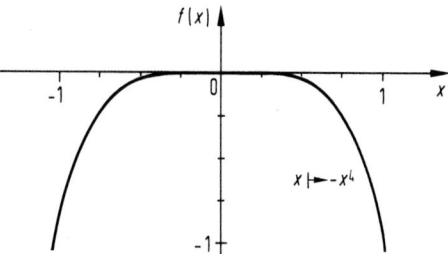

Figur 1.9.5

Ist eine Bedingung B schließlich **notwendig und hinreichend** für einen Sachverhalt, so schreibt man für die beiden Implikationen $S \Rightarrow B$ und $B \Rightarrow S$ die Äquivalenz

$$B \Leftrightarrow S.$$

---

[29]) Der Leser verstehe „$f'(x_0) = 0$", „$f''(x_0) < 0$" als (wie in der Differentialrechnung üblich) formalisierte Aussagen. Das Bestehen (die Gültigkeit, das Erfülltsein) des Konjungats bedeutet also $|f'(x_0) = 0| = W$ und $|f''(x_0) < 0| = W$. f wird in einer Umgebung von x_0 als differenzierbar vorausgesetzt.

Die häufigsten Verbalisierungen dafür sind

- *B* ist notwendig und hinreichend für *S*.
- *B* ist äquivalent *S*.
- *S* dann und nur dann, wenn *B*.
- *S* genau dann, wenn *B*.
- *S* folgt aus *B* und umgekehrt.

Wir geben noch eine Übersicht der logischen Beziehungen zwischen Bedingung und Sachverhalt. In den mit „—" gekennzeichneten Feldern ist ein logischer Schluß auf *S* oder $\neg S$ nicht möglich.

Bedingung *B*	ist notwendig, aber nicht hinreichend für *S*	ist hinreichend, aber nicht notwendig für *S*	ist notwendig und hinreichend für *S*
ist erfüllt ($|B| = W$)	—	*S* gilt	*S* gilt
ist nicht erfüllt ($|B| = F$)	*S* gilt nicht	—	*S* gilt nicht

Beispiel 1.9.14. Wir analysieren den Satz: Eine reelle Funktion f hat an der Stelle x_0 ein Minimum genau dann, wenn $f'(x_0) = 0$ gilt und die erste nicht-verschwindende höhere Ableitung an dieser Stelle von gerader Ordnung und positiv ist.

Sachverhalt $S :\Leftrightarrow f$ hat Minimum bei x_0.
Notwendige Bedingung $B :\Leftrightarrow f'(x_0) = 0$.
Hinreichende Bedingung $B \wedge B_1 :\Leftrightarrow f'(x_0) = 0 \wedge f''(x_0) > 0$.
Notwendige und zugleich hinreichende Bedingung $B \wedge B_2$ kann durch *Abschwächung* von B_1 (vgl. Schlußregel 5) gewonnen werden:

$$B \wedge B_2 :\Leftrightarrow f'(x_0) = 0$$
$$\wedge\, (f''(x_0) > 0$$
$$\vee\, [f''(x_0) = f'''(x_0) = 0 \wedge f^{(4)}(x_0) > 0]$$
$$\vee\, [f''(x_0) = f'''(x_0) = f^{(4)}(x_0) = f^{(5)}(x_0) = 0 \wedge f^{(6)}(x_0) > 0]$$
$$- - - - - - - - - - - - - - - - - - - -$$
$$\vee\, [f''(x_0) = \cdots = f^{(2k-1)}(x_0) = 0 \wedge f^{(2k)}(x_0) > 0])$$

Bei Anwendung des Distributivgesetzes (20) aus 1.6 erscheint die Bedingung in der Form

$$B \wedge B_2 \Leftrightarrow [f'(x_0) = 0 \wedge f''(x_0) > 0]$$
$$\vee\, [f'(x_0) = f''(x_0) = f'''(x_0) = 0 \wedge f^{(4)}(x_0) > 0]$$
$$\vee\, [f'(x_0) = f''(x_0)\, f'''(x_0) = f^{(4)}(x_0) = f^{(5)}(x_0) = 0 \wedge f^{(6)}(x_0) > 0]$$
$$- - - - - - - - - - - - - - - - - - - -$$
$$\vee\, [f'(x_0) = \cdots = f^{(2k-1)}(x_0) = 0 \wedge f^{(2k)}(x_0) > 0]$$

Aufgaben 1.9

1. Berechnen Sie die Anzahl der aussagenlogischen Folgerungen, die man aus der fünfstelligen Aussageform

$$A(x_1, x_2, x_3, x_4, x_5) :\Leftrightarrow (x_1 \to (x_2 \leftrightarrow x_3)) \wedge \neg (x_4 \vee \neg x_5)$$

ziehen kann. Anleitung: Formen Sie A in seine kanonische disjunktive Normalform um!

2. Welche nicht-trivialen Folgerungen lassen sich aus den Prämissen

$$A_1 :\Leftrightarrow \neg b \wedge d$$
$$A_2 :\Leftrightarrow \neg a$$
$$A_3 :\Leftrightarrow a \wedge b \wedge c \wedge \neg d$$
$$A_4 :\Leftrightarrow b \wedge c \wedge d$$
$$A_5 :\Leftrightarrow a \wedge \neg b \wedge \neg d$$

gewinnen?

3. Unter den Voraussetzungen

$$A_1 :\Leftrightarrow (a \to (b \to c)) \wedge (\neg a \to \neg b)$$
$$A_2 :\Leftrightarrow ((b \wedge c) \to a) \wedge (a \to (b \vee c))$$
$$A_3 :\Leftrightarrow b \to a$$

sind folgende Aussageformen daraufhin zu untersuchen, ob sie Konklusionen der A_i sind:

$$C_1 :\Leftrightarrow \neg c \to (a \leftrightarrow b)$$
$$C_2 :\Leftrightarrow \neg a$$
$$C_3 :\Leftrightarrow a \vee b \to a \wedge c$$
$$C_4 :\Leftrightarrow a \to c$$

Welche der Konklusionen nimmt eine Sonderstellung ein?

4. Beweisen Sie die Schlußregeln „modus ponens" und „reductio ad absurdum" mit Hilfe der konjunktiven Normalform!

5. Man zeige die Gültigkeit der Schlußregel

$$\neg A$$
$$A \vee \neg B$$
$$\neg C \to B$$
$$\overline{\qquad C \qquad}$$

und zwar durch direkte Herleitung aus den Prämissen unter Verwendung der bekannten Schlußregeln und der aussagenlogischen Gesetze 1.6. Es gibt mehrere Herleitungswege!

6. Aus den Voraussetzungen

$$a \wedge \neg b$$
$$\neg a \vee \neg c$$
$$b \vee d$$
$$c \vee \neg d \vee \neg e$$

ziehe man durch direkte Herleitung folgende Schlußfolgerungen: a, $\neg b$, $\neg c$, d, $\neg e$.

7. Man beweise auf möglichst einfache Weise die Schlußregel

$$A \to B$$
$$\underline{A \to C}$$
$$A \to B \wedge C$$

8. Geben Sie eine aussagenlogische Analyse des folgenden Beweises für die Irrationalität von $\sqrt{2}$.

Annahme: $\sqrt{2}$ ist rational. Dann ergibt sich daraus folgende Schlußkette: $\sqrt{2} = \frac{p}{q}$ mit $p, q \in \mathbb{N}$ und p, q teilerfremd $\Rightarrow p^2 = 2q^2 \Rightarrow p^2$ gerade $\Rightarrow p$ gerade $\Rightarrow p = 2m \Rightarrow q^2 = 2m^2 \Rightarrow q^2$ gerade $\Rightarrow q$ gerade $\Rightarrow p, q$ haben 2 als gemeinsamen Teiler im Widerspruch zur Teilerfremdheit. Also ist $\sqrt{2}$ irrational.

1.10   Verknüpfungsbasen. Struktureigenschaften

Wir haben die Aussagenlogik bisher mit einer einstelligen Operation – der Negation – und vier zweistelligen Verknüpfungen – Konjunktion, Disjunktion, Subjunktion, Bijunktion – behandelt. Die Auswahl gerade dieser Verknüpfungen orientierte sich an einfachen sprachlichen Gegebenheiten, die dem Leser durch Wörter wie „und", „oder", „wenn-dann" etc. geläufig waren. Andere Verknüpfungen von Aussagen, mit Redewendungen wie „entweder-oder", „weder-noch", oder „nur dann-wenn" beschreibbar, wurden nur am Rande bzw. gar nicht betrachtet. Der Leser wird sich deshalb fragen, welche anderen Möglichkeiten es für den Aufbau eines Aussagenkalküls gibt und nach welchen mathematischen Gesichtspunkten Verknüpfungen ausgewählt werden. Um hierauf eine Antwort zu geben, werden wir in diesem Kapitel folgende Themen erläutern:

- *Wie stellt sich die Gesamtheit aller aussagenlogischen Verknüpfungen dar?*
- *Welche der bisher verwendeten Verknüpfungen sind entbehrlich?*
- *Mit welchen Verknüpfungen ergeben sich* BOOLE*sche Strukturen?*

Beginnen wir mit einer Untersuchung der Mannigfaltigkeit aussagelogischer Verknüpfungen! Zuerst betrachten wir die Gesamtheit der **einstelligen Verknüpfungen**. Diese sind Abbildungen der Wahrheitswertemenge $\{W, F\}$ in bzw. auf sich, wobei vier verschiedene Zuordnungen möglich sind:

W-F-Verlauf[30]		Name	Redeweise	Ausdruck
W	W	Tautologie	stets wahr	W
W	F	Projektion	x	x
F	W	Negation	nicht x	$\neg x$
F	F	Kontradiktion	stets falsch	F

Jede Verknüpfung steht zugleich für alle zu ihr äquivalenten, die jeweils den gleichen W-F-Vektor besitzen und durch diesen repräsentiert werden können. Wir unterscheiden also z. B. nicht zwischen x, $\neg\neg x$, $\neg\neg\neg\neg x$ usw. Dann können wir sagen, daß es „bis auf Äquivalenz" genau vier einstellige aussagenlogische Verknüpfungen gibt. Der Leser verstehe auch die in der letzten Spalte aufgeführten Zeichen W und F hier als Ausdrücke für die einstellige Tautologie bzw. die einstellige Kontradiktion.

---

[30]) Der erste Wert jedes Paares ist W zugeordnet, der zweite Wert ist F zugeordnet. Die Negation wurde bereits in Def. 1.3.1 eingeführt. Man vergleiche!

Sehen wir uns nun die **zweistelligen Verknüpfungen** an! Hier gibt es genau 16 Möglichkeiten, die Werte W und F den vier Paaren (W, W), (W, F), (F, W), (F, F) zuzuordnen. Zu folgenden Übersichtstafeln einige Vorbemerkungen! Zunächst ist jede Verknüpfung durch ihren Werteverlauf eindeutig definiert und in jeweils einer Zeile beschrieben. Bezüglich der Namen besteht in der Literatur keine Einheitlichkeit. „NAND" (früher: SHEFFER-Strich) und NOR (früher: PEIRCE-Pfeil) wurden aus der Digitaltechnik (Schaltalgebra) übernommen. Um eine Beziehung zur Umgangssprache herzustellen, wurden auch Verbalisierungen angegeben und zwar so, daß stets zuerst x, danach y genannt wurde. Der Leser verstehe die Redeweisen aber stets im Kontext mit der exakten Definition der Verknüpfung! Schließlich wurden neben den in 1.3 eingeführten Junktoren noch „$|$" für die Antivalenz[31]), „$\overline{\wedge}$" für NAND und „$\overline{\vee}$" für NOR verwendet. Natürlich könnte man für jede Verknüpfung einen eigenen Junktor erklären, was aber nicht üblich ist. Wir werden noch in diesem Kapitel zeigen, daß man letztlich mit einem einzigen Junktor auskommt.

x	W	W	F	F	Name	Redeweise	Ausdruck
y	W	F	W	F			
	W	W	W	W	Tautologie	stets wahr	W
	W	W	W	F	Disjunktion	x oder y	$x \vee y$
	W	W	F	W	Subjunktion	nur wenn x, dann y	$y \to x$
	W	W	F	F	Projektion	x für beliebiges y	x
	W	F	W	W	Subjunktion	wenn x, dann y	$x \to y$
	W	F	W	F	Projektion	für beliebiges x stets y	y
	W	F	F	W	Bijunktion	x genau dann, wenn y	$x \leftrightarrow y$
	W	F	F	F	Konjunktion	x und y	$x \wedge y$
	F	W	W	W	NAND	nicht x oder nicht y	$x \overline{\wedge} y$
	F	W	W	F	Antivalenz	entweder x oder y	$x \,|\, y$
	F	W	F	W	Negation	für beliebiges x stets nicht y	$\neg\, y$
	F	W	F	F	Inhibition	x und nicht y	$x \wedge \neg\, y$
	F	F	W	W	Negation	nicht x für beliebiges y	$\neg\, x$
	F	F	W	F	Inhibition	nicht x und y	$\neg\, x \wedge y$
	F	F	F	W	NOR	weder x noch y	$x \overline{\vee} y$
	F	F	F	F	Kontradiktion	stets falsch	F

Der nächste Schritt würde uns zu den dreistelligen Verknüpfungen führen, von denen es immerhin bereits

$$2^{(2^3)} = 256$$

verschiedene gibt. Glücklicherweise brauchen wir uns um diese, wie auch um alle anderen höherstelligen Verknüpfungen, nicht mehr zu kümmern. Sie können nämlich

---

[31]) In der Digitaltechnik wird die Antivalenz neuerdings XOR genannt.

ausnahmslos auf die zweistelligen zurückgeführt werden! Die Methode dazu haben
wir bereits in 1.8 kennengelernt: man stelle den im allgemeinsten Falle von n Variablen
gebildeten aussagenlogischen Ausdruck in seiner kanonischen disjunktiven (oder konjunktiven) Normalform dar. Diese kommt mit Konjunktion, Disjunktion und Negation
aus – womit schon alles erledigt ist.

Beispiel 1.10.1. Eine dreistellige aussagenlogische Verknüpfung ordnet jedem *W-F*-
Tripel einen Wahrheitswert zu. Die tabellarische Darstellung dieser Zuordnung
$(x_1, x_2, x_3) \mapsto A(x_1, x_2, x_3)$ sei hier wie folgt gegeben:

x_1	x_2	x_3	$A(x_1, x_2, x_3)$
W	W	W	F
W	W	F	W
W	F	W	F
W	F	F	F
F	W	W	F
F	W	F	W
F	F	W	F
F	F	F	F

Durch den achtelementigen *W-F*-Vektor der *A*-Spalte ist diese Verknüpfung eindeutig
definiert. Gleichwohl gibt es (abzählbar) unendlich viele Darstellungen von $A(x_1, x_2, x_3)$
mit aussagenlogischen Ausdrücken, die jedoch alle untereinander äquivalent sind.
Wir wählen die kanonische disjunktive Normalform, da wir diese direkt aus dem
Werteverlauf ablesen können (vgl. 1.8.11):

$$(x_1, x_2, x_3) \mapsto A(x_1, x_2, x_3) \Leftrightarrow (x_1 \wedge x_2 \wedge \neg x_3) \vee (\neg x_1 \wedge x_2 \wedge \neg x_3)$$

Nach diesen Überlegungen ist verständlich, daß wir uns bei allen folgenden Betrachtungen auf die maximal zweistelligen Verknüpfungen beschränken können.
Unser Interesse konzentriert sich jetzt auf die Frage, mit welchen dieser Verknüpfungen
man auskommt und welche Gesichtspunkte für solche Auswahlen maßgebend sind.
Dazu führen wir zunächst einen grundlegenden Begriff ein.

Definition 1.10.2. Eine Teilmenge aus der Menge aller höchstens zweistelligen aussagenlogischen Verknüpfungen heißt eine **Verknüpfungsbasis**, wenn jeder aussagenlogische
Ausdruck mit den Basisverknüpfungen dargestellt werden kann.

Danach ist klar, daß die Menge $\{\neg, \wedge, \vee, \rightarrow, \leftrightarrow\}$ eine Verknüpfungsbasis bildet,
denn mit ihr haben wir den Aussagenkalkül aufgebaut. Wir werden jedoch sogleich
sehen, daß zunächst die beiden letzten Verknüpfungen entbehrlich sind.

Satz 1.10.3. $\{\neg, \wedge, \vee\}$ *ist Verknüpfungsbasis* (**Boole-Basis**).

Beweis: Es genügt, die zweistelligen Verknüpfungen als Ausdrücke in den Variablen x, y
und den Junktoren der Basis darzustellen. Dies ist mit Hilfe der kanonischen Normalformen unmittelbar möglich. Um mit dem Beweis eine Übung zu verbinden, haben wir

noch zwei Bedingungen an den Ausdruck gestellt: 1. er soll eine Zeichenkette minimaler Länge sein, d. h. kein dazu äquivalenter Ausdruck sei mit weniger Zeichen anschreibbar; 2. die Zeichen W, F sollen nicht verwendet werden.

x	W	W	F	F	Ausdruck
y	W	F	W	F	
	W	W	W	W	$x \vee \neg\, x$
	W	W	W	F	$x \vee y$
	W	W	F	W	$x \vee \neg\, y$
	W	W	F	F	x
	W	F	W	W	$\neg\, x \vee y$
	W	F	W	F	y
	W	F	F	W	$(x \wedge y) \vee \neg\, (x \vee y)$
	W	F	F	F	$x \wedge y$
	F	W	W	W	$\neg\, x \vee \neg\, y$
	F	W	W	F	$(x \vee y) \wedge \neg\, (x \wedge y)$
	F	W	F	W	$\neg\, y$
	F	W	F	F	$x \wedge \neg\, y$
	F	F	W	W	$\neg\, x$
	F	F	W	F	$\neg\, x \wedge y$
	F	F	F	W	$\neg\, x \wedge \neg\, y$
	F	F	F	F	$x \wedge \neg\, x$

BOOLEsche Basen haben eine herausragende Bedeutung auf Grund bestimmter algebraischer Strukturmerkmale. Die BOOLEschen Verknüpfungen – hier in der Aussagenalgebra Konjunktion, Disjunktion und Negation – weisen eine Vielzahl zusätzlicher Eigenschaften auf, die für BOOLEsche Strukturen charakteristisch sind. Zu ihnen gehört auch das Dualitätsprinzip, auf das wir im Anschluß an den Nachweis der Struktureigenschaft näher eingehen wollen.

Satz 1.10.4. *Die Wahrheitswertemenge bildet mit den Verknüpfungen Konjunktion, Disjunktion und Negation eine zweielementige BOOLEsche Algebra* $(\{W, F\}; \wedge, \vee, \neg)$.

Beweis: Damit eine beliebige Menge B eine BOOLEsche Algebra ist, müssen die folgenden acht Voraussetzungen erfüllt sein. Wir formulieren diese zunächst allgemein und zeigen dann deren Gültigkeit im Modell der Aussagenlogik.

1. B muß mindestens zwei Elemente aufweisen, hier 0 und 1 genannt.

2. Es gibt eine zweistellige innere Verknüpfung „$+$" auf B („BOOLEsche Addition"): für alle x, $y \in B$ ist $x + y \in B$.

3. Es gibt eine zweistellige innere Verknüpfung „$\cdot$" auf B („BOOLEsche Multiplikation"): für alle x, $y \in B$ ist $x \cdot y \in B$.

4. Es gibt eine einstellige innere Operation auf B („Boolesche Komplementbildung"), bezeichnet durch ein Hochkomma am betreffenden Element: für alle $x \in B$ ist $x' \in B$.

5. Die zweistelligen Booleschen Verknüpfungen sind kommutativ, d. h. für alle Elemente x, $y \in B$ gilt

$$x + y = y + x; \quad x \cdot y = y \cdot x$$

6. Die zweistelligen Booleschen Verknüpfungen sind wechselseitig distributiv, d. h. für alle Elemente x, y, $z \in B$ gilt

$$x \cdot (y + z) = (x \cdot y) + (x \cdot z), \quad x + (y \cdot z) = (x + y) \cdot (x + z)$$

7. 0 ist Neutralelement der Booleschen Addition:

$$x + 0 = x,$$

1 ist Neutralelement der Booleschen Multiplikation:

$$x \cdot 1 = x$$

jeweils für alle $x \in B$.

8. Für die einstellige Verknüpfung gelten folgende „Komplementgesetze"

$$x + x' = 1, \quad x \cdot x' = 0$$

jeweils für alle $x \in B$.

Wir nehmen nun folgende Interpretation vor:

Boolesche Algebra	Aussagenlogik
Trägermenge B	Wahrheitswertemenge $\{W, F\}$
Element 1	Wahrheitswert W
Element 0	Wahrheitswert F
Boolesche Variable $x, y, z, \ldots$	Aussagenvariable $x, y, z, \ldots$
Boolesche Multiplikation „$\cdot$"	Konjunktion „$\wedge$"
Boolesche Addition „$+$"	Disjunktion „$\vee$"
Boolesche Komplementbildung „$'$"	Negation „$\neg$"
Gleichheit „$=$"	Äquivalenz „$\Leftrightarrow$"

Damit sind die Forderungen 1. bis 4. bereits erfüllt. Zum Nachweis der Punkte 5. bis 8. zitieren wir die in der Übersichtstafel in 1.6 aufgeführten aussagenlogischen Gesetze durch ihre Nummern, womit ein direkter Vergleich möglich wird

    ad 5.: Kommutative Gesetze (12) und (18)
    ad 6.: Distributive Gesetze (14) und (20)
    ad 7.: Gesetze für Neutralelemente (8) und (10)
    ad 8.: Gesetze (5) und (6).

Damit ist $(\{W, F\}; \wedge, \vee, \neg)$ als eine Boolesche Algebra nachgewiesen.

Wir bemerken noch, daß die Mächtigkeit der Trägermenge einer BOOLEschen Algebra stets eine Zweierpotenz mit positivem ganzen Exponenten ist. Dazu werden wir später ein Beispiel bringen.

Als wichtigste Konsequenz aus der BOOLEschen Struktureigenschaft erläutern wir das **Dualitätsprinzip**.

Definition 1.10.5. Ist $A(x_1, \ldots, x_n)$ ein beliebiger aussagenlogischer Ausdruck in der BOOLE-Basis, so gewinnt man den dazu **dualen Ausdruck** $\triangle A(x_1, \ldots, x_n)$, indem man in A die Junktoren „ $\wedge$ " und „ $\vee$ " und die Wahrheitswerte W und F miteinander vertauscht und ansonsten die Zeichenkette unverändert läßt.

Beispiel 1.10.6. Wir stellen einige Ausdrücke und die zugehörigen dualen Ausdrücke gegenüber:

A	$\triangle A$
$\neg a \vee b$	$\neg a \wedge b$
$(x \wedge y) \vee z$	$(x \vee y) \wedge z$
$p \wedge W$	$p \vee F$
$\neg (a \wedge F) \wedge (W \vee b)$	$\neg (a \vee W) \vee (F \wedge b)$
$\neg x$	$\neg x$
$x_1 \wedge \neg x_2 \wedge x_3$	$x_1 \vee \neg x_2 \vee x_3$

Offenbar ist es ebenso richtig, A als dualen Ausdruck zu $\triangle A$ wie $\triangle A$ als dualen Ausdruck zu A anzusehen. Doppelte Dualisierung führt also wieder auf den ursprünglichen Ausdruck zurück. Von grundlegender Bedeutung ist der folgende Sachverhalt, den man das **Dualitätsprinzip der Aussagenlogik** nennt.

Satz 1.10.7. *Sind zwei in der* BOOLE-*Basis notierten aussagenlogischen Ausdrücke A, B äquivalent, so besteht Äquivalenz auch zwischen ihren Dualisaten, m. a. W. mit $A \Leftrightarrow B$ gilt auch $\triangle A \Leftrightarrow \triangle B$.*

Anstelle eines Beweises verdeutlichen wir uns das Dualitätsprinzip anhand bekannter Gesetze. Zunächst sagt der Satz: es gibt zu jeder Äquivalenz ein duales Gegenstück. Man gewinnt es durch Tausch der Junktoren „ $\wedge$ " und „ $\vee$ " sowie der Zeichen W und F. *Damit gibt es jede Äquivalenz zweimal, in der dualen und der nicht-dualen Gestalt.* Es gibt also *zwei* Kommutativgesetze, *zwei* Assoziativgesetze usw. Natürlich gilt das Dualitätsprinzip auch für Äquivalenzen, die mit anderen Zeichen als in der BOOLE-Basis vorkommen, notiert sind. Diese müssen nur auf die Zeichen der BOOLE-Basis äquivalent transformiert werden, dann kann man ihr Dualisat sofort angeben.

Es folgt eine Gegenüberstellung der wichtigsten Äquivalenzen und der dazu dualen Äquivalenzen. Der Leser vergleiche dazu die Übersicht in Abschnitt 1.6.

Name	Äquivalenz	Duale Äquivalenz
Kommutativgesetz	$a \wedge b \Leftrightarrow b \wedge a$	$a \vee b \Leftrightarrow b \vee a$
Assoziativgesetz	$a \wedge (b \wedge c) \Leftrightarrow (a \wedge b) \wedge c$	$a \vee (b \vee c) \Leftrightarrow (a \vee b) \vee c$
Distributivgesetz	$a \wedge (b \vee c) \Leftrightarrow (a \wedge b) \vee (a \wedge c)$	$a \vee (b \wedge c) \Leftrightarrow (a \vee b) \wedge (a \vee c)$
Absorptionsgesetz	$a \wedge (a \vee b) \Leftrightarrow a$	$a \vee (a \wedge b) \Leftrightarrow a$
Idempotenzgesetz	$a \wedge a \Leftrightarrow a$	$a \vee a \Leftrightarrow a$
DE MORGAN-Gesetz	$\neg (a \wedge b) \Leftrightarrow \neg a \vee \neg b$	$\neg (a \vee b) \Leftrightarrow \neg a \wedge \neg b$
Gesetz des Widerspruchs	$a \wedge \neg a \Leftrightarrow F$	$a \vee \neg a \Leftrightarrow W$
Neutralelement-Gesetz	$a \wedge W \Leftrightarrow a$	$a \vee F \Leftrightarrow a$

Wir wollen dem Leser noch ein weiteres **Modell einer BOOLEschen Algebra** vorstellen. Dazu gehen wir von den n-stelligen Aussageformen

$$A(x_1, \ldots, x_n), \quad B(x_1, \ldots, x_n), \quad C(x_1, \ldots, x_n), \ldots$$

aus und fassen die zueinander äquivalenten zu **Äquivalenzklassen** zusammen. Die Äquivalenzklasse A^* ist also die Menge aller zur Aussageform A äquivalenten Aussageformen:

$$A^* := \{X \mid X \Leftrightarrow A\}.$$

Diese Klassen sind demnach Mengen mit (abzählbar) unendlich vielen Elementen. Ist etwa $A(x_1, x_2) \Leftrightarrow x_1 \wedge x_2$ gegeben, so induziert A die Äquivalenzklasse

$$A^* = \{X(x_1, x_2) \mid X(x_1, x_2) \Leftrightarrow x_1 \wedge x_2\}$$
$$= \{x_1 \wedge x_2, \neg \neg (x_1 \wedge x_2), \neg (\neg x_1 \vee \neg x_2), x_1 \wedge (\neg x_1 \vee x_2), \ldots\},$$

um nur einige Elemente aufzuzählen. Da alle in A^* zusammengefaßten Aussageformen auf Grund ihrer Äquivalenz den gleichen Wahrheitswerteverlauf haben, *läßt sich die Klasse A^* auch durch ihren W-F-Vektor repräsentieren* – im obigen Beispiel der Klasse $(x_1 \wedge x_2)^*$ also durch (W, F, F, F).

Als nächsten Schritt erklären wir in geeigneter Weise **Verknüpfungen** zwischen diesen Klassen. Unser Ziel ist dabei, auch für diese Verknüpfungen wieder eine BOOLEsche Struktur zu erhalten. Deshalb gestalten wir die folgende Definition so, daß die für die Aussagenvariablen erklärten Operationen „verknüpfungstreu" fortgesetzt werden zu entsprechenden Operationen zwischen den Klassen bzw., bei umgekehrter Sicht, die Klassenverknüpfungen auf die ursprünglichen Verknüpfungen zurückgeführt werden können.

Definition 1.10.8. Sei Q die Menge aller Äquivalenzklassen von n-stelligen aussagenlogischen Aussageformen. Dann erklären wir

– als **Klassennegation** „$\ominus$" eine einstellige Verknüpfung auf Q gemäß

$$\ominus A^* := (\neg A)^*,$$

– als **Klassenkonjunktion** „$\bigwedge$" eine zweistellige Verknüpfung auf Q gemäß

$$A^* \bigwedge B^* := (A \wedge B)^*,$$

– als **Klassendisjunktion** „$\bigvee$" eine zweistellige Verknüpfung auf Q gemäß

$$A^* \bigvee B^* := (A \vee B)^*.$$

In entsprechender Weise ließen sich auch alle anderen ein- oder zweistelligen aussagenlogischen Verknüpfungen zu Klassenverknüpfungen auf Q fortsetzen.

Beispiel 1.10.9. Die Aussageform

$$A(x_1, x_2, x_3) :\Leftrightarrow x_1 \wedge (x_2 \vee \neg x_3)$$

induziert die Äquivalenzklasse A^* gemäß

$$A^* = \{X(x_1, x_2, x_3) \mid X(x_1, x_2, x_3) \Leftrightarrow x_1 \wedge (x_2 \vee \neg x_3)\}$$
$$= \{x_1 \wedge (x_2 \vee \neg x_3), (x_1 \wedge x_2) \vee (x_1 \wedge \neg x_3), (x_1 \vee x_1) \wedge (x_2 \vee \neg x_3), \ldots\}.$$

Eine zweite, ebenfalls dreistellige Aussageform

$$B(x_1, x_2, x_3) :\Leftrightarrow (\neg x_1 \vee x_2) \wedge x_3$$

induziert die Äquivalenzklasse B^* gemäß

$$B^* = \{X(x_1, x_2, x_3) \mid X(x_1, x_2, x_3) \Leftrightarrow (\neg x_1 \vee x_2) \wedge x_3\}$$
$$= \{(\neg x_1 \vee x_2) \wedge x_3, \neg(x_1 \wedge \neg x_2) \wedge x_3, \neg(x_1 \wedge \neg x_2) \wedge \neg(\neg x_3), \ldots\}.$$

Dann ergibt sich für das Klassennegat $\ominus A^*$ die Menge $(\neg A)^*$ aller zum Negat $\neg A$ äquivalenten Aussageformen, also

$$\ominus A^* = (\neg A)^* = \{\neg\big(x_1 \wedge (x_2 \vee \neg x_3)\big)\}^*$$
$$= \{\neg\big(x_1 \wedge (x_2 \vee \neg x_3)\big), \neg x_1 \vee \neg(x_2 \vee \neg x_3), \neg x_1 \vee (\neg x_2 \wedge x_3), \ldots\}.$$

Entsprechend bestimmt man das Klassenkonjungat $A^* \bigwedge B^*$, indem man das Konjungat $A \wedge B$ berechnet und die Menge $(A \wedge B)^*$ aller dazu äquivalenten Ausdrücke bildet:

$$A^* \bigwedge B^* = \{\big(x_1 \wedge (x_2 \vee \neg x_3)\big) \wedge \big((\neg x_1 \vee x_2) \wedge x_3\big)\}^*$$
$$= \{\big(x_1 \wedge (x_2 \vee \neg x_3)\big) \wedge \big((\neg x_1 \vee x_2) \wedge x_3\big), x_1 \wedge x_2 \wedge x_3, \ldots\},$$

während sich das Klassendisjungat ergibt zu

$$A^* \bigvee B^* = \{\big(x_1 \wedge (x_2 \vee \neg x_3)\big) \vee \big((\neg x_1 \vee x_2) \wedge x_3\big)\}^*$$
$$= \{\big(x_1 \wedge (x_2 \vee \neg x_3)\big) \vee \big((\neg x_1 \vee x_2) \wedge x_3\big),$$
$$(x_1 \wedge x_2) \vee (x_1 \wedge \neg x_3) \vee (\neg x_1 \wedge x_3) \vee (x_2 \wedge x_3), \ldots\}.$$

Besonders anschaulich wird die Erklärung der Klassenverknüpfungen, wenn man sie an den *W-F*-Vektoren demonstriert: hier kann man den Ergebnisvektor *zeilenweise* über die einfachen Verknüpfungen zwischen den Wahrheitswerten erhalten. Der Leser überzeuge sich von der Richtigkeit der 8-tupel für A^* und B^* und rechne dann die Verknüpfungen noch einmal nach; er wird feststellen, daß dies eine höchst einfache Angelegenheit ist. Zu den entsprechenden Ausdrücken kommt man über die kanonischen Normalformen.

Klassennegation:

$$
\begin{array}{cc}
\begin{array}{c}
W \\ W \\ F \\ W \\ F \\ F \\ F \\ F
\end{array}
&
\begin{array}{c}
F \\ F \\ W \\ F \\ W \\ W \\ W \\ W
\end{array}
\end{array}
$$

$$A^* \qquad\qquad \ominus A^*$$

Klassenkonjunktion:

$$
\begin{array}{c}
W \\ W \\ F \\ W \\ F \\ F \\ F \\ F
\end{array}
\;\wedge\;
\begin{array}{c}
W \\ F \\ F \\ F \\ W \\ F \\ W \\ F
\end{array}
\;=\;
\begin{array}{c}
W \\ F \\ F \\ F \\ F \\ F \\ F \\ F
\end{array}
$$

$$A^* \qquad\qquad B^* \qquad\qquad A^* \wedge B^*$$

Klassendisjunktion:

$$
\begin{array}{c}
W \\ W \\ F \\ W \\ F \\ F \\ F \\ F
\end{array}
\;\vee\;
\begin{array}{c}
W \\ F \\ F \\ F \\ W \\ F \\ W \\ F
\end{array}
\;=\;
\begin{array}{c}
W \\ W \\ F \\ W \\ W \\ F \\ W \\ F
\end{array}
$$

$$A^* \qquad\qquad B^* \qquad\qquad A^* \vee B^*$$

Satz 1.10.10. *Die Menge Q aller Äquivalenzklassen n-stelliger aussagenlogischer Aussageformen bildet mit den Verknüpfungen Klassenkonjunktion, Klassendisjunktion und Klassennegation eine* BOOLE*sche Algebra der Mächtigkeit* $2^{(2^n)}$.

Beweis: Von den in Satz 1.10.4 genannten Forderungen brauchen nur noch die Punkte 5 bis 8 erfüllt zu werden. Wir zeigen dies, indem wir die Verknüpfungen zwischen den Klassen auf die gleichnamigen Verknüpfungen zwischen den Aussageformen zurückführen und die dort vorhandenen Eigenschaften ausbeuten. Für die *Kommutativität* lautet der Nachweis

$$A^* \wedge B^* = (A \wedge B)^* = (B \wedge A)^* = B^* \wedge A^*$$
$$A^* \vee B^* = (A \vee B)^* = (B \vee A)^* = B^* \vee A^*;$$

desgl. für die *Distributivität*:

$$A^* \otimes (B^* \oslash C^*) = A^* \otimes (B \vee C)^*$$
$$= (A \wedge (B \vee C))^*$$
$$= ((A \wedge B) \vee (A \wedge C))^*$$
$$= (A \wedge B)^* \oslash (A \wedge C)^*$$
$$= (A^* \otimes B^*) \oslash (A^* \otimes C^*)$$

und entsprechend für die Distributivität von „$\oslash$" über „$\otimes$" (vgl. Übungsaufgabe 8 (1.10)). *Neutralelemente* sind hier die Tautologienklasse

$$W^* := \{X \mid X \Leftrightarrow W\}$$

für die Klassenkonjunktion (d. i. der n-stellige Vektor mit lauter W) und die Kontradiktionenklasse

$$F^* := \{X \mid X \Leftrightarrow F\}$$

für die Klassendisjunktion (d. i. der n-stellige Vektor mit lauter F). Unter Verwendung der Gesetze (8) und (10) aus 1.6 gilt nämlich für eine *beliebige* Klasse A^* aus Q:

$$A^* \otimes W^* = (A \wedge W)^* = A^*$$
$$A^* \oslash F^* = (A \vee F)^* = A^*$$

Schließlich gilt für die *Komplementgesetze*

$$A^* \otimes \ominus A^* = A^* \otimes (\neg A)^* = (A \wedge \neg A)^* = F^*$$
$$A^* \oslash \ominus A^* = A^* \oslash (\neg A)^* = (A \vee \neg A)^* = W^*$$

unter Beachtung der Gesetze (5) und (6) aus 1.6. Zur Mächtigkeit dieser BOOLEschen Algebra gelangen wir durch folgende Überlegungen: Nach den Regeln der Kombinatorik (Variationen mit Wiederholung) gibt es 2^k Möglichkeiten, 2 Elemente – hier W, F – auf k Plätze zu verteilen. Bei n-stelligen Aussageformen $A(x_1, \ldots, x_n)$ hat die Wertetafel genau 2^n Zeilen. Somit ergibt sich für $k = 2^n$ die behauptete Mächtigkeit

$$2^{(2^n)}.$$

Der Leser vergleiche dazu die Ausführungen am Beginn dieses Abschnitts, wo die Fälle $n = 1$ (4 einstellige Ausdrücke), $n = 2$ (16 zweistellige Ausdrücke), $n = 3$ (256 dreistellige Ausdrücke) bereits diskutiert worden sind.

Wir gehen jetzt noch der Frage nach, welche Verknüpfungsbasen mit weniger als drei Operationen für die Aussagenlogik möglich sind.

Satz 1.10.11. $\{\wedge, \neg\}$ *und* $\{\vee, \neg\}$ *sind Verknüpfungsbasen* (DE MORGAN-Basen).

Beweis: Wir gehen von der BOOLE-Basis $\{\wedge, \vee, \neg\}$ aus und benutzen die DE MORGANschen Gesetze zur Elimination von Konjunktion bzw. Disjunktion. Die Entbehrlichkeit der Konjunktion folgt aus

$$x \wedge y \Leftrightarrow \neg \neg (x \wedge y) \Leftrightarrow \neg (\neg x \vee \neg y);$$

auf die Disjunktion kann man wegen

$$x \vee y \Leftrightarrow \neg \neg (x \vee y) \Leftrightarrow \neg (\neg x \wedge \neg y)$$

verzichten. – Wir schreiben die zweistelligen Verknüpfungen in beiden Basen als Übersicht an[32]).

x	W	W	F	F	$\{\wedge, \neg\}$-Basis	$\{\vee, \neg\}$-Basis
y	W	F	W	F		
	W	W	W	W	$\neg(x \wedge \neg x)$	$x \vee \neg x$
	W	W	W	F	$\neg(\neg x \wedge \neg y)$	$x \vee y$
	W	W	F	W	$\neg(\neg x \wedge y)$	$x \vee \neg y$
	W	W	F	F	x	x
	W	F	W	W	$\neg(x \wedge \neg y)$	$\neg x \vee y$
	W	F	W	F	y	y
	W	F	F	W	$\neg(x \wedge \neg y) \wedge \neg(\neg x \wedge y)$	$\neg(\neg x \vee \neg y) \vee \neg(x \vee y)$
	W	F	F	F	$x \wedge y$	$\neg(\neg x \vee \neg y)$
	F	W	W	W	$\neg(x \wedge y)$	$\neg x \vee \neg y$
	F	W	W	F	$\neg(x \wedge y) \wedge \neg(\neg x \wedge \neg y)$	$\neg(\neg x \vee y) \vee \neg(x \vee \neg y)$
	F	W	F	W	$\neg y$	$\neg y$
	F	W	F	F	$x \wedge \neg y$	$\neg(\neg x \vee y)$
	F	F	W	W	$\neg x$	$\neg x$
	F	F	W	F	$\neg x \wedge y$	$\neg(x \vee \neg y)$
	F	F	F	W	$\neg x \wedge \neg y$	$\neg(x \vee y)$
	F	F	F	F	$x \wedge \neg x$	$\neg(x \vee \neg x)$

Satz 1.10.12. $\{\rightarrow, \neg\}$ *ist Verknüpfungsbasis* (FREGE-**Basis**).

Beweis: Wir gehen von der DE MORGAN-Basis $\{\vee, \neg\}$ aus und ersetzen darin die Disjunktion durch Subjunktion und Negation:

$$x \vee y \Leftrightarrow \neg x \rightarrow y$$

(vgl. (17) in 1.6). Damit ist bereits alles gezeigt. Wir werden dieser Basis bei der Behandlung der Axiomatik des Aussagenkalküls wiederbegegnen.

---

[32]) Falls man die Ausdrücke stets mit beiden Variablen formulieren will (z. B. um bei fehlendem Kontext die Zweistelligkeit der Verknüpfung zu dokumentieren), wäre
  a) in der $\{\wedge, \neg\}$-Basis
    – bei fehlendem x der Ausdruck $\neg(x \wedge \neg x)$ konjunktiv zu ergänzen
    – bei fehlendem y der Ausdruck $\neg(y \wedge \neg y)$ konjunktiv zu ergänzen
  b) in der $\{\vee, \neg\}$-Basis
    – bei fehlendem x der Ausdruck $\neg(x \vee \neg x)$ disjunktiv zu ergänzen
    – bei fehlendem y der Ausdruck $\neg(y \vee \neg y)$ disjunktiv zu ergänzen

Erstaunlich ist die Existenz einelementiger Verknüpfungsbasen. Es gibt davon zwei, die wir zunächst erklären wollen.

Definition 1.10.13. Die Negation der Disjunktion heißt **NOR-Verknüpfung**[33]). *(not or)*

$$\mathrm{NOR}(x, y) :\Leftrightarrow x \,\overline{\vee}\, y :\Leftrightarrow \neg (x \vee y),$$

die Negation der Konjunktion wird **NAND-Verknüpfung**[34]) genannt *(not and)*

$$\mathrm{NAND}(x, y) :\Leftrightarrow x \,\overline{\wedge}\, y :\Leftrightarrow \neg (x \wedge y)$$

Satz 1.10.14. $\{\overline{\vee}\}$ *(NOR-Basis) und* $\{\overline{\wedge}\}$ *(NAND-Basis) sind Verknüpfungsbasen. Andere einelementige Verknüpfungsbasen gibt es nicht.*

Beweis: 1. NOR-Basis. Wir gehen von der DE-MORGAN-Basis $\{\vee, \neg\}$ aus und führen beide Verknüpfungen auf NOR zurück:

$$
\begin{aligned}
x \vee y &\Leftrightarrow (x \vee y) \wedge (x \vee y) \\
&\Leftrightarrow \neg\,\neg\,\big((x \vee y) \wedge (x \vee y)\big) \\
&\Leftrightarrow \neg\,\big(\neg(x \vee y) \vee \neg(x \vee y)\big) \\
&\Leftrightarrow \neg\,\big((x \,\overline{\vee}\, y) \vee (x \,\overline{\vee}\, y)\big) \\
&\Leftrightarrow (x \,\overline{\vee}\, y) \,\overline{\vee}\, (x \,\overline{\vee}\, y) \\
\neg x &\Leftrightarrow \neg(x \vee x) \Leftrightarrow x \,\overline{\vee}\, x
\end{aligned}
$$

2. NAND-Basis. Wir gehen von der DE MORGAN-Basis $\{\wedge, \neg\}$ aus und stellen Konjunktion und Negation durch NAND dar:

$$
\begin{aligned}
x \wedge y &\Leftrightarrow (x \wedge y) \vee (x \wedge y) \\
&\Leftrightarrow \neg\,\neg\,\big((x \wedge y) \vee (x \wedge y)\big) \\
&\Leftrightarrow \neg\,\big(\neg(x \wedge y) \wedge \neg(x \wedge y)\big) \\
&\Leftrightarrow \neg\,\big((x \,\overline{\wedge}\, y) \wedge (x \,\overline{\wedge}\, y)\big) \\
&\Leftrightarrow (x \,\overline{\wedge}\, y) \,\overline{\wedge}\, (x \,\overline{\wedge}\, y) \\
\neg x &\Leftrightarrow \neg(x \wedge x) \Leftrightarrow x \,\overline{\wedge}\, x.
\end{aligned}
$$

Beispiel 1.10.15. Man stelle NAND durch NOR dar! Lösung: Der Ausdruck $x \,\overline{\wedge}\, y$ ist äquivalent so umzuformen, daß ausschließlich „$\overline{\vee}$" als Verknüpfungszeichen auftritt. Durchführung:

$$
\begin{aligned}
x \,\overline{\wedge}\, y &\Leftrightarrow \neg(x \wedge y) \Leftrightarrow \neg x \vee \neg y \Leftrightarrow \neg\,\neg(\neg x \vee \neg y) \\
&\Leftrightarrow \neg(\neg x \,\overline{\vee}\, \neg y) \Leftrightarrow \neg\big(F \vee (\neg x \,\overline{\vee}\, \neg y)\big) \\
&\Leftrightarrow F \,\overline{\vee}\, (\neg x \,\overline{\vee}\, \neg y) \Leftrightarrow \neg(\neg x \vee x) \,\overline{\vee}\, (\neg x \,\overline{\vee}\, \neg y) \\
&\Leftrightarrow (\neg x \,\overline{\vee}\, x) \,\overline{\vee}\, (\neg x \,\overline{\vee}\, \neg y) \Leftrightarrow \big((x \,\overline{\vee}\, x) \,\overline{\vee}\, x\big) \,\overline{\vee}\, \big((x \,\overline{\vee}\, x) \,\overline{\vee}\, (y \,\overline{\vee}\, y)\big).
\end{aligned}
$$

Wie man sieht, können die Darstellungen aussagenlogischer Verknüpfungen in einer einelementigen Basis verhältnismäßig verwickelt werden. Die Bedeutung von NOR-

---

[33]) NOR ist eine Abkürzung von not or (nicht – oder).
[34]) NAND ist eine Abkürzung von not and (nicht – und).

und NAND-Basis besteht denn auch nicht im Aufbau eines Kalküls – darin ist ihnen die BOOLEsche Basis weit überlegen. Anwendungen finden wir hauptsächlich in der Digitaltechnik bei der Realisierung logischer Schaltungen mit NOR- und NAND-Gattern. Hier ist es in vielen Fällen vorteilhaft, mit einem einzigen Schaltungselement zu arbeiten.

Aufgaben 1.10

1. Man zeige: die Verknüpfungen Bijunktion und Negation bilden keine Basis! Anleitung: Weisen Sie nach, daß die Konjunktion sich mit „$\neg$" und „$\rightarrow$" nicht ausdrücken läßt.

2. Die folgenden Äquivalenzen sind zu dualisieren:

   a) $x \vee (\neg x \wedge y) \Leftrightarrow x \vee y$

   b) $(a \vee \neg b \vee c \vee \neg a) \wedge (b \vee c \vee \neg c) \wedge (b \vee \neg b \vee c) \Leftrightarrow W$

   c) $(x_1 \wedge \neg x_3) \vee (x_2 \wedge \neg x_3) \vee (\neg x_1 \wedge x_2) \Leftrightarrow (x_1 \wedge \neg x_3) \vee (\neg x_1 \wedge x_2)$

3. Neben der Dualisierung von Äquivalenzen gibt es in der Aussagenlogik mit BOOLE-Basis auch eine Dualisierung von Ausdrücken: Vertauscht man in einem Ausdruck A überall die Junktoren „$\wedge$" und „$\vee$" sowie die Wahrheitswerte W und F miteinander, und ersetzt man ferner jede nicht negierte Variable x durch ihr Negat $\neg x$, jede negierte Variable $\neg x$ durch x, so erhält man einen Ausdruck B, der äquivalent zu $\neg A$ ist. Man bestätige dies an folgenden Ausdrücken[35]):

   a) $A(x_1, x_2) :\Leftrightarrow (x_1 \wedge W) \vee F \vee \neg x_2$

   b) $A(x, y) :\Leftrightarrow \neg \big(\neg (x \wedge \neg y) \vee (\neg x \wedge y)\big)$

4. Wie lautet das Distributivgesetz

   $$a \wedge (b \vee c) \Leftrightarrow (a \wedge b) \vee (a \wedge c)$$

   in der FREGE-Basis?

5. Man stelle $x \vee y$ in der NAND-Basis und $x \wedge y$ in der NOR-Basis dar!

6. Zeigen Sie durch Äquivalenzumformung

   a) $x \leftrightarrow y \Leftrightarrow (x \overline{\wedge} y) \overline{\wedge} \big((x \overline{\wedge} x) \overline{\wedge} (y \overline{\wedge} y)\big)$,

   b) $x \triangledown y \Leftrightarrow \big((x \overline{\wedge} x) \overline{\wedge} x\big) \overline{\wedge} \big((x \overline{\wedge} x) \overline{\wedge} (y \overline{\wedge} y)\big)$.

7. Untersuchen Sie die NAND-Verknüpfung auf Kommutativität und Assoziativität!

8. Beweisen Sie die Distributivität der Klassendisjunktion über der Klassenkonjunktion!

---

[35]) Dieser Sachverhalt ist auch als SHANNON*sche Formel* bekannt:

$$\neg A(x_1, x_2, \ldots, x_n; W, F; \wedge, \vee) \Leftrightarrow A(\neg x_1, \neg x_2, \ldots, \neg x_n; F, W; \vee, \wedge)$$

1.11 Axiomatik des Aussagenkalküls

Wir greifen auf das Vorgehen in Abschnitt 1.4 zurück. Dort hatten wir Konstruktionsvorschriften kennengelernt, mit denen Elemente aus einer vorgegebenen Zeichenmenge zu Ketten, nämlich den aussagenlogischen Ausdrücken, zusammengesetzt werden konnten. Charakteristisch für diese Methode war ihr formales Handeln: nur das Operating, die Syntax, spielten eine Rolle. Aus diesem Grunde war es auch möglich, die Überprüfung eines Ausdrucks auf syntaktische Richtigkeit einer Datenverarbeitungsanlage per Programm zu übertragen.

In diesem Abschnitt gehen wir zunächst ganz ähnlich vor. Wieder wird eine Menge von Zeichen vorgegeben, und wieder wird eindeutig festgelegt, wie mit diesen zu operieren ist. Auch jetzt handelt es sich um einen reinen Formalismus: wir kümmern uns nicht um die Bedeutung der Zeichen. Konkret: „$\neg$" ist im folgenden nicht der Negationsjunktor, sondern ein bedeutungsloses Zeichen, oder: „a" bedeutet keine Aussagenvariable, sondern versteht sich einzig und allein als ein Buchstabe des gegebenen Zeichenvorrats, oder: „$a \wedge b$" ist nicht mehr das Konjungat der Aussagenvariablen a und b, sondern nur noch die aus „a", „$\wedge$" und „b" gebildete Zeichenkette. Man könnte noch einen Schritt weitergehen und Namen und Form der Zeichen ändern – der Formalismus bliebe auch dann der gleiche.

Allerdings stecken wir uns jetzt ein weit höheres Ziel als nur die Konstruktion von Ausdrücken. Wir wollen die formale Methode dazu benutzen, die *Gesetze* der Aussagenlogik zu gewinnen! Dies ist möglich, indem man einige wenige Ausdrücke (die „Axiome") voranstellt und mittels vorgegebener Ableitungsregeln aus vorhandenen Ausdrücken neue produziert. Man nennt ein solches formales System auch ein *Kodifikat*, hier ein Kodifikat des Aussagenkalküls.

An dieser Stelle wird verständlich, daß wir mit der Syntax allein nicht auskommen. Gewiß: wir könnten ein System von Spielmarken und Spielregeln konstruieren, das zwar in sich schlüssig ist, aber keinerlei Deutung oder Interpretation ermöglicht. Doch solche Systeme sind auch für den Mathematiker uninteressant. Uns geht es hier nicht um die formale Produktion *irgendwelcher* Zeichenketten, sondern um die Gewinnung der *allgemeingültigen* Ausdrücke, der Tautologien der Aussagenlogik. Die Allgemeingültigkeit ist aber an die *Bewertung* der Ausdrücke (mit W, F) gebunden und damit eine semantische Begriffsbildung. Anders formuliert: Wir entwickeln unser Kodifikat von vornherein für ein inhaltlich relevantes Sachgebiet, eben die Aussagenlogik. Nur um diese geht es uns. Deshalb stehen Syntax und Semantik bei der Konstruktion des Kodifikats gleichermaßen Pate, müssen beide Kategorien berücksichtigt werden, müssen die syntaktischen Definitionen auf die semantischen Bindungen Bezug nehmen. Freilich, ist das Kodifikat einmal aufgestellt, so ist der „Produktionsprozeß" der allgemeingültigen Ausdrücke nurmehr ein formaler Akt. Nicht zuletzt aus diesen Gründen ist die Aufstellung eines Axiomensystems alles andere als eine einfache Angelegenheit!

Bevor wir das axiomatische Vorgehen – *die deduktive Methode* – an einem konkreten System vorstellen, wollen wir eine Reihe grundlegender Fragen der Axiomatik erläutern. Diese beschränken sich nicht auf den Aussagenkalkül, sondern sind für die Axiomatisierung aller formalen Systeme von fundamentaler Bedeutung. In erster Linie geht es um drei Forderungen an ein Axiomensystem: Widerspruchsfreiheit, Vollständigkeit und Unabhängigkeit. Ferner interessiert das Problem der Entscheidbarkeit. Der gesamte Fragenkomplex stand im Brennpunkt der mathematischen Grundlagenforschung unseres Jahrhunderts. Dabei wurden Erkenntnisse gewonnen, die zu den tiefstliegenden und kompliziertesten Ergebnissen der Mathematik gerechnet werden müssen. Sie haben auch das heute vorherrschende Selbstverständnis der Mathematik als Wissenschaft der formalen Systeme begründet.

Wir wollen die genannten Begriffe im folgenden kurz vorstellen und die Konsequenzen für den Aussagenkalkül wenigstens referieren. Bezüglich einer ausführlichen Darstellung und insbesondere der zugehörigen Beweisführungen sei der Leser auf das Literaturverzeichnis verwiesen.

Definition 1.11.1. Ein formales System heißt

- **semantisch widerspruchsfrei**, wenn alle ableitbaren Ausdrücke allgemeingültig sind;
- **syntaktisch widerspruchsfrei**, wenn sich nicht alle (syntaktisch korrekten) Ausdrücke ableiten lassen.

Man erkennt unmittelbar, daß die semantische Widerspruchsfreiheit die schwächere, syntaktische umfaßt: lassen sich aus dem Axiomensystem ausschließlich allgemeingültige Ausdrücke herleiten, so sind damit die nicht-allgemeingültigen Ausdrücke (in der Aussagenlogik also die Kontingenzen und Kontradiktionen) nicht deduzierbar. Aus der semantischen Widerspruchsfreiheit folgt also die syntaktische, aber nicht umgekehrt!

Definition 1.11.2. Ein formales System heißt

- **semantisch vollständig**, wenn sich jeder allgemeingültige Ausdruck auch ableiten läßt;
- **syntaktisch vollständig**, wenn bei Erweiterung des Axiomensystems um einen aus diesem nicht herleitbaren Ausdruck jeder Ausdruck ableitbar, mithin das formale System dadurch syntaktisch widerspruchsvoll wird.

Damit wird der Zusammenhang zwischen Vollständigkeit und Widerspruchsfreiheit sichtbar. Sind in einem formalen System nicht alle Gesetze formal beweisbar, d. h. aus den Axiomen rein deduktiv ableitbar, so muß das System widersprüchig oder unvollständig sein. Bevor wir diese Gedanken weiter verfolgen, sollen zunächst die restlichen zwei Begriffe erklärt werden.

Definition 1.11.3. Ein Axiomensystem für eine formalisierte Theorie heißt **unabhängig**, wenn sich kein Axiom aus den übrigen Axiomen herleiten läßt.

Ist demnach ein Axiomensystem abhängig, so muß wenigstens ein Axiom aus den anderen Axiomen hervorgehen. Ein solches Axiom kann man aus der Menge herausnehmen, es wird dann zu einem beweisbaren Ausdruck der Theorie. Die Mathematiker bemühen sich um eine Minimierung der Zahl der Axiome; andererseits lassen es insbesondere didaktische Gesichtspunkte mitunter zweckmäßig erscheinen, auf die Forderung der Unabhängigkeit zu verzichten.

Definition 1.11.4. Ein formales System heißt **entscheidbar**, wenn sich von jedem Ausdruck berechnen läßt, ob er allgemeingültig ist oder nicht.

„Berechenbar" sei hier im intuitiven Sinn als Vorhandensein eines systematischen Verfahrens (eines „Algorithmus") verstanden, das nach endlich vielen Rechenschritten abbricht und feststellt („entscheidet"), ob der betreffende Ausdruck zur Menge der allgemeingültigen Ausdrücke gehört bzw. nicht Element dieser Menge ist. Für den Aussagenkalkül lassen sich die Methode der Wahrheitswertetafeln oder die Äquivalenzumwandlungen auf die Normalformen als Entscheidungsverfahren verstehen. Im übrigen demonstriert das in 1.4 vorgestellte PASCAL-Programm, daß sich die Frage nach der Allgemeingültigkeit eines aussagenlogischen Ausdrucks durch eine Maschine beantworten läßt. Man sagt: der Aussagenkalkül ist entscheidbar, oder: das Entscheidungsproblem ist im Aussagenkalkül lösbar. Darüber hinaus gilt der wichtige

Satz 1.11.5. *Für die Aussagenlogik lassen sich Axiomensysteme so aufstellen, daß das damit bestimmte formale System widerspruchsfrei, vollständig und unabhängig ist.*

Wir werden bei der Behandlung des Prädikatenkalküls und dessen Axiomatisierung auf diese Begriffe noch einmal zurückkommen. Im folgenden sollen zwei Kodifikate des Aussagenkalküls vorgestellt und eine einfache Ableitung einer bekannten Formel gezeigt werden. Dazu bedienen wir uns eines übersichtlichen Darstellungsschemas. Es besteht aus zwei Hauptteilen: dem Begriffsnetz und dem Deduktionsgerüst.

Bestandteile des Begriffsnetzes

1. **Zeichenvorrat:** Aufgeführt werden die Zeichen für Variablen, die Verknüpfungszeichen und die Klammerzeichen. Bei den Junktoren erscheinen auch die auf Grund der Definitionen zusätzlich eingeführten Zeichen, obgleich diese zur Formulierung der Axiome nicht benötigt werden.

2. **Ausdrücke:** Wie in Abschnitt 1.4 werden die und nur die Vorschriften angegeben, mit denen die Zeichen zu Ausdrücken zusammengesetzt werden dürfen. Prioritäten für die Junktoren werden gegebenenfalls festgelegt. Bei jedem freistehenden Ausdruck können die äußersten Klammern entfallen. Die Bildung von Ausdrücken ist für die Benutzung der Einsetzungsregel (s. u.) erforderlich

Bestandteile des Deduktionsgerüstes

1. **Axiome:** Dies sind Ausdrücke, die im Hinblick auf Widerspruchsfreiheit, Vollständigkeit und Unabhängigkeit ausgewählt werden. Bei einer Bewertung im Sinne der Aussagenlogik würden sie sich als allgemeingültig herausstellen. Zusammen mit den Ableitungsregeln funktioniert der Formalismus dann derart, daß (beim Aussagenkalkül!) ausschließlich wieder allgemeingültige Ausdrücke entstehen, daß aber auch sämtliche Tautologien deduzierbar sind. Für den Aussagenkalkül gibt es eine ganze Reihe von Axiomensystemen, wir stellen anschließend die Axiomensysteme von HILBERT (Beispiel 1.11.6) und von LUKASIEWICZ (Beispiel 1.11.7) vor.

2. **Ableitungsregeln:** In beiden Kodifikaten kommt man mit der Einsetzungsregel (Satz 1.6.8) und der Abtrennungsregel (Schlußregel „modus ponens" in 1.9) aus. Bei der Einsetzungsregel dürfen alle korrekt gebildeten Ausdrücke (s. o.) verwendet werden (also auch solche, die sich bei einer Belegung mit W, F als nicht allgemeingültig herausstellen würden!). Die Anwendung der Ableitungsregeln muß jedoch so erfolgen, daß entweder mit einem Axiom oder mit einem aus den Axiomen bereits hergeleiteten Ausdruck begonnen wird (Startvorschrift).

3. **Definitionen:** Diese werden aus Zweckmäßigkeitsgesichtspunkten eingeführt. Eigentlich würde es genügen, alle hergeleiteten Ausdrücke mit den Junktoren darzustellen, die zum Formulieren der Axiome benötigt werden. Beim HILBERTschen Axiomensystem sind dies $\vee$ und $\rightarrow$. Diese bilden übrigens keine Verknüpfungsbasis – schon der Ausdruck $\neg a$ ist mit $\vee$ und $\rightarrow$ allein nicht darstellbar –, doch ist dies auch gar nicht erforderlich, da nur die aus den Axiomen ableitbaren Ausdrücke formuliert werden müssen. Beschränkt man sich indes auf $\vee$ und $\rightarrow$, so werden die Ausdrücke schnell unübersichtlich und die Herleitungsprozeduren umständlich. Definiert man hingegen beim HILBERTschen Kodifikat die zusätzliche Einführung des Negationsjunktors $\neg$ durch die Erklärung „der Ausdruck $A \rightarrow B$ kann durch den Ausdruck $\neg A \vee B$ ersetzt werden", so erreicht man damit gleich zweierlei: 1. $\neg$ wird zur Bildung von Ausdrücken zugelassen und erweitert damit die Menge der bei Benutzung der Einsetzungsregel zur Verfügung stehenden Ausdrücke; 2. die abgeleiteten Ausdrücke können nun einfacher und übersichtlicher geschrieben werden. Im folgenden Beispiel haben wir uns auf diese Definition beschränkt, da sie zur Herleitung von $a \rightarrow a$ ausreicht. Für weitere Ableitungen ist es nützlich, noch $\wedge$ und $\leftrightarrow$ zu definieren[36]), womit alle aus 1.3 bekannten Junktoren zur Verfügung stehen und eine Formulierung der Ausdrücke in der gewohnten Gestalt möglich wird. Auf die Verwendung des Äquivalenz- und Implikationszeichens wird allerdings nach wie vor verzichtet, da man hier doch weiß, daß alle deduzierten Ausdrücke allgemeingültig sind.

Beispiel 1.11.6. Wir betrachten die Herleitung der Formel $a \rightarrow a$ im HILBERTschen **Axiomensystem.** Darstellung des Kodifikats:

Begriffsnetz:

Zeichen für Variablen	$a, b, c, \ldots, z$
Zeichen für Junktoren	$\vee$, $\rightarrow$, $\neg$
Zeichen für Klammern	$(\, ,)$
Konstruktionsvorschriften für Ausdrücke	V1: Variable sind Ausdrücke
	V2: Mit A, B sind auch
	(A), $\neg A$, $(A \vee B)$, $(A \rightarrow B)$
	Ausdrücke
	V3: Äußerste Klammern können entfallen
	V4: $\neg$ bindet stärker als $\vee$ oder $\rightarrow$.

---

[36]) Definition von $\wedge$: Für $\neg(\neg A \vee B)$ kann $A \wedge B$ geschrieben werden. Definition von $\leftrightarrow$: Für $(A \rightarrow B) \wedge (B \rightarrow A)$ kann $A \leftrightarrow B$ geschrieben werden.

Deduktionsgerüst:

Axiome	A1: $(a \vee a) \rightarrow a$
	A2: $a \rightarrow (a \vee b)$
	A3: $(a \vee b) \rightarrow (b \vee a)$
	A4: $(a \rightarrow b) \rightarrow ((c \vee a) \rightarrow (c \vee b))$

Ableitungsregeln   R1: Ergibt sich ein Ausdruck *B* aus einem abgeleiteten Ausdruck (oder Axiom) *A*, indem man in *A* eine Variable an jeder Stelle ihres Auftretens durch einen beliebigen Ausdruck ersetzt, so kann man von *A* zu *B* übergehen.

R2: Von den abgeleiteten Ausdrücken (oder Axiomen) *A* und $A \rightarrow B$ kann man zu *B* übergehen.

Definition   D1: Für $A \rightarrow B$ kann $\neg A \vee B$ geschrieben werden

Zur folgenden Deduktion des Ausdrucks $a \rightarrow a$ sei bemerkt, daß sich zwar die Ausdrücke in der angeschriebenen Reihenfolge (1) bis (9) konsequent ergeben, daß man aber bei der *Aufstellung* dieser Kette eher vom Ende (9) zum Anfang (1) vorgeht.

Anschreiben von Axiom A1:

$$(a \vee a) \rightarrow a \tag{1}$$

Anschreiben von Axiom A4:

$$(a \rightarrow b) \rightarrow ((c \vee a) \rightarrow (c \vee b)) \tag{2}$$

In (2) gemäß R1 *c* durch den Ausdruck $\neg c$ ersetzen:

$$(a \rightarrow b) \rightarrow ((\neg c \vee a) \rightarrow (\neg c \vee b)) \tag{3}$$

In (3) Definition D1 auf $\neg c \vee a$ und $\neg c \vee b$ anwenden:

$$(a \rightarrow b) \rightarrow ((c \rightarrow a) \rightarrow (c \rightarrow b)) \tag{4}$$

Anschreiben von Axiom A2:

$$a \rightarrow (a \vee b) \tag{5}$$

In (5) gemäß R1 *b* ersetzen durch *a*:

$$a \rightarrow (a \vee a) \tag{6}$$

In (4) gemäß R1 *a* ersetzen durch $(a \vee a)$, *b* ersetzen durch *a*, *c* ersetzen durch *a*:

$$((a \vee a) \rightarrow a) \rightarrow ((a \rightarrow (a \vee a)) \rightarrow (a \rightarrow a)) \tag{7}$$

In (7) gemäß R2 und (6) Vorderglied abtrennen:

$$(a \rightarrow (a \vee a)) \rightarrow (a \rightarrow a) \tag{8}$$

In (8) gemäß R2 und (6) Vorderglied abtrennen:

$$(a \rightarrow a) \tag{9}$$

Da die äußersten Begrenzungsklammern entfallen können, hat man damit den gewünschten Ausdruck gewonnen.

Beispiel 1.11.7. Wir erläutern die Herleitung der gleichen Formel $a \rightarrow a$ im **Axiomensystem von** LUKASIEWICZ. Darstellung des Kodifikats:

Begriffsnetz:

Zeichen für Variablen	$a, b, c, \ldots, z$
Zeichen für Junktoren	$\neg, \rightarrow$
Zeichen für Klammern	$(\,,)$

Konstruktionsvorschriften
für Ausdrücke

V 1: Variable sind Ausdrücke
V 2: Mit A, B sind auch
$$(A), \neg A, (A \rightarrow B)$$
Ausdrücke
V 3: Äußerste Klammern können entfallen
V 4: $\neg$ bindet stärker als $\rightarrow$.

Deduktionsgerüst:
Axiome

A1: $a \rightarrow (b \rightarrow a)$
A2: $(a \rightarrow (b \rightarrow c)) \rightarrow ((a \rightarrow b) \rightarrow (a \rightarrow c))$
A3: $(\neg a \rightarrow \neg b) \rightarrow (b \rightarrow a)$

Ableitungsregeln

R1: Ergibt sich ein Ausdruck B aus einem abgeleiteten Ausdruck (oder Axiom) A, indem man in A eine Variable an jeder Stelle ihres Auftretens durch einen beliebigen Ausdruck ersetzt, so kann man von A zu B übergehen.

R2: Von den abgeleiteten Ausdrücken (oder Axiomen) A und $A \rightarrow B$ kann man zu B übergehen.

Deduktion der Formel $a \rightarrow a$:

Anschreiben von Axiom A1:

$$a \rightarrow (b \rightarrow a) \tag{1}$$

In (1) gemäß R1 b ersetzen durch $(b \rightarrow a)$:

$$a \rightarrow ((b \rightarrow a) \rightarrow a) \tag{2}$$

Anschreiben von Axiom A2:

$$(a \rightarrow (b \rightarrow c)) \rightarrow ((a \rightarrow b) \rightarrow (a \rightarrow c)) \tag{3}$$

In (3) gemäß R1 b ersetzen durch $(b \rightarrow a)$, c ersetzen durch a:

$$(a \rightarrow ((b \rightarrow a) \rightarrow a)) \rightarrow ((a \rightarrow (b \rightarrow a)) \rightarrow (a \rightarrow a)) \tag{4}$$

In (4) gemäß R2 wegen (2) Vorderglied abtrennen:

$$(a \rightarrow (b \rightarrow a)) \rightarrow (a \rightarrow a) \tag{5}$$

In (5) gemäß R2 wegen (1) Vorderglied abtrennen:

$$(a \rightarrow a). \tag{6}$$

In (6) gemäß V 3 Klammern weglassen:

$$a \rightarrow a. \tag{7}$$

Aufgaben zu 1.11

1. Das auf G. FREGE zurückgehende Kodifikat der Aussagenlogik benutzt das gleiche Begriffsnetz und die gleichen Ableitungsregeln wie LUKASIEWICZ.
   Das Axiomensystem ist
   A 1: $a \rightarrow (b \rightarrow a)$
   A 2: $(a \rightarrow (b \rightarrow c)) \rightarrow (b \rightarrow (a \rightarrow c))$
   A 3: $(a \rightarrow (b \rightarrow c)) \rightarrow ((a \rightarrow b) \rightarrow (a \rightarrow c))$
   A 4: $(a \rightarrow b) \rightarrow (\neg b \rightarrow \neg a)$
   A 5: $\neg \neg a \rightarrow a$
   A 6: $a \rightarrow \neg \neg a$

   a) Leiten Sie die Formel $a \rightarrow a$ her!
   b) Leiten Sie die Formel $\neg (\neg b \rightarrow \neg b) \rightarrow \neg \neg b$ her.
      Anleitung: Beginnen Sie mit Axiom A 4!

2. Man leite mit dem HILBERTschen Axiomensystem unter Verwendung der in Beispiel 1.11.6 abgeleiteten Formel $a \rightarrow a$ die Tautologie $a \vee \neg a$ her!

2 Prädikatenlogik

2.1 Aufbrechen und Formalisieren von Aussagen

Grenzen des Aussagenkalküls

In der Aussagenlogik behandelten wir Aussagen als unteilbares Ganzes. Zusammengesetzte Aussagen führten bei einer Zerlegung auf die an der Verknüpfung beteiligten Einzelaussagen, diese wurden aber nicht weiter zergliedert.

Der auf dieser Voraussetzung basierende Aussagenkalkül bildete ein formales System mit erstaunlich vielen Eigenschaften. Seine Grenzen werden indes schnell sichtbar, wenn man Aussagen betrachtet, die auf Grund ihrer inneren Struktur zusammenhängen. Jedermann wird aus den beiden Aussagen

$$\text{Alle Metalle leiten den Strom.} \tag{1}$$

$$\text{Kupfer ist ein Metall.} \tag{2}$$

auch ohne Kenntnisse in der Logik den Schluß ziehen:

$$\text{Kupfer leitet den Strom.} \tag{3}$$

Diese Folgerung ist aber im Aussagenkalkül nicht erklärbar: jeder der drei Sätze ist eine Einzelaussage, so daß man aussagenlogisch dafür nur

$$a \wedge b \to c \quad \text{bzw.} \quad W \wedge W \to W = W$$

schreiben könnte, aber eine Tautologie kommt damit nicht zum Ausdruck!

Bricht man hingegen die einzelnen Aussagen auf, so erkennt man gemeinsame Satzbestandteile: nach (2) hat der Gegenstand Kupfer die Eigenschaft Metall zu sein, während (1) allen Metallen die Eigenschaft stromleitend zuordnet. Deshalb kann man im Schlußsatz (3) dem Gegenstand Kupfer auch die Eigenschaft stromleitend zuerkennen.

Wir werden eine strenge, mathematische Begründung dieses Schlusses, der bereits unter den Syllogismen des ARISTOTELES vorkommt, in Abschnitt 2.6 bringen. An dieser Stelle wollen wir lediglich festhalten, daß bereits die Analyse nach Satzgegenständen (Subjekten) und deren Eigenschaften (Prädikaten) einen inneren Zusammenhang von Aussagen deutlich macht. Deshalb wird es jetzt unsere Aufgabe sein, diese *Satzbestandteile* einer mathematischen Untersuchung zugänglich zu machen. Auf diese Weise wird es uns gelingen, mathematische Sätze aus den unterschiedlichsten Fachgebieten mit einer einheitlichen Sprache in den Griff zu bekommen.

Der erste Schritt auf dem Weg zum Prädikatenkalkül ist die Formalisierung einfacher Subjekt-Prädikat-Strukturen. Vorgehen wollen wir exemplarisch: anhand einer Auswahl repräsentativer Fälle erläutern wir die für den Prädikatenkalkül maßgebenden Begriffsbildungen. Im Vordergrund steht dabei die Formalisierung umgangssprachlicher und mathematischer Sätze. Dies wird uns später den Einstieg in Syntax und Semantik erleichtern.

Einstellige Prädikate

Wir betrachten das Beispiel

Energie ist wertvoll.

In der Logik wird für „Gegenstand" auch „Subjekt" oder „Individuum" gesagt, Eigenschaften heißen einstellige Prädikate. Man spricht von einer *Subjekt-Prädikat-Struktur* der Aussage. Zur Formalisierung verwenden wir die großen (ggf. auch indizierten) lateinischen Buchstaben

$P, Q, R, \ldots$ für Prädikatenvariablen

und kleine (ggf. indizierte) lateinische Buchstaben

$x, y, z, \ldots$ für Subjektvariablen.

Auf Ausnahmen kommen wir später zurück. Die Formalisierung der vorstehenden Satzstruktur schreiben wir in der Gestalt

$Px,$

d. h. das Subjekt x besitzt die Eigenschaft (das Prädikat) P. Hier steht x für „Energie", P für „wertvoll". Denken wir uns vorübergehend P als feste Bezeichnung für „wertvoll", so versteht sich

Px

als *prädikatenlogische* (prädikative) *Aussageform* in x, verbal:

„x ist wertvoll".

Im Gegensatz zu den im ersten Teil des Buches behandelten aussagenlogischen Aussageformen, deren Variable (Aussagenvariable) Platzhalter für Aussagen waren, sind hier die Variablen (Subjektvariablen) Platzhalter für Gegenstände[1]), Individuen etc. Für alle Aussageformen gilt jedoch: belegt man ihre Variablen, so gehen sie in Aussagen über. Setzt man oben für x „Die blaue Mauritius", so entsteht die Aussage

Die blaue Mauritius ist wertvoll.

Später werden wir wohldefinierte Subjektbereiche (Individuenbereiche, Grundmengen) vorgeben und verlangen, daß die zur Belegung dienenden Gegenstände aus dieser Grundmenge stammen müssen.

Zweistellige Prädikate

Wir untersuchen den Satz

Edelgard ist mit Wolfgang verheiratet.

---

[1]) Genauer: Namen für Gegenstände etc.

Hier haben wir es mit einem zweistelligen Prädikat („verheiratet mit") zu tun, das eine zweistellige Beziehung (Relation) zwischen zwei Individuen („Edelgard", „Wolfgang") zum Ausdruck bringt. Bei entsprechender Bezeichnung wie im obigen Beispiel lautet die Formalisierung

$$Pxy,$$

lies: x steht mit y in der Beziehung P. Bei vorgegebenem Prädikat P ist Pxy eine zweistellige prädikatenlogische Aussageform. Gibt man P die oben beschriebene Bedeutung, so käme als Individuenbereich etwa die Menge der deutschen Bundesbürger in Frage. Dann heißt

$$Pxy:\ x \text{ ist mit } y \text{ verheiratet}$$
$$Pyx:\ y \text{ ist mit } x \text{ verheiratet}$$

m. a. W.: für jede Belegung von x, y, mit welcher Pxy eine wahre Aussage ist, stellt auch Pyx eine wahre Aussage dar und umgekehrt. Man sagt, die „Verheiratet-mit"-Relation ist *symmetrisch*. Natürlich ist nicht jede zweistellige Relation symmetrisch, man denke nur an die Kleiner-Relation zwischen reellen Zahlen oder die Teiler-Relation zwischen ganzen Zahlen.

n-stellige prädikatenlogische Aussageformen

In Verallgemeinerung der vorangegangenen Überlegungen bezeichnen n-stellige Prädikate n-stellige Relationen. Hinter einer solchen Prädikatenvariablen stehen dann n Subjektvariablen:

$$Px_1x_2 \ldots x_n.$$

Mitunter wird die Stellenzahl des Prädikats durch einen hochgestellten Index gekennzeichnet:

$$P^n x_1 x_2 \ldots x_n.$$

In den x_i hat man dann eine n-stellige prädikatenlogische Aussageform. Ein dreistelliges Prädikat findet sich in der Aussage

Die Erdbahn liegt zwischen der Venus- und Marsbahn;

eine n-stellige prädikatenlogische Aussageform ist beispielsweise eine Gleichung für n reelle Variablen:

$$k_1 x_1 + k_2 x_2 + \cdots + k_n x_n = 0$$

mit gegebenen reellen Koeffizienten k_i. Die in der linearen Algebra zur Diskussion stehenden linearen Gleichungssysteme der Art

$$\left.\begin{array}{l} a_{11}x_1 + a_{12}x_2 + \cdots + a_{1n}x_n = b_1 \\ a_{21}x_1 + a_{22}x_2 + \cdots + a_{2n}x_n = b_2 \\ \overline{\phantom{a_{11}x_1 + a_{12}x_2 + \cdots + a_{1n}x_n = b_1}} \\ a_{m1}x_1 + a_{m2}x_2 + \cdots + a_{mn}x_n = b_m \end{array}\right\}$$

sind demnach als Konjungate n-stelliger prädikatenlogischer Aussageformen zu verstehen.

Aussagenlogische Verknüpfungen

Die aussagenlogischen Verknüpfungszeichen (Junktoren) $\neg$, $\wedge$, $\vee$, $\rightarrow$, $\leftrightarrow$ können nach 1.3, 1.4 und 1.5 zwischen Wahrheitswerten, Aussagenvariablen und aussagenlogischen Aussageformen (Ausdrücken) stehen. Die folgenden Sätze zeigen, daß auch prädikatenlogische Aussageformen auf diese Weise verknüpft werden können. Bezeichnen wir mit P das (einstellige) Prädikat „Teiler von 6", so formalisiert Px den Satz „x ist Teiler von 6". Dann sind also $P2$ und $P3$ wahre Aussagen, während $P4$ eine falsche Aussage ist. Den Satz

2 und 3 sind Teiler der 6

können wir als konjunktive Verknüpfung (Konjungat) der Aussagen

2 ist Teiler von 6
3 ist Teiler von 6

verstehen und dementsprechend mit

$P2 \wedge P3$

formalisieren. Für die Aussage

4 ist nicht Teiler von 6

schreiben wir kurz

$\neg P4$.

Der Negationsjunktor vor dem Prädikatszeichen bedeutet also, daß das betreffende Prädikat auf die nachstehenden Subjekte nicht zutrifft:

$\neg Px$: x hat *nicht* die Eigenschaft P

$\neg Px_1 x_2 \ldots x_n$: $x_1, x_2, \ldots, x_n$ stehen *nicht* in der Beziehung P zueinander

Entsprechend wird man das Disjungat

$Px \vee Py$

mit „x oder y hat die Eigenschaft P" übersetzen, während „x hat die Eigenschaft P oder Q" mit

$Px \vee Qx$

zu formalisieren ist. Der Satz „Wenn x die Eigenschaft besitzt, dann hat y die Eigenschaft Q" führt auf das Subjungat

$Px \rightarrow Qy$,

und das Bijungat

$Pxy \leftrightarrow Qxz$

liest man „x steht mit y in der Beziehung P genau dann, wenn x mit z in der Beziehung Q steht". Auf diese Weise gelangen wir also zu aussagenlogischen Verknüpfungen prädikatenlogischer Aussageformen, wobei wir festhalten wollen: das Ergebnis einer solchen Operation ist stets wieder eine prädikatenlogische Aussageform!

Funktoren. Terme

Um den Prädatenkalkül bequemer handhaben zu können, insbesondere bei der Anwendung auf mathematische Formeln und Texte, empfiehlt sich die Einführung von Funktionen. Auf Grund der strengen Unterscheidung zwischen Syntax und Semantik geschieht dies in der Logik etwas anders als sonst in der Mathematik. Im Prädikatenkalkül bezeichnen f, g, h etc. lediglich *Namen* von Funktionen und verstehen sich damit rein syntaktisch. Man nennt deshalb

$$f, g, h, \ldots \quad \textit{Funktorenvariablen}$$

wobei wir, wie bei den Prädikatenvariablen, gelegentlich auch Indizes verwenden: untere Indizes dienen wieder zur Unterscheidung der Namen, während obere Indizes zur Kennzeichnung der Stellenzahl (Anzahl der Argumente) verwendet werden:

$$f_1, f_2, f_3, \ldots, f_5^2, f_6^3, \ldots, f_k^n, \ldots$$

Hingegen werden wir „Funktionen" im üblichen Sinn, d.h. bei n Argumenten als Mengen von $(n+1)$-tupeln verstanden, erst im Zusammenhang mit einer semantischen Erklärung des Prädikatenkalküls einführen, wenn es also um eine *Deutung der Zeichen* f, g, h etc. geht.

Gebilde der Art

$$f(x), \quad f(x, y), \quad f^3(x, y, z), \quad f_k^n(x_1, \ldots, x_n)$$

lassen wir ebenfalls zu und nennen sie *Terme*. Auch jede einzelne Subjektvariable sei ein Term. Auf diese Weise können Terme selbst wieder als Argumente von Funktoren auftreten und so zum Aufbau komplizierterer Terme dienen.

Zur Erläuterung betrachten wir zwei Terme $f_1(x, y)$ und $f_2(x, y)$, wir wollen sie gemäß

$$f_1(x, y) = (x + y)$$
$$f_2(x, y) = (x \cdot y)$$

schreiben. Dann erhalten wir unter anderem folgende weitere Terme

$$f_1\big(x, f_1(x, y)\big) = \big(x + (x + y)\big)$$
$$f_2\big(f_1(x, y), y\big) = \big((x + y) \cdot y\big)$$
$$f_1\big(f_1(x, y), f_2(x, y)\big) = \big((x + y) + (x \cdot y)\big)$$
$$f_2\big(f_1(x, y), f_1(x, y)\big) = \big((x + y) \cdot (x + y)\big)$$

Zur *Notation* ist noch eine grundsätzliche Bemerkung zu machen. Die eingangs verabredete Schreibweise Px, $Pxy, \ldots$, $Px_1 x_2 \ldots x_n$ legt Zeichenketten fest, an deren Anfang (Präfix) der Name des Prädikats steht. Für die zweistellige „Kleiner-als"-Beziehung zwischen x und y müßten wir dann konsequenterweise $< xy$ anstelle der gewohnten „Infix-Notation" $x < y$, entsprechend $> xy$ für $x > y$ und $= xy$ für $x = y$ schreiben. Dies würde die Lesbarkeit der Zeichenketten zweifellos sehr erschweren, insbesondere, wenn es sich um umfangreichere Ausdrücke handelt. Wir wollen deshalb neben der allgemeinen Präfix-Notation Px, $Pxy, \ldots$, $Px_1 x_2 \ldots x_n$ bei speziellen Prädikaten gelegentlich auch die von der Mathematik her gewohnte Infix-Notation zulassen, insbesondere werden wir die *Gleichheitsrelation zwischen Termen* t_1, t_2 auch mit $t_1 = t_2$ notieren. Im übrigen halten wir schon hier fest, daß die Anwendung eines Prädikats auf Terme, also allgemein

$$Pt_1t_2 \ldots t_n,$$

wieder eine prädikatenlogische Aussageform liefert. Später, bei der systematischen Definition der Sprache der Prädikatenlogik, werden wir eindeutig festlegen, welche Zeichen zugelassen sind und wie diese zu Zeichenketten zusammengesetzt werden dürfen.

Aufgaben 2.1

1. Sei P der Name für das „Größer-als"-Prädikat. Dann gilt bekanntlich: Wenn x größer als y und y größer als z ist, dann ist auch x größer als z. Formalisieren Sie diesen Sachverhalt a) mit der Präfix-Notation, b) mit der Infix-Notation („>"). Subjektbereich (Individuenbereich) sei die Menge der reellen Zahlen.

2. Es ist x ein echter Teiler von y genau dann, wenn x Teiler von y und x ungleich y ist. Formalisieren Sie diesen Satz a) unter ausschließlicher Verwendung der zweistelligen Prädikate P (echter Teiler von) und Q (Teiler von), b) unter Verwendung von P, Q und des Gleichheitsprädikats („="). Subjektbereich sei die Menge der positiven ganzen Zahlen.

3. Mittels der Funktoren f, g und h seien die Terme

$$f(x) = (x \cdot x), \quad g(x, y) = (x - y), \quad h(y) = (y)$$

gegeben. Wie lauten damit folgende Terme:

a) $f\big(f(x)\big)$
b) $h\big(h(y)\big)$
c) $f\big(h(y)\big)$
d) $h\big(f(x)\big)$
e) $f\big(g(x, y)\big)$

f) $g\big(f(x), f(y)\big)$
g) $g\big(g(x, y), g(x, y)\big)$
h) $h\big(f\big(h(x)\big)\big)$
i) $f\big(h\big(g(x, y)\big)\big)$
j) $g\big(f\big(f(x)\big), f\big(g(x, y)\big)\big)$

Auf strikte Klammersetzung ist zu achten!

2.2 Logische Analyse mathematischer Sätze

Quantisieren von Aussagen

Dem Leser wird aufgefallen sein, daß die in 2.1 erläuterte Aussage

Alle Metalle leiten den Strom

von der Subjekt-Prädikat-Struktur nicht erfaßt werden kann. Das einstellige Prädikat „leitet den Strom" bezieht sich hier nicht auf einen einzelnen Gegenstand, vielmehr wird ausgesagt, daß *alle* Subjekte mit dem Namen Metall diese Eigenschaft besitzen. Da solche Allaussagen besonders in der Mathematik häufig auftreten, führt man zum Zwecke der Formalisierung ein neues Symbol ein: den **Allquantor** (Universalquantor, Generalisator). Dieser soll eine Eigenschaft oder eine Beziehung auf alle Gebilde erstrecken, die ihrerseits durch eine bestimmte Eigenschaft charakterisiert sind. Dazu formuliert man die Allaussage zunächst sprachlich wie folgt um: „Für alle x gilt: Wenn x ein Metall ist, dann leitet x den Strom". Bezeichnen wir die Metalleigenschaft mit P, die Eigenschaft „leitet den Strom" mit Q, so ist nach 2.1 zunächst zu schreiben:

Für alle x gilt: $Px \rightarrow Qx$.

Man sagt, die prädikatenlogische Aussageform

$$Px \rightarrow Qx \tag{1}$$

wird durch den Zusatz „Für alle x gilt" *quantisiert* und bringt dies formal durch Voransetzen des Allquantors „$\bigwedge$" zum Ausdruck

$$\bigwedge_{x} (Px \rightarrow Qx). \tag{2}$$

Die zusätzliche Notation der Variablen x unter dem Quantor $\bigwedge$ soll erkenntlich machen, auf welche Größe sich die Quantisierung bezieht[2]). Dies ist insbesondere beim Auftreten mehrerer Variablen unerläßlich.

Solange die Quantisierung ausschließlich über Subjektvariablen erfolgt, befinden wir uns im „Prädikatenkalkül 1. Stufe". In den Prädikatenkalkülen höherer Stufe erstreckt sich die Quantisierung auch auf Prädikatenvariablen.

Wichtig ist nun, daß durch die Quantisierung die Aussage*form* (1) in die *Aussage* (2) übergegangen ist. Die Variable x wird in (2) durch den Quantor „gebunden", d. h. sie ist in (2) nicht mehr belegbar. Es war ja auch (2) die Formalisierung unserer Aussage „Alle Metalle leiten den Strom". Aus diesem Grunde heißt x in (2) eine **gebundene Variable**. Der Leser überzeuge sich selbst davon, daß (2) völlig sinnlos wird, wenn man x etwa mit „Silber" oder „Kupfer" belegen würde.

Solche gebundenen Variablen werden übrigens auch in anderen Gebieten der Mathematik benötigt, wir nennen als Beispiele die endliche geometrische Reihe

$$\sum_{n=0}^{N} aq^n = a + aq + aq^2 + \cdots + aq^N$$

mit n als gebundenem Exponenten, ferner das bestimmte Integral

$$\int_{a}^{b} f'(x)\,dx = f(b) - f(a)$$

mit x als gebundener Integrationsvariablen, oder die generalisierte Vereinigung

$$\bigcup_{i \in I} \{a_i\} = \{a_1, a_2, \ldots, a_n\}$$

mit der Indexmenge $I = \{1, 2, \ldots, n\}$ und der gebundenen Indexvariablen i.

Viele mathematische Aussagen behaupten die Existenz einer Größe, so etwa der Satz

Es gibt eine perfekte Zahl.

(perfekte Zahlen sind natürliche Zahlen, die gleich sind der Summe ihrer echten Teiler, z. B. 6). Um diesen Satz, dem das Subjekt fehlt, einer Formalisierung zugänglich zu machen, formulieren wir ihn so um, daß er als eine quantisierte prädikatenlogische

---

[2]) Andere Schreibweisen sind $\bigwedge x(Px \rightarrow Qx)$ und $\bigwedge(x)\,(Px \rightarrow Qx)$. Für den Allquantor wird nach CHURCH auch das Zeichen $\forall$ verwendet. Unsere Bezeichnung geht auf HERMES zurück.

Aussageform erscheint. Dieses Vorgehen mag dem Leser umständlich erscheinen, es ist aber unumgänglich, will man alle Satzkonstruktionen dieser Art auf eine einheitliche Form bringen. Wir schreiben

> Es gibt ein x: x ist eine natürliche Zahl, und x ist eine perfekte Zahl".

Für den zweiten Teil des Satzes können wir mit den Prädikaten P (natürliche Zahl) und Q (perfekte Zahl) die Aussageform

$$Px \wedge Qx \tag{3}$$

notieren; den ersten Teil „es gibt ein x" drücken wir aus durch die Einführung des **Existenzquantors** (Seinsquantor, Partikularisator) „$\bigvee$" gemäß

$$\bigvee_x (Px \wedge Qx), \tag{4}$$

worin die Subjektvariable x wieder die Rolle einer gebundenen Variablen spielt und zur Kennzeichnung direkt unter das Quantorensymbol[3]) gesetzt wird. Auch bei dieser Quantisierung wird aus der Aussageform (3) eine Aussage (4).

Der Leser beachte die in Logik und Mathematik übliche Formulierung

> „es gibt ein x",

die stets synonym mit

> „es gibt *mindestens ein* x"

verstanden wird. Der Sachverhalt „es gibt ein und nur ein x" („genau ein x", „mindestens und zugleich höchstens ein x") wird nicht durch ein eigenständiges Zeichen ausgedrückt, sondern kann mit den eingeführten Quantoren und Junktoren umschrieben werden. Darauf kommen wir noch zurück.

Noch eine Bemerkung zur Gestalt der Quantorensymbole. Man kann „$\bigwedge$" auch von der Sache her als verallgemeinerten Konjungator und ebenso „$\bigvee$" als verallgemeinerten Disjungator auffassen. Wir erläutern das an einem einfachen Beispiel ($M = \{1, 2, 3, 4, 5\}$):

> Alle Elemente von M sind Teiler von 60. $\qquad\qquad\qquad$ (5)

> Es gibt ein Element aus M, das Primzahl ist. $\qquad\qquad$ (6)

Dann kann man bei Verwendung der Prädikate T (Teiler von 60), P (Primzahl) und E (Element von M) für die Aussage (5) statt

$$\bigwedge_x (Ex \to Tx)$$

auch das Konjungat

$$(E1 \to T1) \wedge (E2 \to T2) \wedge (E3 \to T3) \wedge (E4 \to T4) \wedge (E5 \to T5)$$

schreiben, das sich wegen $M = \{1, 2, 3, 4, 5\}$, d. h. mit dem Konjungat

$$E1 \wedge E2 \wedge E3 \wedge E4 \wedge E5$$

auf Grund der Abtrennungsregel verkürzt zu

$$T1 \wedge T2 \wedge T3 \wedge T4 \wedge T5$$

---

[3]) Andere Schreibweisen (HERMES) sind $\bigvee x(Px \wedge Qx)$ und $\bigvee(x)(Px \wedge Qx)$. Für den Existenzquantor verwendet man nach CHURCH auch das Zeichen $\exists$.

Mit entsprechenden Überlegungen läßt sich für die Existenzaussage (6) statt

$$\bigvee_x (Ex \wedge Px)$$

auch das Disjungat

$$P1 \vee P2 \vee P3 \vee P4 \vee P5$$

schreiben.

Entbehrlichkeit von Quantoren

Zwischen All- und Existenzquantor besteht eine einfache Beziehung, nach der jeder dieser beiden Quantoren durch den jeweils anderen ausgedrückt werden kann.

Den Zusammenhang liefert die Negation. Grob formuliert: die Negation einer All-aussage führt auf eine Existenzaussage, die Negation einer Existenzaussage ergibt eine Allaussage.

Wir erläutern den Sachverhalt an einem Beispiel. Die Aussage

$$\text{Nicht alle reellen Zahlen sind Lösung der Gleichung } x^2 - 3 = 0 \qquad (7)$$

ist sicher gleichwertig mit der Aussage

$$\text{Es gibt eine reelle Zahl, die nicht Lösung der Gleichung } x^2 - 3 = 0 \text{ ist.} \qquad (8)$$

Führen wir die Prädikate P, Q gemäß

$$Px: \; x \text{ ist Lösung der Gleichung } x^2 - 3 = 0$$
$$Qx: \; x \text{ ist reelle Zahl } (x \in \mathbb{R})$$

ein, so lautet die Formalisierung von (7)

$$\neg \bigwedge_x (Qx \rightarrow Px), \qquad (7')$$

während man für (8) als Formalisierung

$$\bigvee_x (Qx \wedge \neg Px)^{4)} \qquad (8')$$

bekommt. Die vom Aussagenkalkül (1.6) her bekannten Äquivalenzen

$$\neg (a \rightarrow b) \Leftrightarrow \neg(\neg a \vee b) \Leftrightarrow a \wedge \neg b$$

geben noch einen Hinweis, daß die drei Aussagen[5]

---

[4] In der Mathematik würde man etwas problembezogener schreiben:

$$\neg \bigwedge_{x \in \mathbb{R}} (x^2 - 3 = 0) \quad \text{für } (7')$$

$$\bigvee_{x \in \mathbb{R}} (x^2 - 3 \neq 0) \quad \text{für } (8')$$

[5] Im allgemeinen Falle sind auch P, Q Variable, dann liegt selbstverständlich keine Aussage vor. Zur Interpretation prädikatenlogischer Ausdrücke vergleiche der Leser die Ausführungen in Abschnitt 2.5.

$$\neg \bigwedge_x (Qx \to Px)$$

$$\bigvee_x (\neg (Qx \to Px))$$

$$\bigvee_x (Qx \wedge \neg Px)$$

den gleichen Wahrheitswert besitzen, womit das Bijungat

$$\neg \bigwedge_x (Qx \to Px) \leftrightarrow \bigvee_x (Qx \wedge \neg Px) \tag{9}$$

eine wahre Aussage ist. Wie man sieht, schlägt sich die Negation der Allaussage außer im Quantorentausch und im Wechsel von „$\to$" in „$\wedge$" in der Negation des Prädikats P (Lösungseigenschaft) nieder, während das Prädikat Q (Zugehörigkeit zur Grundmenge $\mathbb{R}$ als Subjektbereich) unverändert bleibt. Es ist deshalb gerechtfertigt, unter stillschweigender Voraussetzung des Q-Prädikats (auf Grund des Kontextes) dieses wegzulassen und kürzer

$$\neg \bigwedge_x (Px) \leftrightarrow \bigvee_x (\neg Px) \tag{10}$$

zu schreiben. Negiert man in (10) die Aussagen beiderseits des Bijunktionszeichens und beachtet das Gesetz der doppelten Negation, so gewinnt man die ebenfalls wahre Aussage

$$\boxed{\bigwedge_x (Px) \leftrightarrow \neg \bigvee_x (\neg Px)} \tag{11}$$

In Worten: die Aussage „Alle x haben die Eigenschaft P" hat stets den gleichen Wahrheitswert wie die Aussage „Es gilt nicht: mindestens ein x hat nicht die Eigenschaft P". Damit läßt sich sprachlich und formal eine Allaussage durch eine Existenzaussage ersetzen. Übrigens läßt sich (10) bei Zugrundelegung eines endlichen Subjektbereichs

$$\{x_1, x_2, \ldots, x_n\}$$

auch wie folgt verständlich machen: für

$$\bigwedge_x (Px)$$

läßt sich das n-gliedrige Konjungat

$$Px_1 \wedge Px_2 \wedge \ldots \wedge Px_n$$

schreiben. Negiert man:

$$\neg (Px_1 \wedge Px_2 \wedge \ldots \wedge Px_n)$$

und beachtet das Gesetz von DE MORGAN, so erhält man

$$\neg Px_1 \vee \neg Px_2 \vee \ldots \vee \neg Px_n$$

und damit

$$\bigvee_x (\neg Px).$$

Um noch das Gegenstück zur Aussage (11) zu gewinnen, tauschen wir in (11) die Seiten beiderseits vom Bijunktionszeichen und negieren:

$$\bigvee_x (\neg\, Px) \leftrightarrow \neg \bigwedge_x (Px).$$

Ersetzt man nun noch P durch $\neg\, P$ und beachtet das Gesetz der doppelten Negation, so folgt sofort die Aussage

$$\boxed{\bigvee_x (Px) \leftrightarrow \neg \bigwedge_x (\neg\, Px)} \qquad (12)$$

mit welcher der Existenzquantor auf den Allquantor zurückgeführt ist. Verbal: die Aussagen „Es gibt ein x mit der Eigenschaft P" und „Es trifft nicht zu, daß alle x die Eigenschaft P nicht haben" besitzen stets den gleichen Wahrheitswert. Wir betonen noch einmal, daß es sich bei diesen Sätzen und bei (12) um Aussagen handelt. Ein bestimmter Subjektbereich gilt stets stillschweigend als gegeben.

Mehrere Quantoren. Freie Variable

Bei mehreren Subjektvariablen sind auch mehrere Quantisierungen möglich. Liegt zunächst eine prädikatenlogische Aussageform in n Variablen $x_1, x_2, \ldots, x_n$ vor und sind diese an allen Stellen ihres Auftretens mittels Quantoren gebunden, so haben wir es insgesamt wieder mit einer Aussage zu tun, z. B.

$$\bigvee_x \bigvee_y \bigwedge_z (Pxy \wedge Qy \to Rxyz).$$

Hingegen wird in

$$\bigwedge_x \bigwedge_y (Px \to Qzy)$$

die Variable z durch keinen der beiden Quantoren gebunden, man sagt, z kommt als *freie* (d. h. noch belegungsfähige) *Variable* vor. Damit ist eine prädikatenlogische Aussageform in z entstanden. Haben die Quantoren unterschiedliche und ggf. sich überlappende Wirkungsbereiche, so kann eine Variable sowohl frei als auch gebunden auftreten. Dazu betrachten wir die Aussageform

$$\bigwedge_x (Px \to Qxy) \vee \bigwedge_y (Ry \to Qyx).$$

Hier tritt im Wirkungsbereich des mit x gekennzeichneten Quantors y als freie (und x als gebundene) Variable auf, während im Wirkungsbereich des y-Quantors x frei (und y gebunden) ist. Damit ist der Gesamtausdruck eine Aussageform in x und y; *natürlich ist bei einer möglichen Belegung peinlich genau darauf zu achten, daß x bzw. y nur an den Stellen belegt werden, wo sie als freie Variable stehen.*

Sehen wir uns noch die Aussageform

$$\bigwedge_x \left(Pxy \to \bigvee_y \left(Rxy \wedge Qyz \wedge \bigwedge_z (Sxzy)\right)\right)$$

an! Hier liegt der Wirkungsbereich des z-Quantors innerhalb desjenigen des y-Quantors, der wiederum vom Wirkungsbereich des x-Quantors umschlossen wird. Die Variable x ist im Bereich des y-Quantors frei, wird aber durch den x-Quantor gebunden, d. h. x darf im Gesamtausdruck nirgends belegt werden! Die Variable y tritt zwar im Wirkungsbereich des z-Quantors frei auf, wird aber durch den diesen umfassenden Bereich des y-Quantors dort gebunden; da y jedoch auch außerhalb desselben steht, ist y dort frei. Schließlich darf z außerhalb des z-Quantorenbereichs überall frei belegt werden. Damit ist der Gesamtausdruck eine Aussageform in y und z, wobei bezüglich der Belegung noch einmal auf die oben gemachten Einschränkungen verwiesen wird: y darf nur beim Prädikat P, z nur beim Prädikat Q belegt werden!

Die folgenden Beispiele demonstrieren die Anwendbarkeit unseres Formalismus auf mathematische Sätze (Definitionen, Lehrsätze etc.). Diese haben den Vorzug, eindeutig, d. h. von der sprachlichen Formulierung her unmißverständlich zu sein. In jedem Beispiel wird ein bestimmter mathematischer Sachverhalt mit Worten und in der üblichen mathematischen Zeichennotation vorgestellt und sodann einer prädikaten-logischen Analyse unterzogen (diese impliziert stets auch eine aussagenlogische Ana-lyse!). Ziel dieser Analyse ist die Beschreibung der logischen Struktur durch Dar-stellung in Form eines prädikatenlogischen Ausdrucks als Ergebnis der Formalisierung. Die aus ganz verschiedenen Gebieten der Mathematik gewählten Beispiele sollen die enorme Reichweite bereits des Prädikatenkalküls erster Stufe deutlich machen. Die Möglichkeit einer einheitlichen Darstellung mit vergleichsweise wenig Zeichen demon-striert die Leistungsfähigkeit dieses Kalküls (ohne daß diese damit bereits erschöpft wäre!). Sollte dieser oder jener Satz dem Leser vom Inhalt her nicht bekannt sein, so kann er übergangen werden.

Beispiel 2.2.1. Man formalisiere den Satz:

Alle Primzahlen, größer als zwei, sind ungerade.

Wir formulieren um:

Für alle x gilt: wenn x Primzahl ist und x größer als zwei ist, dann ist x ungerade.

Wir führen drei einstellige Prädikate ein:

Px: x ist Primzahl
Qx: x ist größer als 2
Rx: x ist ungerade

und erhalten die Darstellung

$$\bigwedge_x (Px \wedge Qx \rightarrow Rx).$$

Beispiel 2.2.2. Man formalisiere:

Eine natürliche Zahl ist durch 3 teilbar genau dann, wenn ihre Quersumme durch 3 teilbar ist.

Mit „Eine natürliche Zahl…" ist hier nicht eine bestimmte, sondern eine *beliebige* (natürliche) Zahl gemeint. Transparente Formulierung:

> Für alle x gilt: Wenn x eine natürliche Zahl ist, dann gilt: x ist durch 3 teilbar genau dann, wenn die Quersumme von x durch 3 teilbar ist.

Außer den Prädikaten

> Px: x ist natürliche Zahl
> Qx: x ist durch 3 teilbar

führen wir für die Quersumme[6]) von x (d. i. ein Term!) den Funktor f ein

> $f(x)$: Quersumme von x

und bekommen damit die Allaussage

$$\bigwedge_x (Px \to (Qx \leftrightarrow Qf(x))).$$

Beispiel 2.2.3. Die echte Teilmengen-Beziehung $(A \subset B)$ wird durch die Aussage

> Alle Elemente der Menge A gehören auch zur Menge B, aber wenigstens ein Element von B ist nicht Element von A

erklärt. Wir kommen mit zwei Prädikaten aus:

> Px: x ist Element von A $(x \in A)$
> Qx: x ist Element von B $(x \in B)$

und haben zu beachten, daß „aber" für „und" steht:

$$\bigwedge_x (Px \to Qx) \wedge \bigvee_x (Qx \wedge \neg\, Px)$$

Da die Wahl des Zeichens für eine gebundene Variable beliebig ist, hätten wir, etwa in der Existenzaussage, auch einen anderen Variablennamen nehmen können, z. B.

$$\bigwedge_x (Px \to Qx) \wedge \bigvee_y (Qy \wedge \neg\, Py).$$

Beispiel 2.2.4. Die geometrische Aussage[7])

> Zwei nicht-parallele Geraden haben wenigstens einen gemeinsamen Punkt

läßt sich wie folgt formalisieren:

> Px: x ist Punkt
> Qx: x ist Gerade
> Rxy: x liegt auf y
> Sxy: x ist parallel zu y

$$\bigwedge_x \bigwedge_y (Qx \wedge Qy \wedge \neg\, Sxy \to \bigvee_z (Pz \wedge Rzx \wedge Rzy))$$

---

[6]) Ist $x = x_1 x_2 \ldots x_n$ die Zifferndarstellung von x, so lautet die Quersumme
$$f(x) = x_1 + x_2 + \cdots + x_n \quad (x_i \in \{0, 1, 2, \ldots, 9\})$$
Die Zahl 289 hat demnach die Quersumme 19.

[7]) Parallele Geraden sollen im Sinne der euklidischen Geometrie keinen Punkt gemeinsam haben.

Beispiel 2.2.5. Eine zweistellige innere Verknüpfung „∗" auf einer Menge M heißt kommutativ, wenn die Gleichung

$$x * y = y * x$$

für alle Elemente x, y der Menge M gilt. Bei Einführung eines Funktors f für den Term $x * y$ gemäß

$$f(x, y) = x * y$$

kann die Kommutativität durch

$$\bigwedge_x \bigwedge_y \left(Px \wedge Py \rightarrow \left(f(x, y) = f(y, x) \right) \right)$$

formalisiert werden, wenn Px für „x gehört zur Menge M" steht. Die explizite Benutzung des Zeichens „$=$" für die Identität wollen wir aus Gründen der Zweckmäßigkeit ausdrücklich zulassen.

Zur Übung wollen wir den Sachverhalt noch ohne Verwendung eines Funktors („funktorenfrei") darstellen. Statt der Termgleichheit arbeiten wir dazu mit dem dreistelligen Prädikat

$$Qxyz: x * y = z$$

und bekommen

$$\bigwedge_x \bigwedge_y \bigwedge_z \left(Px \wedge Py \wedge Pz \rightarrow \left(Qxyz \rightarrow Qyxz \right) \right) \,{}^{8)}$$

Beispiel 2.2.6. Der bekannte Satz

Die Gleichung $ax + b = 0$ hat für alle reellen Koeffizienten a, b und $a \neq 0$ eine reelle Lösung

besitzt das Prädikat

$$Px: x \text{ ist reelle Zahl } (x \in \mathbb{R})$$

und das Prädikat „x ist gleich null", das wir einfach durch „$x = 0$" beschreiben wollen. „0" kann als Subjektkonstante verstanden werden. Bei Verwendung von Funktoren gemäß

$$f_1(x, y) = x + y$$
$$f_2(x, y) = x \cdot y$$

erhalten wir die Formalfassung

$$\bigwedge_a \bigwedge_b \left(Pa \wedge Pb \wedge \neg (a = 0) \rightarrow \bigvee_x \left(Px \wedge f_1(f_2(a, x), b) = 0 \right) \right)$$

[8)] Auf Grund der aussagenlogischen Äquivalenz (vgl. 1.6, Formel 31)

$$a \rightarrow (b \rightarrow c) \Leftrightarrow a \wedge b \rightarrow c$$

ist die Darstellung

$$\bigwedge_x \bigwedge_y \bigwedge_z \left(Px \wedge Py \wedge Pz \wedge Qxyz \rightarrow Qyxz \right)$$

ebenfalls richtig.

Will man funktorenfrei und ohne Identität formalisieren, sind noch die Prädikate

$Qabx$: a, b, x stehen in der Beziehung
$a \cdot x + b = 0$ zueinander

Rx: x ist gleich null

erforderlich:

$$\bigwedge_a \bigwedge_b (Pa \wedge Pb \wedge \neg\, Ra \rightarrow \bigvee_x (Px \wedge Qabx))$$

Beispiel 2.2.7. Man formalisiere die drei Aussagen

Eine nicht-leere Menge M hat
a) (wenigstens) ein Element
b) genau ein Element
c) höchstens ein Element

mit der Eigenschaft Q.

Mit den Prädikaten

Px: x ist Element von M
Qx: x hat die Eigenschaft Q

ist zunächst für die Aussage a)

$$\bigvee_x (Px \wedge Qx)$$

zu schreiben. Die Formulierung „genau ein" Element der Aussage b) heißt hier – wie auch sonst in der Mathematik – *ein und nur ein* Element und wird wie folgt umschrieben: Die Menge M besitzt ein Element mit der Eigenschaft Q und alle weiteren Elemente von M mit der Eigenschaft Q sind mit dem ersten identisch. Wir benötigen also noch das zweistellige Prädikat

Rxy: x ist gleich y $(x = y)$

und erhalten damit für die Aussage b):

$$\bigvee_x (Px \wedge Qx \wedge \bigwedge_y (Py \wedge Qy \rightarrow Rxy)).$$

Schließlich kann die Aussage c) als Disjungat der Aussage b) mit dem Negat der Aussage a) verstanden werden (genau ein oder kein Element mit der Eigenschaft Q):

$$\bigvee_x (Px \wedge Qx \wedge \bigwedge_y (Py \wedge Qy \rightarrow Rxy)) \vee \neg \bigvee_x (Px \wedge Qx).$$

Selbstverständlich hätte man in b) und c) bei expliziter Verwendung des Gleichheitszeichens auch $f(x) = 0$ für Px und $x = y$ für Rxy schreiben können.

Beispiel 2.2.8. Zur Formalisierung des Satzes

Für je zwei reelle Zahlen x, y besteht genau eine der Beziehungen $x < y$, $x = y$, $x > y$

wollen wir „=" beibehalten und die Prädikate P, Q, R gemäß

Px: x ist reelle Zahl
Qxy: x ist kleiner als y $(x < y)$
Rxy: x ist größer als y $(x > y)$

verwenden [9]. Wir erhalten dann

$$\bigwedge_x \bigwedge_y \left(Px \wedge Py \rightarrow (\neg Qxy \wedge \neg (x = y) \wedge Rxy) \right.$$
$$\left. \vee (\neg Qxy \wedge (x = y) \wedge \neg Rxy) \vee (Qxy \wedge \neg (x = y) \wedge \neg Rxy) \right).$$

Die aussagenlogische Struktur des Hintergliedes von „$\rightarrow$" ist eine kanonische disjunktive Normalform: es treten die den Tripeln (F, F, W), (F, W, F) und (W, F, F) zugeordneten Minterme auf (vgl. 1.8).

Beispiel 2.2.9. Die Konvergenz einer reellen Zahlenfolge (a_n) gegen einen Grenzwert a wird durch folgende Aussage definiert:

> Zu jedem $\varepsilon > 0$ läßt sich ein Index n_0 angeben, so daß für alle Indizes n mit $n \geq n_0$ die Ungleichung $|a_n - a| < \varepsilon$ gilt.

Die Analyse des Satzes führt auf folgende Prädikate:

Px: : x ist positive reelle Zahl $(x \in \mathbb{R}^+)$
Qx: x ist natürliche Zahl $(x \in \mathbb{N})$
Rxy: x ist kleiner als y $(x < y)$.

Ferner benötigen wir die Funktoren f und g gemäß

$f(x)$ $= |x|$
$g(x, y) = x - y$.

Damit können wir die Ungleichung $n \geq n_0$ durch das Negat $\neg Rnn_0$ und die Ungleichung $|a_n - a| < \varepsilon$ durch

$a_n - a = g(a_n, a)$
$|a_n - a| = f\big(g(a_n, a)\big)$
$|a_n - a| < \varepsilon : Rf\big(g(a_n, a)\big) \varepsilon$

ausdrücken. Wir gliedern den Satz zunächst auf:

> Für *alle* ε gilt:
>
> > *wenn* $\varepsilon > 0$ ist, *dann* gibt es einen Index
> > n_0 mit der Eigenschaft
> > n_0 ist eine natürliche Zahl *und* für
> > *alle* n gilt:
> > > *wenn* n eine natürliche Zahl ist,
> > > *dann* gilt: *wenn* $n \geq n_0$ ist, *dann*
> > > ist auch $|a_n - a| < \varepsilon$ erfüllt.

---

[9]) Wegen der Gleichwertigkeit von $x > y$ und $\neg \big((x < y) \vee (x = y)\big)$ könnte man noch auf das Prädikat R verzichten.

Für den letzten Absatz können wir auf Grund der aussagenlogischen Äquivalenz (31) in 1.6

$$a \to (b \to c) \Leftrightarrow a \wedge b \to c$$

auch schreiben:

> ... *wenn n eine natürliche Zahl und* $n \geq n_0$ *ist, dann ist auch* $|a_n - a| < \varepsilon$ *erfüllt.*

Danach lautet die Konvergenzdefinition formal:

$$\bigwedge_{\varepsilon} \left(P\varepsilon \to \bigvee_{n_0} \left(Qn_0 \wedge \bigwedge_{n} \left(Qn \to \left(\neg\, Rnn_0 \to Rf\big(g(a_n, a)\big)\varepsilon \right) \right) \right) \right)$$

bzw.

$$\bigwedge_{\varepsilon} \left(P\varepsilon \to \bigvee_{n_0} \left(Qn_0 \wedge \bigwedge_{n} \left(Qn \wedge \neg\, Rnn_0 \to Rf\big(g(a_n, a)\big)\varepsilon \right) \right) \right)$$

Beispiel 2.2.10. Die gleichmäßige Stetigkeit einer reellen Funktion f in einem Intervall I ist durch folgende Aussage definiert:

> Zu jedem $\varepsilon > 0$ gibt es ein $\delta > 0$, so daß für je zwei $x_1, x_2 \in I$ mit $|x_1 - x_2| < \delta$ stets auch $|f(x_1) - f(x_2)| < \varepsilon$ gilt.

Bei Verwendung der Prädikate

> Px: x ist positive reelle Zahl $\quad (x \in \mathbb{R}^+)$
> Rx: x ist reelle Zahl aus dem Intervall I $(x \in I)$
> Qxy: x ist kleiner als y $\quad (x < y)$

und den Funktoren g und h gemäß

$$g(x) \quad = |x|$$
$$h(x, y) = x - y$$

lautet die Aussage formal

$$\bigwedge_{\varepsilon} \left(P\varepsilon \to \bigvee_{\delta} \left(P\delta \wedge \bigwedge_{x_1} \bigwedge_{x_2} \left(Rx_1 \wedge Rx_2 \to \left(Qg\big(h(x_1, x_2)\big)\delta \to Qg\big(h\big(f(x_1), f(x_2)\big)\big)\varepsilon \right) \right) \right) \right).$$

Beispiel 2.2.11. Wir betrachten die lineare Abhängigkeit von n Vektoren eines m-dimensionalen Vektorraumes über einem Skalarkörper K. Dafür steht die Aussage

> Es gibt n Elemente $k_1, k_2, \ldots, k_n$ aus K, die nicht alle gleich null sind, so daß die Linearkombination $k_1 \vec{v}_1 + k_2 \vec{v}_2 + \cdots + k_n \vec{v}_n = \vec{0}$ ausfällt.

Wir nehmen als Prädikat P

> Px: x ist Element des Skalarkörpers K $(x \in K)$

und führen für die Linearkombination der Vektoren $\vec{v}_1, \vec{v}_2, \ldots, \vec{v}_n$ den n-stelligen Funktor f ein:

$$f(\vec{v}_1, \vec{v}_2, \ldots, \vec{v}_n) = \sum_{i=1}^{n} k_i \vec{v}_i.$$

Man beachte, daß die gegebenen Vektoren $\vec{v}_1, \vec{v}_2, \ldots, \vec{v}_n$ sowie auch der Nullvektor $\vec{0}$ und die Null $0 \in K$ hier Subjektkonstanten sind. Wir bekommen damit

$$\bigvee_{k_1} \bigvee_{k_2} \ldots \bigvee_{k_n} \left(Pk_1 \wedge Pk_2 \wedge \ldots \wedge Pk_n \wedge \neg \left((k_1 = 0) \right) \wedge (k_2 = 0) \wedge \ldots \wedge (k_n = 0) \right) \wedge$$
$$\wedge f(\vec{v}_1, \vec{v}_2, \ldots, \vec{v}_n) = \vec{0}) \tag{1}$$

Die Formalisierung der linearen Unabhängigkeit (als Negation der linearen Abhängigkeit) ist durch Voransetzen des Junktors $\neg$ schnell erledigt. Indes ist es üblich und auch verständlicher, Aussagen möglichst positiv zu machen. Dazu müssen wir das Negat von (1) formal umwandeln. Zunächst gilt als Verallgemeinerung von (11) in 2.1:

$$\neg \bigvee_{x_1} \bigvee_{x_2} \ldots \bigvee_{x_n} (Px_1 x_2 \ldots x_n) \leftrightarrow \bigwedge_{x_1} \bigwedge_{x_2} \ldots \bigwedge_{x_n} (\neg Px_1 x_2 \ldots x_n).$$

Die Ausführung der Negation an dem in (1) hinter den Existenzquantoren stehenden Ausdruck liefert nach den Gesetzen der Aussagenlogik

$$\neg (Pk_1 \wedge Pk_2 \wedge \ldots \wedge Pk_n) \vee \left((k_1 = 0) \wedge (k_2 = 0) \wedge \ldots \wedge (k_n = 0) \right)$$
$$\vee \neg \left(f(\vec{v}_1, \vec{v}_2, \ldots, \vec{v}_n) = \vec{0} \right))$$
$$\Leftrightarrow \neg \left(Pk_1 \wedge Pk_2 \wedge \ldots \wedge Pk_n \wedge \left(f(\vec{v}_1, \vec{v}_2, \ldots, \vec{v}_n) = \vec{0} \right) \right)$$
$$\vee \left((k_1 = 0) \wedge (k_2 = 0) \wedge \ldots \wedge (k_n = 0) \right)$$
$$\Leftrightarrow Pk_1 \wedge Pk_2 \wedge \ldots \wedge Pk_n \wedge \left(f(\vec{v}_1, \vec{v}_2, \ldots, \vec{v}_n) = \vec{0} \right)$$
$$\rightarrow \left((k_1 = 0) \wedge (k_2 = 0) \wedge \ldots \wedge (k_n = 0) \right).$$

Insgesamt steht damit für die *lineare Unabhängigkeit*

$$\bigwedge_{k_1} \bigwedge_{k_2} \ldots \bigwedge_{k_n} \left(Pk_1 \wedge Pk_2 \wedge \ldots \wedge Pk_n \wedge \left(f(\vec{v}_1, \vec{v}_2, \ldots, \vec{v}_n) = \vec{0} \right) \right.$$
$$\left. \rightarrow \left((k_1 = 0) \wedge (k_2 = 0) \wedge \ldots \wedge (k_n = 0) \right) \right).$$

In Worten: n Vektoren sind linear unabhängig, wenn für alle Koeffizienten k_i aus dem Verschwinden der Linearkombination das Verschwinden aller k_i folgt. Oder: …wenn sich die Linearkombination *nur* für $k_1 = k_2 = \cdots = k_n = 0$ zu null machen läßt.

Beispiel 2.2.12. Die folgenden fünf Aussagen sind als Peano-Axiome bekannt.

1. Peano-Axiom: „1 ist eine natürliche Zahl."
Die Formulierung bringt bereits ein einstelliges Prädikat P zum Ausdruck (Px: x ist eine natürliche Zahl); das Zeichen 1 behalten wir als Subjektkonstante. Dann lautet das Axiom formal:

$$P1.$$

2. Peano-Axiom: „Zu jeder natürlichen Zahl gibt es eine natürliche Zahl als Nachfolger".
Dazu führen wir das zweistellige Prädikat Q ein:

$$Qxy: \quad x \text{ hat } y \text{ zum Nachfolger}.$$

Nach Peano ist $y = x + 1$ die auf x folgende natürliche Zahl. Dafür könnten wir einen Funktor gemäß $f(x) = x + 1$ einführen. Wir wollen hier jedoch funktorenfrei formalisieren! So erhalten wir

$$\bigwedge_x (Px \rightarrow \bigvee_y (Py \wedge Qxy)).$$

3. Peano-*Axiom:* „Keine natürliche Zahl hat 1 als Nachfolger". Formalisierung:

$$\neg \bigvee_x (Px \wedge Qx1).$$

4. Peano-*Axiom:* „Verschiedene natürliche Zahlen haben verschiedene Nachfolger". Formalisierung:

$$\bigwedge_{x_1} \bigwedge_{x_2} \bigwedge_{y_1} \bigwedge_{y_2} (Px_1 \wedge Px_2 \wedge Qx_1 y_1 \wedge Qx_2 y_2 \wedge \neg (x_1 = x_2) \rightarrow \neg (y_1 = y_2)).$$

5. Peano-*Axiom:* „Jede Menge M natürlicher Zahlen, die 1 und mit jedem Element auch dessen Nachfolger enthält, ist mit der Menge $\mathbb{N}$ aller natürlicher Zahlen identisch". Hierzu führen wir noch M als Prädikat ein:

$$Mx: \quad x \text{ ist Element der Menge } M,$$

ferner den Funktor f gemäß

$$f(x) = x + 1$$

für den Nachfolger von x und $\mathbb{N}$ als Subjektkonstante. Dann lautet die Formalisierung dieses Axioms:

$$\bigwedge_M (M1 \wedge \bigwedge_x (Mx \wedge Qxf(x) \rightarrow Mf(x)) \rightarrow (M = \mathbb{N})).$$

Der Leser wird bemerkt haben, daß hier zum erstenmale über eine *Prädikatenvariable,* nämlich M, quantisiert wurde. Nach unseren Erklärungen am Anfang dieses Abschnitts sind damit die Peano-Axiome im Prädikatenkalkül der ersten Stufe (Quantisierung nur über Subjektvariable!) nicht darstellbar, gehören demnach in eine (geeignet zu erklärende) Prädikatenlogik höherer Stufe.

Aufgaben 2.2

1. Man formalisiere: Eine natürliche Zahl ist durch 6 teilbar genau dann, wenn sie durch 2 und durch 3 teilbar ist.

2. Man formalisiere: Alle Primzahlen sind natürliche Zahlen, die von 1 verschieden sind und nur 1 und sich selbst als Teiler besitzen. „1" und „=" sind zu verwenden!

3. Man formalisiere: Ganze Zahlen sind entweder gerade oder ungerade.

4. Man formalisiere die Assoziativität einer inneren Verknüpfung „$*$" auf einer Menge M: Für alle Elemente $x, y, z \in M$ gilt die Gleichung $(x * y) * z = x * (y * z)$.
   a) funktorenfreie Darstellung?
   b) Darstellung mit Funktoren?

5. Man formalisiere die (linksseitige) Distributivität einer Verknüpfung „$*$" über einer Verknüpfung „$\circ$" auf einer Menge M: Für alle Elemente $x, y, z \in M$ gilt die Gleichung $x * (y \circ z) = (x * y) \circ (x * z)$. Man verwende Funktoren!

6. Man formalisiere (mit Funktor) die Existenz genau eines Neutralelements einer Verknüpfung „$*$". Für alle Elemente $x \in M$ gibt es genau ein Element $y \in M$, so daß die Gleichungen $x * y = y * x = x$ bestehen.

7. Man formalisiere (mit Funktor) die Nullteilerfreiheit für einen Ring M: Für alle Elemente $x, y \in M$ gilt $x * y = 0$ nur bei $x = 0$ oder $y = 0$. Ebenso formalisiere man die Negation dieser Aussage, und zwar unter Verwendung von Existenzquantoren!

8. Man formalisiere das Parallelenaxiom der euklidischen Geometrie: Zu jeder Geraden und jedem Punkt außerhalb derselben gibt es genau eine Parallele durch diesen Punkt (Bemerkung: Parallele Geraden haben keinen Punkt gemeinsam).

9. Man formalisiere die Stetigkeit einer reellen Funktion f an einer Stelle x_0: Für alle $\varepsilon > 0$ gibt es ein $\delta > 0$, so daß für alle x mit $|x - x_0| < \delta$ auch $|f(x) - f(x_0)| < \varepsilon$ ausfällt. Hinweis: $f(x)$, $f(x_0)$ verwenden!

10. Man formalisiere die Differenzierbarkeit einer reellen Funktion f an einer Stelle x_0: Für alle $\varepsilon > 0$ ist ein $\delta > 0$ angebbar, so daß für alle $h \in \mathbb{R}$ mit $|h| < \delta$ stets auch

$$\left| \frac{1}{h} \left(f(x_0 + h) - f(x_0) \right) \right| < \varepsilon$$

ausfällt.

2.3 Syntax der Prädikatenlogik

Wir wollen jetzt die Prädikatenlogik auf eine exakte, systematische Grundlage stellen. In den beiden vorangegangenen Abschnitten taten wir das absichtlich noch nicht, sondern begnügten uns mit einer provisorischen Beschreibung prädikatenlogischer Elemente. Der Leser sollte zunächst die Anwendbarkeit bei der logischen Analyse mathematischer Sätze erkennen.

In anderen Bereichen der Mathematik wären wir mit einer solchen Darstellung vielleicht schon zufrieden gewesen. Nicht so in der Logik! Sie muß naturgemäß gründlicher und exakter sein, wenn sie den Anspruch erhebt, eine Art mathematischen Unterbau zu bilden. Diese Forderung schlägt sich in der konsequenten Trennung von Syntax und Semantik und deren Erklärung nieder. Dabei werden viele Begriffe, die in der Mathematik mehr oder weniger intuitiv gehandhabt werden, eine präzise Fundierung erfahren.

Im wesentlichen gehen wir so vor wie bei der Syntaxbeschreibung des Aussagenkalküls (1.4). Auch hier wird ein System von Vorschriften definiert, mit denen Zeichen eines gegebenen Zeichenvorrats zu „zulässigen Ausdrücken" verkettet werden. Charakteristisch für diese Vorschriften ist ihr rein formaler Aufbau: inhaltliche Aspekte, die für die Semantik relevant sind, haben zweifellos bei der Aufstellung der Vorschriften Pate gestanden, sind aber für die Handhabung ohne Bedeutung. Anders formuliert: die Überprüfung einer beliebigen Zeichenkette im Hinblick auf ihre syntaktische Korrektheit im Rahmen des Prädikatenkalküls bedarf keinerlei Überlegung, die an die Bedeutung der Zeichen geknüpft ist, sondern ist ein formaler Prozeß, der letztlich von einem Computer übernommen werden kann.

Den Anwender wird der algorithmische Aspekt interessieren. Er findet sich in allen Programmiersprachen wieder. Wir werden deshalb die Erklärungen in diesem Abschnitt so abfassen, daß wir die ersten Schritte zur Entwicklung eines Syntax-Prüf-Programms vorzeichnen können. Dabei sind die entsprechenden Überlegungen für den Aussagenkalkül mit eingeschlossen.

Unsere im folgenden zu erklärenden Syntaxvorschriften filtern aus der Menge aller möglichen Zeichenketten die Menge der zulässigen (einschlägigen, syntaktisch korrekten) Ketten heraus. *Die Menge der prädikatenlogisch zulässigen Ausdrücke heißt auch die Sprache der Prädikatenlogik.*

Bevor wir zu den Definitionen selbst übergehen, machen wir noch einige Vorbemerkungen mehr grundsätzlicher Art.

1. Die strikte Trennung zwischen Syntax und Semantik zwingt zu gewissen begrifflichen Unterscheidungen, die in der Mathematik sonst nicht üblich sind. Am einfachsten ist dies beim Funktionsbegriff verständlich. Die *syntaktische Komponente* des Funktionsbegriffes ist der Name als Bezeichnung in Form eines (oder mehrerer) Zeichen, etwa f. In der Logik nennt man f einen **Funktor.** Die semantische Komponente des Funktionsbegriffs ist „die Funktion" als Menge (vgl. dazu 2.4).

Entsprechend ist zu unterscheiden zwischen dem Namen eines Subjekts, etwa x, und dem Subjekt selbst (ein Gegenstand, eine Person, ein Element einer Menge). Wir werden bei Bezug auf die syntaktische Komponente von **Subjektvariablen** x, y, z etc. (mitunter auch von Subjektkonstanten) sprechen. Eine entsprechende Vokabel zu „Junktor" gibt es hier nicht.

Das Wort „Prädikat" ist umgangssprachlich und z. T. auch mathematisch vorbelastet. Auch wir haben, dem üblichen Sprachgebrauch folgend, in 2.1 und 2.2 einstellige Prädikate mit Eigenschaften, mehrstellige Prädikate mit Beziehungen identifiziert. Die Aussage „Der Film ist besonders wertvoll" wird üblicherweise so verstanden, daß das Subjekt „Film" das Prädikat „besonders wertvoll" besitzt. Bei der für einen logischen Kalkül erforderlichen Explikation der Begriffe werden wir auch hier unterscheiden zwischen den Namen (*Prädikatenvariablen P, Q, R* etc.) und den Prädikaten selbst als Mengen bzw. Relationen (vgl. 2.4). Oft ist es nützlich, die semantische Komponente durchweg als Relation zu verstehen, um Verwechslungen zu vermeiden. Wir werden in 2.5 dafür gesonderte Bezeichnungen einführen.

2. Als spezielle zweistellige Relation[10]) werden wir die Identitätsrelation einführen. Dies erweist sich bei der Formulierung vieler Sachverhalte als zweckmäßig (eine sachlich bedingte Notwendigkeit dafür besteht in keiner Weise!) Auch hier beachte man: Für die Syntax spielt nur das **Identitätszeichen** (Gleichheitszeichen) „=" als Name der Identitätsrelation eine Rolle. Selbstverständlich sind auch andere Bezeichnungen möglich.

3. Die Verwendung des Identitätszeichens sowie von Funktoren neben Prädikaten und Subjekten führt zu einer vergleichsweise aufwendigen Prädikatenlogik (erster Stufe), die den Vorzug besitzt, mathematische Sachverhalte besonders elegant beschreiben zu können. Es sei darauf hingewiesen, daß es auch wesentlich einfachere („elementare") Prädikatenkalküle gibt, die ohne „=" und ohne Funktoren auskommen. Der Leser vergleiche dazu noch einmal das Beispiel 2.2.5, welches die Formalisierung der Kommutativität einer Operation mit Funktoren und funktorenfrei demonstriert. Wir werden auf diese Unterscheidung im Zusammenhang mit der Axiomatik der Prädikatenlogik (2.8) zurückkommen.

---

[10]) Eine Erläuterung des Relationsbegriffes findet der Leser im Abschnitt 2.4.

4. Um uns bezeichnungsmäßig nicht zu stark festzulegen, werden wir außer dem Gleichheitszeichen „ = " keine „Konstanten" einführen. Üblicherweise erfolgt die Einführung von bestimmten Subjektkonstanten (z. B. π, 1, $\sqrt{2}$ etc.) erst im Rahmen der einzelnen mathematischen Disziplinen. Wir verwenden statt dessen Variable beim Aufbau des allgemeinen Begriffsnetzes:

– **Subjektvariable** x, y, z (ggf. mit einer Ziffer indiziert) als Namen von Platzhaltern für Subjekte;
– **Prädikatenvariable** P, Q, R (ggf. mit einer Ziffer indiziert) als Namen von Platzhaltern für Prädikate;
– **Aussagenvariable**[11]) A, B, C (ggf. mit einer Ziffer indiziert) als Namen von Platzhaltern für Aussagen;
– **Funktorenvariable** f, g, h (ggf. mit einer Ziffer indiziert) als Namen von Platzhaltern für Funktionen.

Damit sind für jeden Variablentyp 33 Namen (jeder Buchstabe entweder ohne Index oder mit einer der zehn Ziffern 0, 1, 2, ..., 9 als Index) möglich. Diese Beschränkung ermöglicht uns eine einfache Veranschaulichung in Form sogenannter Syntaxdiagramme. Sie gehen auf N. WIRTH zurück, der diese insbesondere zur Syntaxbeschreibung der Sprache PASCAL verwendet. Der Leser vergleiche die Figuren 2.3.1 bis 2.3.4 mit den obigen Erklärungen. Die Pfeile geben die Leserichtung an. „Ziffer" steht für eine der Dezimalziffern 0 bis 9.

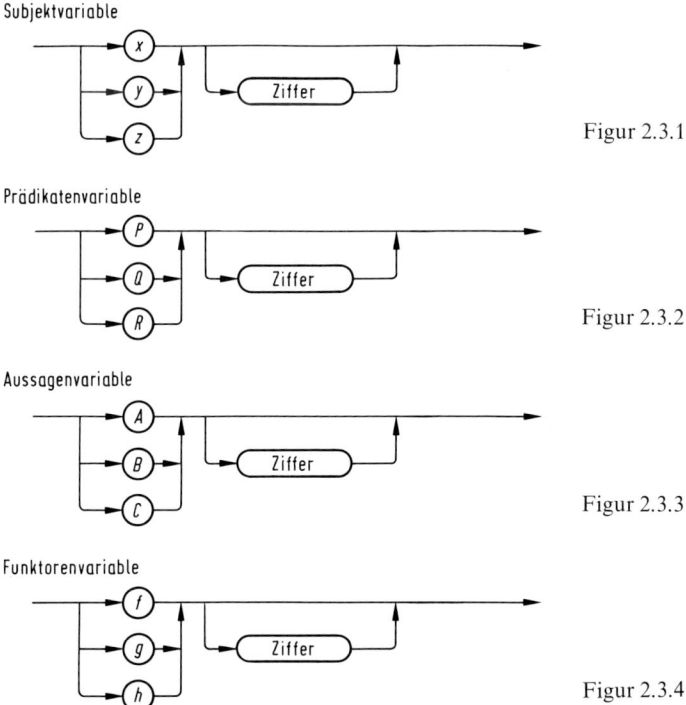

Figur 2.3.1

Figur 2.3.2

Figur 2.3.3

Figur 2.3.4

---

[11]) Hier in Abweichung von den in der Aussagenlogik eingeführten Bezeichnungen.

5. Einen oberen Index als Kennzeichner der Stellenzahl bei Prädikaten – und Funktorenvariablen (vgl. auch 2.1) führen wir hier nicht ein. Auch dies geschieht im Hinblick auf eine praktikable Programmentwicklung für diese Syntaxvorschriften. Wir verabreden dazu, daß die Stellenzahl einer Prädikaten- oder Funktorenvariablen durch die Anzahl der nachstehenden Argumente bei ihrem erstmaligen Auftreten (insbesondere innerhalb eines Ausdrucks) implizit festgelegt ist. Selbstverständlich muß dann bei korrekter Notation jede Prädikaten- oder Funktorenvariable innerhalb eines Ausdrucks stets mit der gleichen Stellenzahl verwendet werden[12]).

6. Als weitere Symbole benötigen wir

 – die Junktoren $\neg$, $\wedge$, $\vee$, $\rightarrow$, $\leftrightarrow$
 – die Quantoren $\bigwedge$, $\bigvee$
 – die öffnende und schließende Klammer (,)
 – das Gleichheits-(Identitäts-)Zeichen =
 – das Komma ,

Unser Ziel ist die Erklärung prädikatenlogischer Ausdrücke. Zum besseren Verständnis tun wir dies schrittweise: zuerst definieren wir „Terme" und „atomare Ausdrücke" als besonders einfach gebaute Zeichenketten. Danach erst legen wir die allgemeine Struktur eines prädikatenlogischen Ausdrucks fest.

Definition 2.3.1. Wir erklären **Terme** gemäß

1. Subjektvariablen sind Terme.

2. Sind $t_1, t_2, \ldots, t_n$ Terme, so ist auch $f(t_1, t_2, \ldots, t_n)$ ein Term. Man nennt f dann eine n-stellige Funktorenvariable.

3. Nur die Vorschriften 1. und 2. definieren Terme.

Figur 2.3.5 zeigt diese Definition als Syntaxdiagramm.

Term

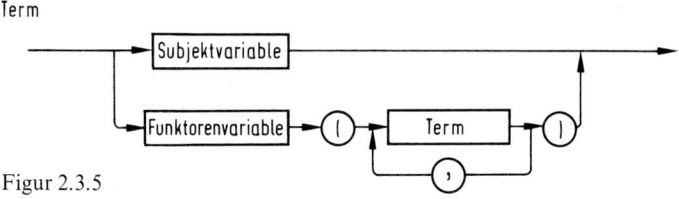

Figur 2.3.5

Hierbei tritt der rekursive Charakter der Definition auch anschaulich hervor: im Syntaxdiagramm für „Term" kommt „Term" selbst wieder vor. Eine rechteckige Umrandung verweist stets wieder auf ein Syntaxdiagramm, gegebenenfalls auf das gleiche. Kreise und Ovale hingegen beinhalten solche Zeichen – auch Endzeichen oder Terminals genannt – die die aufzubauende Zeichenkette bilden. Eine bestimmte Zeichenkette ist komplett gebildet, wenn alle Pfade der verwendeten Syntaxdiagramme in einem Terminal enden.

---

[12]) Es sei noch vermerkt, daß die Überprüfung der Stellenzahl einer Funktion in der Softwaretechnik zur Semantik gerechnet wird.

Zum besseren Verständnis verfolgen wir das Entstehen der Zeichenkette

$$f(x, g(x, y, z)),$$

die nach unseren Erklärungen einen Term darstellt, anhand des Syntaxdiagramms Figur 2.3.5. *Damit wird zugleich die Prüfung auf syntaktische Richtigkeit vorgenommen.*

Wir beginnen mit dem unteren Pfad, denn unsere Kette beginnt mit einer Funktorenvariablen. Gemäß Syntaxdiagramm Figur 2.3.4 ist f richtig. Dann folgt die öffnende Klammer und anschließend ist in Figur 2.3.5 wieder vorn zu starten. Als „Term" nehmen wir lediglich x, fahren also den oberen Pfad entlang (Bezug auf Figur 2.3.1!) Da unsere Kette mit „$f(x)$" noch nicht abgeschlossen ist, gehen wir über das Kreissymbol für das Komma wieder zu „Term" zurück. Nun gehen wir den unteren Pfad entlang, nehmen g als Funktorenvariable, müssen die öffnende Klammer setzen und haben nun noch dreimal „Term" zu durchlaufen: jedesmal auf dem oberen Pfad, nacheinander mit x, y, z als Subjektvariable. Jetzt fahren wir über die schließende Klammer, und zwar zweimal: 1. als Abschluß von $g(x, y, z)$ und 2. als Abschluß von $f(x, g(x, y, z))$! Damit ist der gegebene Term komplett gebildet.

Der Leser wird bemerkt haben, daß das Syntaxdiagramm keine Stellenzahlen überprüft. Nach dem unter 5. Gesagten wird f als zweistellig, g als dreistellig durch die Termbildung selbst festgelegt. Selbstverständlich ist die Einhaltung der Stellenzahlen im folgenden vom Leser stets noch zu kontrollieren.

Beispiel 2.3.2. Folgende Zeichenketten sind (korrekt gebildete) Terme. Der Leser prüfe dies anhand der Definition 2.3.1 und der Syntaxdiagramme nach!

a) x
b) $f(y)$
c) $g_5(z, x)$
d) $h(x_1, x_2, x_3, x_4)$
e) $f_1(x, f_2(y, z), f_3(z))$
f) $f(f(f(y_0)))$
g) $g(h_1(x, y), h_2(x, y))$

Definition 2.3.3. Wir erklären **atomare Ausdrücke** (Atome) gemäß

1. Sind $t_1, t_2, \ldots, t_n$ Terme, so ist $P t_1 t_2 \ldots t_n$ ein atomarer Ausdruck. P heißt damit eine n-stellige Prädikatenvariable.

2. Sind t_1 und t_2 Terme, so ist $t_1 = t_2$ ein atomarer Ausdruck.

3. Keine anderen Vorschriften als 1. oder 2. führen auf atomare Ausdrücke.

Wir ergänzen noch, daß es zweckmäßig ist, Aussagenvariable als nullstellige Prädikatenvariable zu verstehen. Dies hat den Vorteil, daß man nun auch sämtliche Aussagenvariablen zu den atomaren Ausdrücken zählen kann.

Das Syntaxdiagramm zur Definition 2.3.3 ist in Figur 2.3.6 dargestellt.

atomarer Ausdruck

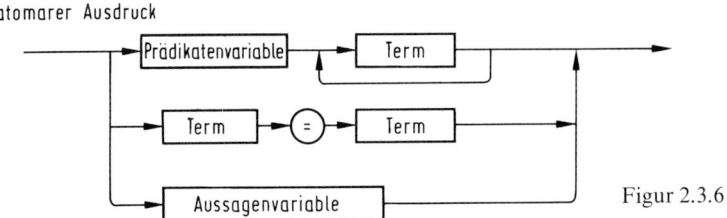

Figur 2.3.6

Beispiel 2.3.4. Folgende Zeichenketten sind (korrekt gebildete) atomare Ausdrücke:

a) C_5

b) Px

c) $Q_0 xyz$

d) $Rx_1 z_2 x_1 y_3$

e) $P_2 f_1(x_1) f_2(x_1)$

f) $Qg(h(y))$

g) $Pxf(x, y, z) g(z)z$

h) $P_9 f(f_1(x), f_2(y))$

i) $x = y$

j) $f(x) = g(x)$

k) $y = f_1(x)$

l) $f(g(x)) = g(f(x))$

Definition 2.3.5. Prädikatenlogische (prädikative) Ausdrücke – im folgenden auch kurz „**Ausdrücke**" genannt – sind durch folgende Vorschriften erklärt:

1. Atomare Ausdrücke sind Ausdrücke.

2. Bezeichnen α und β Ausdrücke, so sollen auch

$$(\alpha), \neg\, \alpha, (\alpha \wedge \beta), (\alpha \vee \beta), (\alpha \rightarrow \beta), (\alpha \leftrightarrow \beta)$$

Ausdrücke sein.

3. Mit α sind auch

$$\bigwedge_x \alpha \quad \text{(steht für die Kette } \bigwedge x\alpha)$$

$$\bigvee_x \alpha \quad \text{(steht für die Kette } \bigvee x\alpha)$$

Ausdrücke.

4. Äußerste Begrenzungsklammern können entfallen.

5. Die Vorschriften 1. bis 4. sind die einzigen, die die Konstruktion prädikatenlogischer Ausdrücke ermöglichen.

Dazu noch folgende Bemerkungen: Nachdem wir Aussagenvariable als atomare Ausdrücke erklärt haben, letztere aber auch Ausdrücke der Prädikatenlogik sind, sind somit auch alle Aussagenvariablen Ausdrücke. Die Aussagenlogik ist in gewissem Sinne in die Prädikatenlogik eingebettet. Speziell ist die Syntax der Aussagenlogik mit in der Definition 2.3.5 enthalten, sofern man von den unterschiedlichen Bezeichnungen für Aussagenvariable (in den Kapiteln 1 und 2) absieht. Die Prioritätenregelungen bei

Junktoren und die damit verbundenen Möglichkeiten zum Einsparen von Klammern gemäß Definition 1.5.1 sollen deshalb auch für prädikatenlogische Ausdrücke gelten. Im Sinne der Definition 1.7.1 sollen außerdem Klammern bei mehrgliedrigen prädikatenlogischen Ausdrücken in einer assoziativen Verknüpfung entfallen dürfen, d. h. es kann z. B.

$$\alpha \wedge \beta \wedge \gamma$$

anstelle von

$$(\alpha \wedge \beta) \wedge \gamma \quad \text{bzw.} \quad \alpha \wedge (\beta \wedge \gamma)$$

geschrieben werden (α, β, γ: Ausdrücke). Schließlich sei noch einmal darauf hingewiesen, daß eine Prädikaten- bzw. Funktorenvariable innerhalb eines Ausdrucks immer mit der gleichen Stellenzahl auftreten muß. Diese Forderung wird durch die Syntaxdiagramme nicht geprüft.

Diese Überlegungen führen zu den Syntaxdiagrammen der Figuren 2.3.7 bis 2.3.10 für „Ausdruck". Die Aufsplitterung in die (durch die Syntaxdiagramme 2.3.7 bis 2.3.10

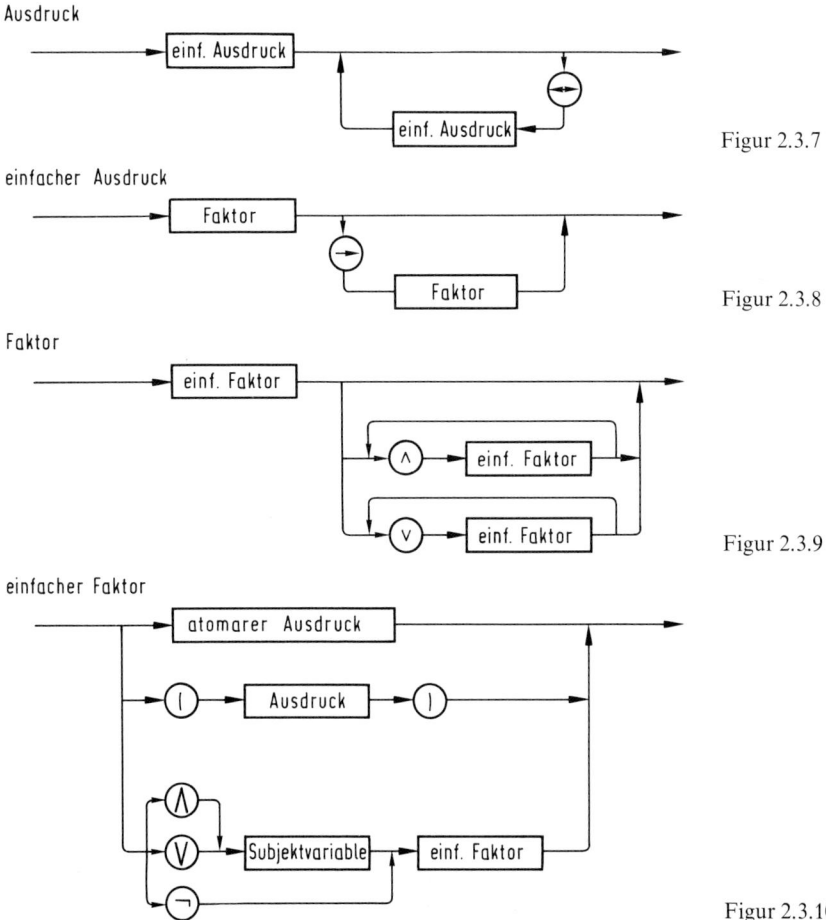

Figur 2.3.7

Figur 2.3.8

Figur 2.3.9

Figur 2.3.10

selbst erklärten) Hilfsbegriffe „einfacher Ausdruck", „Faktor" und „einfacher Faktor" ist rein zweckbedingt. Die Handhabung der Diagramme wird so einfacher.

Als Anwendung betrachten wir den Ausdruck

$$(Px \land \neg Qxy) \lor (x = y).$$

Prüfung auf syntaktische Richtigkeit anhand des Textes der Definitionen 2.3.1, 2.3.3, 2.3.5:

> Px ist atomarer Ausdruck: α
> Qxy ist atomarer Ausdruck
> $\neg Qxy$ ist Ausdruck: β
> $(Px \land \neg Qxy)$ ist Ausdruck: $(\alpha \land \beta)$
> x, y sind Terme
> $x = y$ ist atomarer Ausdruck
> $(x = y)$ ist atomarer Ausdruck: γ
> $((Px \land \neg Qxy) \lor (x = y))$ ist Ausdruck: $((\alpha \land \beta) \lor \gamma)$
> $(Px \land \neg Qxy) \lor (x = y)$ ist Ausdruck: $(\alpha \land \beta) \lor \gamma$
> (äußerste Begrenzungsklammern dürfen entfallen!)

Prüfung auf syntaktische Richtigkeit anhand der Syntaxdiagramme der Figuren 2.3.1 bis 2.3.10: Es kommt darauf an, einen Pfad durch die Diagramme zu finden, so daß die dabei angetroffenen Terminals die gewünschte Zeichenkette liefern. Figur 2.3.11 zeigt das Ergebnis dieses Prozesses: die nach unten projizierten Terminals stellen unseren Ausdruck dar.

Um auch ein Gegenbeispiel zu demonstrieren, suchen wir für die Zeichenkette

$$\neg \bigwedge \neg \bigvee Px$$

einen Pfad. Dabei stellen wir im Syntaxdiagramm für „einfacher Faktor" (Figur 2.3.10) sofort fest, daß nach dem Allquantorzeichen „$\bigwedge$" eine Subjektvariable, d.h. eines der Zeichen x, y oder z (ggf. mit einer Ziffer indiziert) stehen muß. Da dies nicht der Fall ist, ist die vorgelegte Zeichenkette kein zulässiger Ausdruck der Prädikatenlogik.

Beispiel 2.3.6. Folgende Zeichenketten sind zulässige Ausdrücke:

a) Px

b) $P_1 x_1 y_1 \to P_2 x_2 y_2$

c) $f(x, y) = f(y, x)$

d) $A \to B \leftrightarrow \neg B \to \neg A$

e) $(A \land Rz) \lor (Qy \land \neg B)$

f) $\bigwedge_x (Px \lor \neg Px)$

g) $\bigwedge_x \bigwedge_y (x = y \to y = x)$

h) $\bigwedge_x \bigvee_y (f(x, y) = g(y))$

i) $\bigvee_{x_1} \bigvee_{x_2} \bigvee_{x_3} (\neg (x_1 = x_2) \land \neg (x_1 = x_3) \land \neg (x_2 = x_3))$

j) $\bigwedge_x \bigvee_y ((Pyx \land \bigwedge_y (Ry)) \to Qxy)$

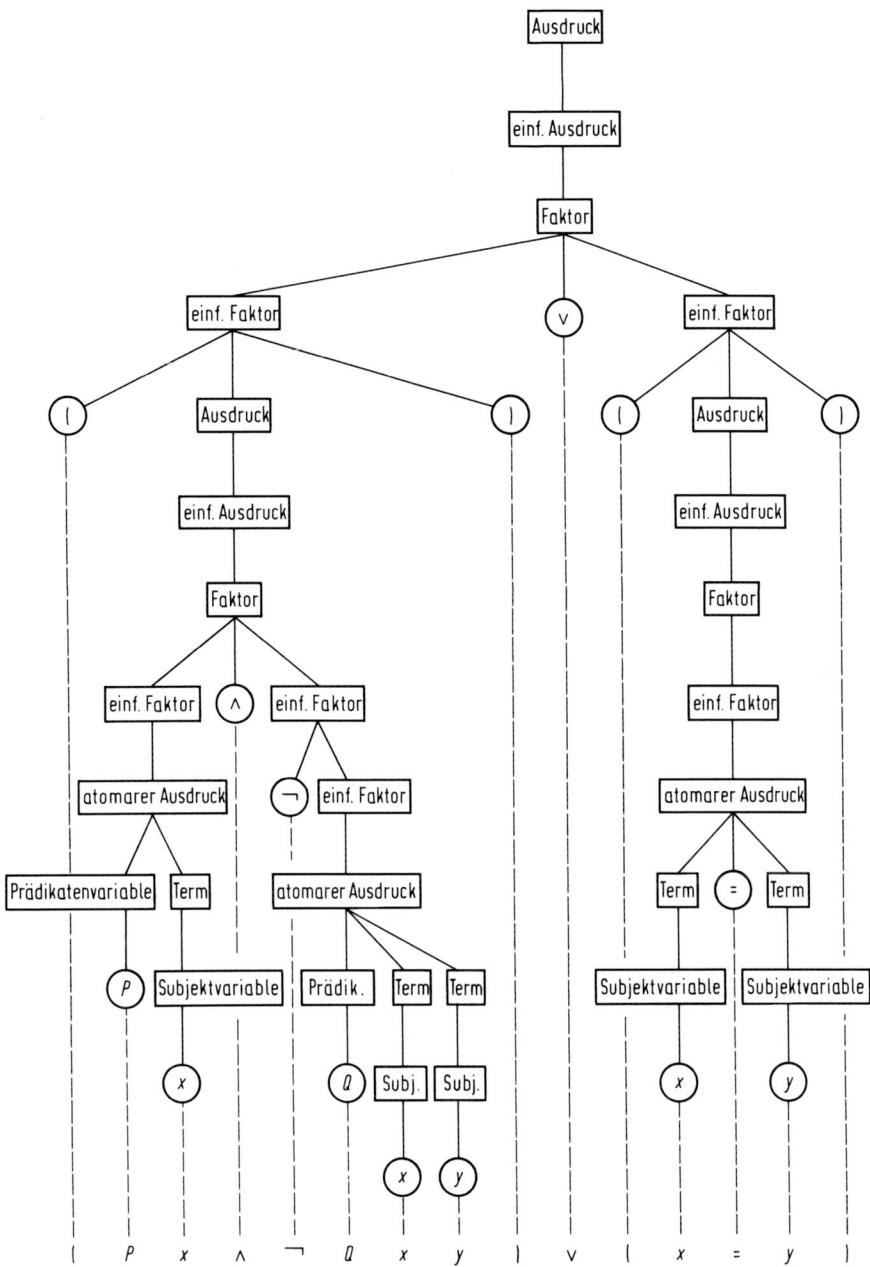

Figur 2.3.11

Beispiel 2.3.7. Folgende Zeichenketten enthalten wenigstens einen Verstoß gegen die Syntaxregeln und sind somit keine Ausdrücke der Prädikatenlogik:

a) $f(x)$: ein Term ist kein Ausdruck!

b) $x \wedge y$: Subjektvariable sind keine Ausdrücke, deshalb darf zwischen Subjekt-variablen kein aussagenlogischer Junktor stehen!

c) $Px = Qy$: das Gleichheitszeichen muß zwischen zwei Termen stehen; die atomaren Ausdrücke Px und Qy sind aber keine Terme!

d) $Px \rightarrow Pxy$: Die Prädikatenvariable P wird durch ihr erstmaliges Auftreten als Px im Ausdruck als einstellig befunden. In Pxy versteht sich P jedoch zweistellig. P muß im ganzen Ausdruck einstellig sein!

e) $\bigvee\limits_{x} (x = f(x) \wedge \neg (x = 0))$: Das Zeichen 0 darf nur im Namen (als Index) einer Prädikaten- oder Funktorenvariablen auftreten, anderenfalls ist es nicht erklärt (gilt auch für die anderen Dezimalziffern!)

f) $\bigwedge\limits_{x} \bigvee\limits_{y} (Px \wedge Qy \vee \neg Rxy)$: Konjungator ($\wedge$) und Disjungator ($\vee$) haben keine Priorität voreinander, deshalb muß entweder das Konjungat $Px \wedge Qy$ oder das Disjungat $Qy \vee \neg Rxy$ zusätzlich geklammert werden!

g) $\bigwedge\limits_{x} \bigwedge\limits_{y} (x + y = y + x)$: Das Pluszeichen „$+$" gehört nicht zum Zeichenvorrat unseres Prädikatenkalküls, darf also in keinem Ausdruck auftreten.

h) $\bigwedge\limits_{x_1} f(x_1)$: Hinter einem Quantor muß (nach der Subjektvariablen) ein Ausdruck stehen. Der Term $f(x_1)$ ist aber kein Ausdruck.

i) $\bigwedge\limits_{x} \bigwedge\limits_{y} (f(x) \rightarrow f(y))$: Der Subjungator „$\rightarrow$" darf nur zwischen Ausdrücken stehen; die Terme $f(x)$ und $f(y)$ sind aber keine Ausdrücke!

j) $Pf(x_1, x_2, \ldots, x_n)$: Die Argumente (Subjektvariablen) innerhalb der Klammer hinter einer Funktorenvariablen müssen vollständig und jeweils durch ein Komma getrennt aufgezählt werden. Die mathematisch üblichen drei Punkte „$\ldots$" sind in unserem Kalkül nicht definiert, d. h. in der Sprache der Prädikatenlogik als Objekt-sprache gibt es sie nicht. Metasprachlich, d. h. im Rahmen einer Beschreibung der Objektsprache (z. B. in den Definitionen 2.3.1 oder 2.3.3), sind sie erlaubt und üblich.

k) $\bigwedge\limits_{A} (A \vee \neg A)$: Unsere Syntax beschreibt eine Prädikatenlogik erster Stufe: sämtliche Quantisierungen müssen über Subjektvariable erfolgen: A ist keine Subjektvariable!

l) $\bigwedge\limits_{x} (Px \wedge Qx) \Rightarrow \bigvee\limits_{y} (Py \wedge Qy)$: Wie wir später (2.5) sehen werden, ist das eine un-mittelbar einsichtige (wahre) Aussage, aber die Zeichenkette als Ganzes ist wegen „$\Rightarrow$" kein Ausdruck des Prädikatenkalküls (die Kette ist objektsprachlich unzu-lässig, metasprachlich jedoch einwandfrei!). Entsprechendes gilt für das Äquivalenz-zeichen „$\Leftrightarrow$".

m) $\bigvee\limits_{x} (Py \rightarrow Rz \rightarrow Qyz)$: Da die durch „$\rightarrow$" bezeichnete Subjunktion keine assoziative Verknüpfung ist, muß entweder $Py \rightarrow Rz$ oder $Rz \rightarrow Qyz$ zusätzlich geklammert werden! Die Tatsache, daß x, außer direkt hinter dem Quantor, sonst nicht mehr auftritt, ist kein Syntaxfehler!

Satz 2.3.8. *Von jeder Zeichenkette ist entscheidbar, ob sie*

a) ein (zulässiger) Term im Sinne der Definition 2.3.1 ist;
b) ein (zulässiger) atomarer Ausdruck im Sinne der Definition 2.3.3 ist;
c) ein (zulässiger) prädikatenlogischer Ausdruck im Sinne der Definition 2.3.5 ist.

Beweis: Wir erinnern uns, daß die Entscheidbarkeit eines Problems an den Nachweis eines Algorithmus gebunden ist. Für den entsprechenden Satz des Aussagenkalküls hatten wir den Nachweis mit einem PASCAL-Programm erbracht[13]). Im Prinzip ist das Vorgehen hier das gleiche. Mit dem im Anhang 1 abgebildeten PASCAL-Programm können außer den aussagenlogischen Ausdrücken auch Zeichenketten anderer Syntaxsysteme analysiert werden. Um prädikatenlogische Ausdrücke damit prüfen zu können, müssen in der Programm-Eingabe die Syntaxregeln der Prädikatenlogik niedergelegt werden. Die Tabelle der entsprechenden Produktionsregeln kann direkt aus den Syntaxdiagrammen der Figuren 2.3.1 bis 2.3.10 abgeleitet werden. Allerdings wird die Prüfung der Stellenzahl von Prädikaten- und Funktorenvariablen von den Syntaxdiagrammen nicht erfaßt. Die Syntaxvorschriften müßten deshalb für eine vollständige Prüfung prädikatenlogischer Ausdrücke entsprechend erweitert werden.

Aufgaben 2.3

1. Ein Syntaxsystem bestehe aus den vier Zeichen 0, 1, +, − und den durch nachstehende Syntaxdiagramme erklärten Konstruktionsregeln zur Bildung von Ausdrücken (Figuren 2.3.12– 2.3.15). Der Leser verschaffe sich einen Überblick über die damit erklärten zulässigen Ausdrücke!

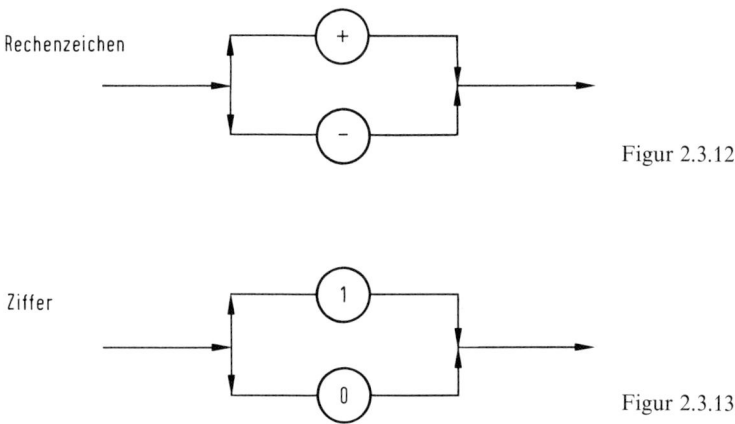

Rechenzeichen   Figur 2.3.12

Ziffer   Figur 2.3.13

---

[13]) Vorbehaltlich eines Korrektheitsnachweises: im Sinne der Informatik heißt ein Programm korrekt, wenn es a) das zu lösende Problem löst (sachliche Korrektheit), b) alle gewünschten Funktionen enthält (funktionale Korrektheit) und c) die expliziten Entwurfskriterien erfüllt (technische Korrektheit). Der Korrektheitsnachweis kann etwa mit der Methode der induktiven Zusicherung (FLOYD) durchgeführt werden (axiomatisches Verfahren).

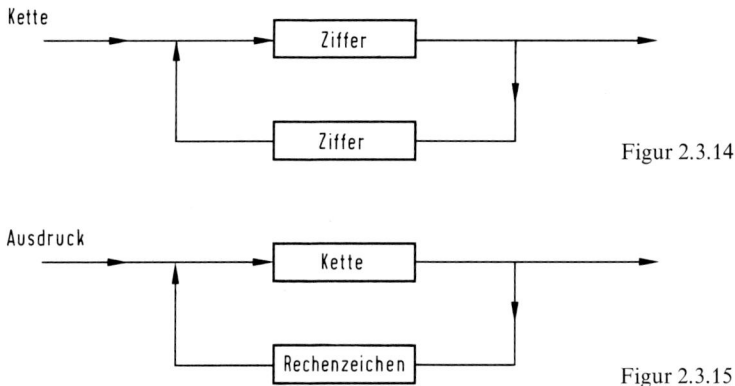

Kette

Ziffer

Ziffer

Figur 2.3.14

Ausdruck

Kette

Rechenzeichen

Figur 2.3.15

2. In der Sprache PASCAL wird „Variable" durch „Variablenname" (N), „Ausdruck" (A), eckige Klammern [,] und Kommata „," beschrieben. Für Variablenname und Ausdruck gibt es gesonderte Erklärungen, die hier nicht beachtet werden sollen. Mit den eingeklammerten Abkürzungen können Variable u. a. durch folgende Zeichenketten beschrieben werden

N; N[A]; N[A] [A]; N[A] [A] [A];...

N[A, A]; N[A, A, A]; N[A, A, A, A];...

N[A] [A, A]; N[A, A, A] [A] [A, A, A, A],...

Man zeichne ein Syntaxdiagramm auf, das die für diese Ketten erforderlichen Konstruktionsvorschriften darstellt!

3. Welche der folgenden Zeichenketten sind zulässige Terme gemäß Definition 2.3.1?

a) $g(f(h(x, y)))$

b) $f(g(x), g(x, y))$

c) $f_1(x_1, x_2, x_3, f_2(x_4))$

d) $f_1^2(y_1, y_2)$

e) $h(p, q)$

f) $f(a, x, g(y), h(z))$

g) $h(h(x), h(y))$

h) $f_{12}(x, y, z)$

i) $g_0(x_0, y_0)$

j) $g(f)(x, y)$

k) $f_1(f_2(f_3(f_4(x))))$

4. Welche der folgenden Zeichenketten sind atomare Ausdrücke im Sinne unserer Definition 2.3.3?

a) Axy

b) $Q_1x_1 y_1z_1$

c) P

d) $P_5 f(x) f(y) f(x, y)$

e) $g(x, y) = g(y, x)$

f) $f(g(x, y)) = g(f(x, y))$

g) $R_3x f(x) h(x)$

h) $Q_1^2 xy$

i) Qyy_1

j) $f(Px, Qx)$

k) $g(x = y)$

l) $S_0 zyx$

m) $x \wedge y = y \wedge x$

n) $P(x, y, z)$

o) $g\big(g\big(f\big(x, z, g(y)\big)\big)\big)$

p) $\bigwedge\limits_{x} (Px \wedge Qx)$

5. Welche der folgenden Zeichenketten sind Ausdrücke im Sinne unserer Definition 2.3.5?

a) $\bigwedge\limits_{x} \bigwedge\limits_{y} Pxy$

b) $\bigvee\limits_{x} \bigwedge\limits_{y} \bigvee\limits_{x_1} (Px_1 \to Qy \wedge Rx)$

c) $\bigvee\limits_{x} \bigwedge\limits_{y} \bigvee\limits_{x_1} (Px_1 \to Qy) \wedge Rx$

d) $\bigwedge\limits_{x} \bigwedge\limits_{y} (x \wedge y \Leftrightarrow y \wedge x)$

e) $Px \to \bigwedge\limits_{y} Qy \wedge \bigvee\limits_{z} Rz$

f) $\bigvee\limits_{x} (Py \wedge Qz \wedge Ryz)$

g) $\bigvee\limits_{x} \bigvee\limits_{y} (\neg (x = y)) \to P_2 xy$

h) $\bigwedge\limits_{x} (A \vee \neg A)$

i) $\bigwedge\limits_{x_1} Px_1 \bigwedge\limits_{y_1} Qy_1 \to \bigvee\limits_{z_1} Rz_1$

j) $\bigwedge\limits_{x,y} (Pxy \wedge Pyx)$

k) $P_1 x_1 \wedge P_2 x_2 \wedge P_3 x_3 \to \bigwedge\limits_{x} Px$

2.4 Mengentheoretische Hilfsmittel

Mengen. Für unsere Belange genügt der naive Mengenbegriff. Danach versteht man unter einer Menge die Zusammenfassung wohlunterschiedener Elemente, wobei von jedem Element feststehen muß, ob es zur Menge gehört oder nicht gehört. Man schreibt für „x ist Element der Menge M" kurz $x \in M$, anderenfalls $x \notin M$. Bei Darstellung in einem Mengendiagramm (VENN-Diagramm) meint man mit M alle Punkte innerhalb der geschlossenen Umrandung (Figur 2.4.1).

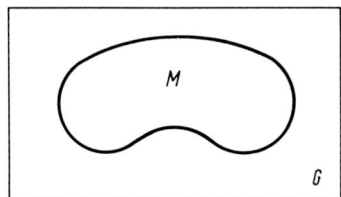

Figur 2.4.1

Besitzt M nur wenige Elemente, etwa 1, 4, 7 und 10, so setzt man diese in geschweifte Klammern: $M = \{1, 4, 7, 10\}$. Die Reihenfolge der Aufzählung ist belanglos. Allgemeiner und auch auf unendliche Mengen anwendbar ist jedoch ein anderes Vorgehen. Man erklärt eine **Grundmenge** G als „Arbeitsbereich" und bildet nun Mengen mit Elementen aus G auf Grund einer bestimmten Auslesevorschrift. Im einfachsten Fall ist dies eine Eigenschaft, bezeichnet durch die einstellige Prädikatenvariable P, die man für die zu M gehörenden Elemente fordert:

$$M = \{x \mid Px\}$$

Lies: *M ist die Menge aller Elemente x (der Grundmenge G), die die Eigenschaft P besitzen* (die die Aussageform Px erfüllen). Etwas deutlicher, aber in der Mathematik eben nicht üblich, wäre die Schreibweise

$$M = \{x \mid Px \text{ ist erfüllt}\}\ ^{14}).$$

Denken wir uns als Grundmenge die Menge $\mathbb{R}$ der reellen Zahlen und für Px die einstellige prädikatenlogische Aussageform $x^2 - 5 = 0$ gegeben, so ist damit die Menge

$$M = \{x \mid x^2 - 5 = 0\} = \{\sqrt{5},\ -\sqrt{5}\,\}$$

eindeutig bestimmt. M ist „Lösungsmenge" bzw. „Erfüllungsmenge" der quadratischen Gleichung $x^2 - 5 = 0$ auf $\mathbb{R}$. Der Leser beachte, daß bei gleichem Px, aber anderer Grundmenge sich auch M ändern kann. Schränkt man im vorliegenden Beispiel die Grundmenge auf die Menge $\mathbb{R}^+$ der positiven reellen Zahlen ein, so wird

$$M = \{\sqrt{5}\,\}$$

einelementig, und bei Zugrundelegung der Menge $\mathbb{Q}$ der rationalen Zahlen besitzt $x^2 - 5 = 0$ überhaupt keine Lösung mehr, Px ist nicht erfüllbar. In einem solchen Fall heißt die Menge *leer,* wofür man

$$M = \emptyset$$

schreibt. Umgekehrt kann die die Menge definierende Aussageform aber auch für *alle* Elemente der Grundmenge G erfüllbar sein, so etwa bei

$$M = \{x \mid (x + 1)\,(x - 1) = x^2 - 1\} = G.$$

In einem solchen Fall spricht man von einer (algebraischen) Formel oder einer Identität.

Setzt man den eine Menge kennzeichnenden Buchstaben zwischen senkrechte Striche, also etwa $|M|$, so ist damit die *Mächtigkeit* der Menge M gemeint. Bei endlichen Mengen bedeutet $|M|$ nichts anderes als die Anzahl der Elemente. Bei nicht-endlichen (unendlichen) Mengen definieren die Mächtigkeiten sogenannte transfinite Kardinalzahlen. Die kleinste transfinite Kardinalzahl ist die Mächtigkeit einer abzählbarunendlichen Menge, etwa der Menge $\mathbb{N}$ der natürlichen Zahlen. Die Menge $\mathbb{R}$ aller reellen Zahlen hat die Mächtigkeit des Kontinuums und ist nicht abzählbar. Für die leere Menge $\emptyset$ gilt $|\emptyset| = 0$.

---

[14]) In der Mathematik wird eine so erklärte Menge gelegentlich die „Extension von P" genannt. In Abschnitt 2.5 werden uns solche Mengen als Deutungen (Interpretationen) von Prädikatenvariablen P, Q etc. wiederbegegnen. Wir werden dort die speziellen Bezeichnungen $\delta(P)$, $\delta(Q)$ etc. für diese Mengen einführen. In diesem Abschnitt bleiben wir bei den landläufigen Schreibweisen.

Zwischen Mengen lassen sich in einfacher Weise Beziehungen erklären. Zwei Mengen M und N heißen **gleich**, $M = N$, wenn sie die gleichen Elemente enthalten. So ist $\{a, b, a\} = \{b, a\}$. Die Menge M heißt **Teilmenge** von N, $M \subseteq N$, wenn jedes Element von M auch Element von N ist. Es ist z. B. $\{a, b\} \subseteq \{a, b, c\}$. Jede aus einer Grundmenge G durch ein Prädikat ausgewählte Menge ist Teilmenge von G, insbesondere ist $\emptyset \subseteq G$ und $G \subseteq G$. Gibt es wenigstens ein Element der „Obermenge" N, das nicht in M liegt, so kann die Beziehung $M \subseteq N$ zur *echten* Teilmengen-Beziehung $M \subset N$ verschärft werden. Vgl. die Figuren 2.4.2, 2.4.3.

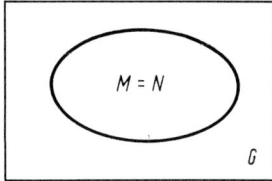
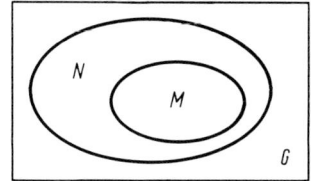

Figur 2.4.2   Figur 2.4.3

Die Verknüpfungen von Mengen korrespondieren mit den Verknüpfungen des Aussagenkalküls. Sind

$$M = \{x \mid Px\}$$
$$N = \{x \mid Qx\}$$

zwei Mengen über einer nicht-leeren Grundmenge G, so erklärt man als **Durchschnitt** $M \cap N$ die Menge der Elemente aus G, die zu M *und* zu N gehören, denen also das Prädikat P und das Prädikat Q zukommt (Figur 2.4.4):

$$M \cap N = \{x \mid x \in M \wedge x \in N\}$$
$$= \{x \mid Px \wedge Qx\}$$

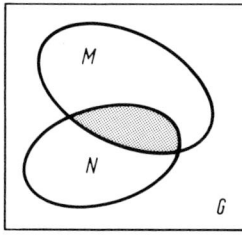
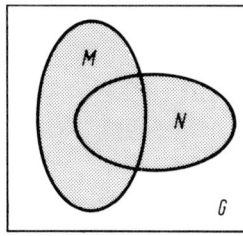
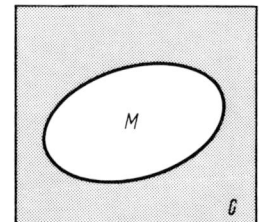

Figur 2.4.4   Figur 2.4.5   Figur 2.4.6

Entsprechend definiert man als **Vereinigung** $M \cup N$ die Menge der Elemente aus G, die zu M *oder* (im inklusiven Sinne!) zu N gehören, die also wenigstens eine der Aussageformen Px, Qx erfüllen (Figur 2.4.5):

$$M \cup N = \{x \mid x \in M \vee x \in N\}$$
$$= \{x \mid Px \vee Qx\}$$

Schließlich heißt $\bar{M}$ die **Komplementärmenge** zu M, wenn $\bar{M}$ alle Elemente aus G enthält, die *nicht* zu M gehören, die also die Eigenschaft P nicht besitzen (Figur 2.4.6):

$$\bar{M} = \{x \,|\, x \notin M\}$$
$$= \{x \,|\, \neg\, Px\}$$

Ebenso bestimmen Subjunktion und Bijunktion Mengenoperationen, die wir unter Beachtung von (25) und (34) in 1.6 auf die soeben erklärten Verknüpfungen zurückführen können:

$$\{x \,|\, Px \rightarrow Qx\} = \{x \,|\, \neg\, Px \vee Qx\}$$
$$= \{x \,|\, x \notin M \vee x \in N\}$$
$$= \bar{M} \cup N \quad \text{(vgl. Fig. 2.4.7)}$$

$$\{x \,|\, Px \leftrightarrow Qx\} = \{x \,|\, (Px \wedge Qx) \vee (\neg\, Px \wedge \neg\, Qx)\}$$
$$= \{x \,|\, (x \in M \cap N) \vee (x \in \bar{M} \cap \bar{N})\}$$
$$= (M \cap N) \cup (\bar{M} \cap \bar{N}) \quad \text{(vgl. Fig. 2.4.8)}$$

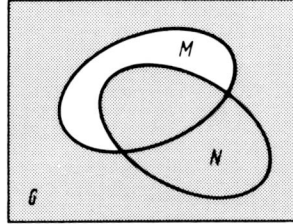   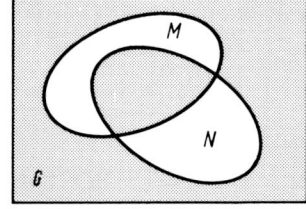

Figur 2.4.7   Figur 2.4.8

Wir werfen noch einen Blick auf die **Erfüllungsmengen** aussagenlogischer Aussageformen (1.5). Handelt es sich um eine *einstellige* Aussageform $A(x)$, so ist die Wahrheitswertemenge $\{W, F\}$ als Grundmenge zu nehmen, und die Erfüllungsmenge $E[A(x)]$ ist eine Teilmenge gemäß

$$E[A(x)] \subseteq \{W, F\}$$

(x steht für eine Aussagenvariable). In 1.5.8 schrieben wir

$$E[A(x)] = \{|x| \,\|\, |A(x)| = W\}.$$

Bei *zweistelligen* aussagenlogischen Aussageformen $A(x_1, x_2)$ sind die Elemente der Erfüllungsmengen Paare[15]) aus W oder F:

$$E[A(x_1, x_2)] = \{(|x_1|, |x_2|) \,\big|\, |A(x_1, x_2)| = W\},$$

d. h. als Grundmenge ist die Menge aller W-F-Paare zu nehmen:

---

[15]) Bei den Mengen ist die Reihenfolge der Aufzählung der Elemente ohne Bedeutung: $\{a, b\} = \{b, a\}$. Für Paare gilt jedoch $(a, b) \neq (b, a)$, falls $a \neq b$ ist. Entsprechendes gilt für Tripel, Quadrupel etc. Deshalb spricht man oft von geordneten Paaren, geordneten Tripeln etc. Es ist $(a, b) = (c, d)$ dann und nur dann, wenn $a = c$ und $b = d$ ist.

$$\{(W, W), (W, F), (F, W), (F, F)\} =: \{W, F\}^2$$
$$E[A(x_1, x_2)] \subseteq \{W, F\}^2.$$

Im allgemeinsten Fall bei n Aussagenvariablen besteht die Grundmenge

$$\{W, F\}^n = \{(W, W, \ldots, W), (W, W, \ldots, F), \ldots, (F, F, \ldots, F)\}$$

aus der Menge aller W-F-n-tupeln, die ihrerseits als Elemente der Erfüllungsmenge auftreten:

$$E[A(x_1, x_2, \ldots, x_n)] = \{(|x_1|, |x_2|, \ldots, |x_n|) \mid |A(x_1, x_2, \ldots, x_n)| = W\}.$$

Man spricht für $n = 2$ von Paarmengen, für $n = 3$ von Tripelmengen und allgemein von n-tupel-Mengen. Wendet man den „Erfüllungsmengenoperator" E auf die aussagenlogischen Verknüpfungen von aussagenlogischen Aussageformen an, so wird man wieder auf die Mengenoperationen von oben geführt[16] $(\mathfrak{x} := (x_1, x_2, \ldots, x_n))$:

$$E[A(\mathfrak{x}) \wedge B(\mathfrak{x})] = E[A(\mathfrak{x})] \cap E[B(\mathfrak{x})]$$
$$E[A(\mathfrak{x}) \vee B(\mathfrak{x})] = E[A(\mathfrak{x})] \cup E[B(\mathfrak{x})]$$
$$E[\neg A(\mathfrak{x})] = \overline{E[A(\mathfrak{x})]}$$
$$E[A(\mathfrak{x}) \to B(\mathfrak{x})] = \overline{E[A(\mathfrak{x})]} \cup E[B(\mathfrak{x})]$$
$$E[A(\mathfrak{x}) \leftrightarrow B(\mathfrak{x})] = \left(E[A(\mathfrak{x})] \cap E[B(\mathfrak{x})]\right) \cup \left(\overline{E[A(\mathfrak{x})]} \cap \overline{E[B(\mathfrak{x})]}\right)$$

Relationen. Mengen, deren Elemente Paare, Tripel und allgemein n-tupel $(n \geq 1)$[17] sind, heißen ein-, zwei-, drei- bzw. n-stellige Relationen. Wir wenden uns zunächst den Paarmengen zu.

Eine endliche Paarmenge mit nicht allzu vielen Elementen können wir durch Aufführen aller Paare anschreiben, etwa

$$M = \{(1, 2), (1, 3), (1, 4), (2, 3), (2, 4), (3, 4)\}$$

Zweckmäßiger ist aber auch hier die Angabe eines Auswahlprinzips bei vorgegebener Grundmenge. Im vorliegenden Beispiel ist leicht zu erkennen, daß zwischen der ersten und zweiten Zahl jeden Paares eine bestimmte Beziehung besteht: es ist $x < y$ für alle Paare (x, y) der Menge M. Das Auswahlprinzip besteht hier also in einer zweistelligen prädikatenlogischen Aussageform Pxy gemäß $x < y$. Als Grundmenge G haben wir die Menge aller Paare aus den ganzen Zahlen 1 bis 4 zu nehmen:

$$G = \{(1, 1), (1, 2), \ldots, (4, 4)\} =: \{1, 2, 3, 4\}^2.$$

Legen wir demnach diese Menge G zugrunde, so läßt sich für M schreiben

$$M = \{(x, y) \mid x < y\}.$$

---

[16] Diese Tatsache ist darauf zurückzuführen, daß auch die Mengen mit Durchschnitt, Vereinigung und Komplement als Verknüpfungen eine BOOLEsche Algebra bilden. Neutralelemente sind Grundmenge und leere Menge.

[17] Der Fall $n = 1$ wird aus denkökonomischen Gründen mit hinzugenommen. Sprachüblich liegen Relationen erst ab $n = 2$ vor.

M ist die „Kleiner-Relation" für die ganzen Zahlen 1 bis 4. Figur 2.4.9 zeigt eine anschauliche Darstellung von M als **Relationsgraph:** die Knoten sind mit 1 bis 4 beschriftet, eine gerichtete Kante zwischen zwei Knoten x, y ist genau dann eingezeichnet, wenn $x < y$ erfüllt ist, d. h. $(x, y) \in M$ gilt.

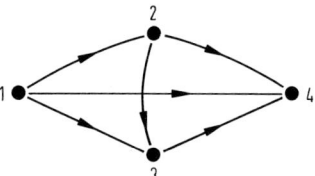

Figur 2.4.9

Wir erläutern noch die (zweistellige) *Identitätsrelation*

$$M = \{(x, y) \mid x = y\}$$

über einer Grundmenge G. Sie besteht aus allen den Paaren, deren Paarelemente jeweils gleich sind. Wählen wir

$$G = \{1, 2, 3, 4, 5\}^2$$

als Grundmenge, so wird

$$M = \{(1, 1), (2, 2), (3, 3), (4, 4), (5, 5)\}.$$

Im zugehörigen Relationsgraph wird dieser Sachverhalt durch Schlaufen gekennzeichnet (Figur 2.4.10).

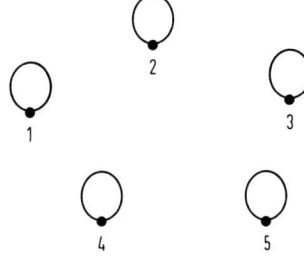

Figur 2.4.10

Bei geeignet erklärten Grundmengen lassen sich demnach eine zweistellige Relation gemäß

$$M_2 = \{(x, y) \mid P^2 xy\},$$

eine dreistellige Relation gemäß

$$M_3 = \{(x, y, z) \mid P^3 xyz\},$$

eine n-stellige Relation gemäß

$$M_n = \{(x_1, x_2, \ldots, x_n) \mid P^n x_1 x_2, \ldots, x_n\}$$

anschreiben, falls $P^2, P^3, \ldots, P^n$ Namen für zwei-, drei-, bzw. n-stellige Prädikatenvariable sind. Sie charakterisieren im Einzelfall zwei-, drei- bzw. n-stellige Beziehungen zwischen den Subjektvariablen.

In vielen Fällen sind Relationen so aufgebaut, daß die x_i der n-tupeln *aus verschiedenen Mengen* stammen. So besteht die zweistellige Noten-Bezeichnungs-Relation bei Zeugnissen

$$M = \{(1, \text{sehr gut}), (2, \text{gut}), (3, \text{genügend}), (4, \text{ausreichend}), (5, \text{ungenügend})\}$$

aus Paaren (x, y) mit

$$x \in \{1, 2, 3, 4, 5\} =: A$$
$$y \in \{\text{sehr gut, gut, genügend, ausreichend, ungenügend}\} =: B.$$

Hier spricht man von einer *Relation M auf der Menge $A \times B$* (lies: *A* kreuz *B*), *wobei man unter dem* **Kartesischen Produkt** *(der Produktmenge) $A \times B$ die Menge aller Paare (x, y) mit $x \in A$ und $y \in B$ versteht*:

$$A \times B := \{(x, y) \mid x \in A \wedge y \in B\}.$$

Alle Relationen auf $A \times B$ sind dann Teilmengen von $A \times B$, und $A \times B$ spielt die Rolle der Grundmenge[18]). Beispiel: Ist $A = \{a, b, c\}$, $B = \{1, 2\}$, so ergibt sich

$$A \times B = \{(x, y) \mid x \in \{a, b, c\} \wedge y \in \{1, 2\}\}$$
$$= \{(a, 1), (a, 2), (b, 1), (b, 2), (c, 1), (c, 2)\}$$

Die Mächtigkeit $|A \times B|$ der Produktmenge bei endlichen Mengen A, B ist offenbar

$$|A \times B| = |A| \cdot |B|,$$

da doch jedes Element aus A mit jedem Element aus B gepaart wird. Jede Auswahl von Paaren aus $A \times B$ auf Grund einer bestimmten Vorschrift führt zu einer Teilmenge von $A \times B$, also zu einer (zweistelligen) Relation auf $A \times B$ (vgl. nochmals obige Noten-Bezeichnungs-Relation, die aus 5 Paaren besteht – auf Grund einer vereinbarten Zuordnung –, während $A \times B$ die Mächtigkeit $5 \cdot 5 = 25$ besitzt!). Relationen dieser Art stellt man zweckmäßigerweise mit einem Pfeildiagramm dar (Figur 2.4.11).

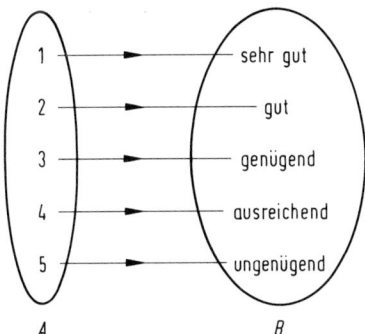

Figur 2.4.11

---

[18]) Die entsprechende Verallgemeinerung für n Mengen $A_1, A_2, \ldots, A_n$ ist das n-fache kartesische Produkt als n-tupel-Menge
$$A_1 \times A_2 \times \cdots \times A_n = \{(x_1, x_2, \ldots, x_n) \mid x_1 \in A_1, x_2 \in A_2, \ldots, x_n \in A_n\}.$$

Abbildungen. Wir betrachten zunächst zwei grundlegende Eigenschaften zweistelliger Relationen, die anschließend zur Definition des Abbildungsbegriffs herangezogen werden. Dabei werden uns die Pfeildiagramme gute Dienste leisten, da sie den Sachverhalt anschaulich machen.

Man nennt eine zweistellige Relation $M \subseteq A \times B$ *linkstotal,* wenn alle Elemente der Quellmenge A als x-Elemente in den Paaren $(x, y) \in M$ auftreten. Als Beispiel wählen wir $A = \{a, b, c\}$, $B = \{1, 2, 3, 4, 5\}$ und damit die Paarmengen

$$M_1 = \{(a, 1),\ (b, 2),\ (b, 5),\ (c, 3),\ (c, 5)\}$$
$$M_2 = \{(a, 3),\ (a, 5),\ (c, 1),\ (c, 2),\ (c, 3),\ (c, 4)\}.$$

Das Pfeildiagramm für M_1 ist in Figur 2.4.12, das für M_2 in Figur 2.4.13 dargestellt. Man erkennt sofort: die Relation M_1 ist linkstotal (denn von *jedem* Punkt in A geht wenigstens ein Pfeil aus!), die Relation M_2 ist nicht linkstotal (von b geht kein Pfeil aus!).

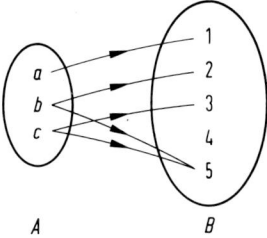

Figur 2.4.12

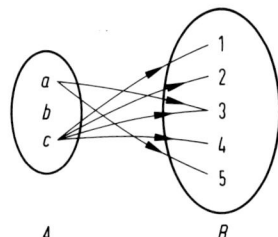

Figur 2.4.13

Anschaulich besagt die Linkstotalität also, daß von jedem Punkt aus A *mindestens ein* Pfeil ausgehen muß. Fordert man hingegen, daß von jedem Punkt aus A *höchstens* ein Pfeil ausgehen soll, so charakterisiert man damit die **Rechtseindeutigkeit** der Relation. Die in den Figuren 2.4.12 und 2.4.13 dargestellten Relationen sind zweifellos nicht rechtseindeutig, während Figur 2.4.11 eine rechtseindeutige Relation zeigt. Die Noten-Bezeichnungs-Relation ist außerdem linkstotal. *Solche zweistelligen Relationen, die linkstotal und rechtseindeutig sind, heißen Abbildungen oder Funktionen.* Ist eine Funktion f als Teilmenge der Produktmenge $A \times B$ erklärt, so schreibt man in der Mathematik üblicherweise (abweichend von den Erklärungen in 2.3 und 2.5) statt

$$f \subseteq A \times B$$

die Zuordnung der Mengen A und B gemäß

$$f: A \longrightarrow B,$$

wobei jedem Element $x \in A$ auf Grund der Rechtseindeutigkeit genau ein Element $f(x)$ aus B zugeordnet wird:

$$x \mapsto f(x).$$

Damit ist also f die Paarmenge

$$\boxed{f = \{(x, y) \mid x \in A \land x \mapsto y = f(x)\}}$$

Die Quellmenge A heißt bei Abbildungen (Funktionen) Urbildmenge (Definitionsbereich). Die Menge aller Bildelemente (Funktionswerte) $f(x)$ ist eine Teilmenge von B und heißt Bildmenge (Wertevorrat) von f. In $A \longrightarrow B$ symbolisiert der Pfeil „$\longrightarrow$" die Abbildung der Urbildmenge A in die Bildmenge B, während in $x \mapsto f(x)$ der Pfeil „$\mapsto$" die Zuordnung der Elemente x und $f(x)$ zum Ausdruck bringt: $f(x)$ ist die Bezeichnung für das dem Urbild (Argument) x mittels der Funktion f zugeordnete Bild (den Funktionswert).

In der Analysis nennt man Funktionen $f: A \longrightarrow B$ „Funktionen von einer (unabhängigen) Veränderlichen". Von daher ist es zu verstehen, wenn man statt von der *zweistelligen Relation* $f \subseteq A \times B$ auch von der *einstelligen Funktion* $f: A \longrightarrow B$ spricht. In entsprechender Verallgemeinerung heißt eine $(n+1)$-tupel-Menge mit Funktionseigenschaften, also eine Teilmenge des kartesischen Produkts:

$$f \subseteq A_1 \times A_2 \times \cdots \times A_n \times A_{n+1}$$

eine **n-stellige Funktion:**

$$f: A_1 \times A_2 \times \cdots \times A_n \longrightarrow A_{n+1} \quad \text{mit} \quad (x_1, x_2, \ldots, x_n) \mapsto y := f(x_1, x_2, \ldots, x_n)$$

Die Elemente einer n-stelligen Funktion sind demnach $(n+1)$-tupel:

$$\left(x_1, x_2, \ldots, x_n, f(x_1, x_2, \ldots, x_n)\right) \in f$$

Bildet man die Vereinigung der Mengen A_i gemäß

$$A_1 \cup A_2 \cup \cdots \cup A_{n+1} =: A,$$

so stammt also jedes x_i aus A, und dementsprechend sagt man kurz, f ist eine Funktion (Abbildung) auf A. Diese Redeweise werden wir auch im nächsten Abschnitt benutzen.

Aufgaben 2.4

1. Man schreibe die folgenden Mengen durch Aufzählen sämtlicher Elemente an:

 a) $M = \{x | (x-1)(x-2)(x-5) = 0\}$, $G = \mathbb{N}$

 b) $M = \{x | x^4 - 1 = 0\}$, $G = \mathbb{R}$

 c) $M = \{x | x$ ist Teiler der 12$\}$, $G = \mathbb{N}$

 d) $M = \{x | x^2 + 1 = 0\}$, $G = \mathbb{R}$

 e) $M = \{(x, y) | x + y = 5\}$, $G = \mathbb{N} \times \mathbb{N} = \mathbb{N}^2$

 f) $M = \{(x, y, z) | x + y = z\}$, $G = \{1, 2, 3\}^3$

2. Finden Sie sämtliche Teilmengen der Menge $M = \{1, 2, 3\}$!

3. Welche Menge wird durch die prädikatenlogische Aussageform „x ist bzw. war Bundeskanzler der Bundesrepublik Deutschland" bestimmt?

4. Auf der Grundmenge $G = \{a, b, c, d, e\}$ seien die Mengen $M = \{a, c, d\}$, $N = \{b, c, e\}$ und $K = \{b, e\}$ gegeben. Wie lauten die folgenden Mengen?

 a) $M \cap N$

 b) $\bar{M} \cap \bar{N}$

 c) $(M \cap \bar{N}) \cup (\bar{M} \cap N)$

 d) $\overline{(M \cap N) \cup K}$

e) $\overline{(M \cup K)} \cap (N \cap K)$

f) $(\bar{N} \cap \bar{K}) \cap (N \cup K)$

g) $M \cup \bar{M}$

h) $\overline{M} \cap \overline{K}$

5. Welche Relation M ist durch die zweistellige prädikatenlogische Aussageform „x Teiler von y" auf der Grundmenge $G = \{1, 2, 3, 4, 5, 6\}^2$ bestimmt?

6. Wie lautet die Menge $\{1, 2, 3\}^2$?

7. Desgl. $\{1, 2\}^3$?

8. Bestimmen Sie $\{1, 2\} \times \{1, 3\}$ und $\{1, 3\} \times \{1, 2\}$! Was folgt daraus für die Verknüpfung „$\times$"?

9. Sei $A = B = \{1, 2, 3, 4\}$. Welche der folgenden (zweistelligen) Relationen sind Funktionen auf A?

a) $\{(1, 2), (1, 3), (2, 4), (3, 3), (3, 1)\}$

b) $\{(4, 1), (1, 4)\}$

c) $\{(1, 1), (2, 1), (3, 3), (4, 4)\}$

d) $\{(1, 4), (2, 4), (3, 4), (4, 4)\}$

e) $\{(1, 4), (2, 3), (3, 2), (4, 1), (3, 1)\}$

f) $\{(1, 2), (2, 1), (3, 4), (4, 3), (2, 1), (1, 2)\}$

10. Sei $A = B = C = \{1, 2\}$. Welche folgenden (dreistelligen) Relationen sind Funktionen? Beachte: Quellmenge ist hier $\{1, 2\}^2$.

a) $\{(1, 2, 2), (2, 1, 1), (1, 1, 1), (2, 2, 2)\}$

b) $\{(1, 1, 2), (1, 1, 1), (1, 2, 1), (2, 1, 1)\}$

c) $\{(1, 2, 1), (1, 1, 2), (2, 1, 1)\}$

d) $\{(1, 1, 1), (1, 2, 1), (2, 1, 1), (2, 2, 1)\}$

e) $\{(1, 2, 1), (1, 2, 2), (1, 1, 1), (2, 2, 2)\}$

f) $\{(1, 1, 1), (1, 2, 2), (2, 1, 2), (1, 2, 2), (2, 2, 2)\}$

2.5   Semantik des Prädikatenkalküls

Wir rufen uns zunächst noch einmal die Semantik des Aussagenkalküls ins Gedächtnis. Sie basierte auf der Belegung von Aussagenvariablen mit Aussagen, sprich: mit Wahrheitswerten W, F und der Bewertung aussagenlogischer Ausdrücke. Auf Grund dieser Bewertungen konnten die semantischen Begriffe gültig, allgemeingültig, erfüllbar etc. sowie die Beziehungen Äquivalenz und Implikation erklärt werden. Damit waren die Gesetze der Aussagenlogik darstellbar und konnten die aussagenlogischen Schlußregeln formuliert werden.

In der Prädikatenlogik gehen wir ganz ähnlich vor. Ausgangsbasis ist hier ebenfalls die Syntax, so wie wir diese in Abschnitt 2.3 vorgestellt haben: ein System von Zeichen und Vorschriften zur Verknüpfung von Zeichen zu Zeichenketten. Als herausragende Eigenschaft hatten wir die Entscheidbarkeit dieses Systems erläutert.

Ziel der prädikatenlogischen Semantik ist die begriffliche Bestimmung dessen, was wir ein Gesetz, einen allgemeingültigen Ausdruck der Prädikatenlogik nennen werden. Dazu müssen wir unter anderem ein Verfahren zur Bestimmung des Wahrheitswertes eines prädikatenlogischen Ausdrucks bereitstellen.

Einige grundlegende Gedanken vorab:

- die Prädikatenlogik besteht nicht einfach neben der Aussagenlogik, sondern sie umfaßt diese in dem Sinne, daß alle Gesetze der Aussagenlogik in den Gesetzen der Prädikatenlogik mit enthalten sind;

- die Prädikatenlogik ist ungleich vielfältiger und weitreichender als die Aussagenlogik. Deshalb wollen wir uns in diesem Buche auf den Teilbereich der Prädikatenlogik erster Stufe beschränken. Sie ist dadurch charakterisiert, daß alle Quantifizierungen nur über Subjektvariablen erfolgen;

- bei der mathematischen Beschreibung ist auf eine sorgfältige Trennung der Sprachschichten zu achten. Objektsprachliche Sequenzen sind von ihrer metasprachlichen Beschreibung zu unterscheiden. Als mathematische Sprachbeschreibungssprache werden wir die einfachsten Elemente der Mengenalgebra heranziehen, so wie wir diese in Abschnitt 2.4 dem Leser erläutert haben. Während in anderen mathematischen Disziplinen diese Sprachschichten aus Gründen der Zweckmäßigkeit meistens miteinander vermischt sind, ist hier, in den logischen Kalkülen, diese Trennung besonders gut und leicht zu beobachten. Ähnlich klar ist sie in den modernen, strukturierten Programmiersprachen zu erkennen.

Wir beginnen mit dem für die Semantik der Prädikatenlogik fundamentalen Begriff der **Interpretation (Deutung)** δ. Algebraisch gesprochen ist das eine Funktion, die den grundlegenden syntaktischen Begriffen deren „Bedeutung" als semantisches Pendant zuordnet. Allem voran vereinbaren wir in jedem Fall eine nicht-leere Grundmenge G an konkreten Subjekten (Individuen) als Subjektbereich (Individuenbereich).

Die uns interessierenden Zuordnungen stellen wir zunächst in einer Übersicht gegenüber:

Syntaktischer Begriff	Semantischer Begriff
Subjektvariable	Subjekt (Individuum)
Prädikatenvariable	Prädikat (Relation, Attribut)
Aussagenvariable	Aussage (Wahrheitswert)
Funktorenvariable	Funktion (Abbildung, funktionelle Relation)

Als Bezeichnungen für die syntaktischen Begriffe wählen wir Namen gemäß unseren Vorschriften in Abschnitt 2.3. Diese Namen fungieren als Argumente der δ-Funktion. Der zugeordnete semantische Begriff ist der entsprechende Funktionswert, der δ-Wert. Wir schreiben die obige Übersicht nun noch einmal an, jetzt unter Verwendung geeigneter Bezeichnungen. Zusätzlich notieren wir noch, aus welcher Menge die δ-Werte zu nehmen sind:

$$x \mapsto \delta(x), \ \delta(x) \in G \tag{1}$$

$$P \mapsto \delta(P), \ \delta(P) \subseteq G^n \tag{2}$$

$$A \mapsto \delta(A), \ \delta(A) \in \{W, F\} \tag{3}$$

$$f \mapsto \delta(f), \ \delta(f) \subseteq G^{n+1} \tag{4}$$

In Worten heißt das:

(1) Jede Subjektvariable x besitzt als Interpretation $\delta(x)$ ein konkretes **Subjekt** als Element des Subjektbereichs G.

(2) Jeder n-stelligen Prädikatenvariablen P wird mit der δ-Funktion eine konkrete n-stellige **Relation** (ein n-stelliges Prädikat, ein n-stelliges Attribut, eine n-tupel-Menge) $\delta(P)$ als Funktionswert zugeordnet. Diese ist stets eine Teilmenge von G^n.

(3) Die Interpretation einer Aussagenvariablen A ist gleichbedeutend mit der von der Aussagenlogik her bekannten Bewertung (Belegung) einer Aussagenvariablen und ergibt einen **Wahrheitswert**; es ist also $\delta(A) = |A| \in \{W, F\}$.

(4) Jede n-stellige Funktorenvariable f besitzt als Deutung $\delta(f)$ eine konkrete n-stellige **Funktion**, also eine $(n+1)$-tupel-Menge, die somit Teilmenge von G^{n+1} ist. Es gilt verabredungsgemäß

$$\big(\delta(x_1), \delta(x_2), \ldots, \delta(x_n), \delta(y)\big) \in \delta(f)$$

genau dann, wenn

$$\delta(y) = \delta\big(f(x_1, x_2, \ldots, x_n)\big)$$
$$= \delta(f)\big(\delta(x_1), \delta(x_2), \ldots, \delta(x_n)\big)$$

ist. Ferner sei daran erinnert, daß statt der Subjektvariablen $x_1, x_2, \ldots, x_n$ auch Termvariable $t_1, t_2, \ldots, t_n$ stehen können. Allgemeiner gilt demnach

$$\delta(t) = \delta\big(f(t_1, t_2, \ldots, t_n)\big)$$
$$= \delta(f)\big(\delta(t_1), \delta(t_2), \ldots, \delta(t_n)\big)$$

genau dann, wenn die Beziehung

$$\big(\delta(t_1), \delta(t_2), \ldots, \delta(t_n), \delta(t)\big) \in \delta(f)$$

besteht. Der Leser beachte noch einmal den Unterschied dieser Schreibweise zur sonst üblichen Notation in der Mathematik (vgl. auch unsere Darstellung in Abschnitt 2.4). Damit wird, möglicherweise auf Kosten der Übersichtlichkeit, in besonders prägnanter Weise, Syntaktisches von Semantischem auch äußerlich unmißverständlich unterschieden.

Mit diesen einleitenden Vorbemerkungen wollen wir nun darangehen, den Begriff der **Erfüllbarkeit** eines prädikatenlogischen Ausdrucks zu definieren. Dies läuft im Prinzip darauf hinaus, die Funktion δ auf einen solchen Ausdruck anzuwenden und den δ-Wert des Ausdrucks zu berechnen. Dieser ist entweder W oder F, denn wir arbeiten natürlich auch hier mit einer zweiwertigen Logik. *Voraussetzung für eine solche Berechnung des Wahrheitswertes ist die vollständige Interpretation aller im Ausdruck vorkommenden Variablen auf der Basis eines konkret vorgegebenen Subjektbereiches.* Diese Berechnung ist gewissermaßen die prädikatenlogische Verallgemeinerung der Bestimmung des Wahrheitswertes eines Ausdrucks der Aussagenlogik, so wie wir dies dem Leser in Abschnitt 1.5 vorgestellt haben.

Zum besseren Verständnis wollen wir die Gesamtdefinition in drei Teilerklärungen (2.5.1, 2.5.2, 2.5.3) bringen. Zuvor sollen einige hinführende Erläuterungen Sinn und Zweck dieser Festsetzungen erläutern. Weitere Informationen liefern die anschließenden Beispiele. Auf das Nachvollziehen dieser Berechnungen sei deshalb besonders hingewiesen.

Wie bei allen Begriffsbestimmungen, so wird auch in den folgenden Definitionen Neues erklärt, indem man es auf Altes zurückführt, bzw. durch bekannte Begriffe beschreibt. Dies geschieht im ersten Teil der Definition durch Zurückgreifen auf die Aussagenlogik und auf Begriffe der Mengenlehre.

Definition 2.5.1. Sei δ eine Interpretation (Deutung) über einem Subjektbereich G. Dann erklären wir:

(1) Bezeichnet A eine Aussagenvariable, so gelte „$\delta(A) = W$" bzw. „δ **erfüllt** A" genau dann, wenn $|A| = W$ ist.

(2) Bezeichnet P eine n-stellige Prädikatenvariable, so gelte „$\delta(Pt_1 t_2 \ldots t_n) = W$" bzw. „$\delta$ **erfüllt** $Pt_1 t_2 \ldots t_n$" genau dann, wenn die Mitgliedschaftsbeziehung

$$\big(\delta(t_1), \delta(t_2), \ldots, \delta(t_n)\big) \in \delta(P)$$

besteht.

(3) „$\delta(t_1 = t_2) = W$" bzw. „δ **erfüllt** $t_1 = t_2$" gelte genau dann, wenn die algebraisch erklärte Gleichheitsbeziehung $\delta(t_1) = \delta(t_2)$, also die Termgleichheit, besteht.

Erläuterungen: (1) führt zurück auf den Bewertungsbegriff der Aussagenlogik. Damit ist sichergestellt, daß die W-F-Bestimmung des Aussagenkalküls in der Prädikatenlogik mit enthalten ist. (2) und (3) basieren auf der „$\in$-Beziehung" bei Mengen bzw. der Gleichheit zweier Terme, die aus der Elementarmathematik her bekannt ist.

Im nun folgenden zweiten Teil der Definition geht es um die Zurückführung der Zeichen $\wedge$, $\vee$, $\rightarrow$, $\leftrightarrow$, $\neg$. Dazu beachte der Leser, und dies ist sehr wichtig für das Verständnis, daß die in Abschnitt 2.3 eingeführten Zeichenketten $\alpha \wedge \beta$, $\alpha \vee \beta$, $\alpha \rightarrow \beta$, $\alpha \leftrightarrow \beta$ und $\neg \alpha$ lediglich *syntaktisch* erklärt sind, mit anderen Worten, es wurde nur festgelegt, wie diese zu schreiben und zu verketten sind, nicht aber, was sie bedeuten! Man lasse sich auch nicht verwirren von der Tatsache, daß wir für die in Abschnitt 2.3 eingeführten Zeichen $\wedge$, $\vee$, $\rightarrow$, $\leftrightarrow$, $\neg$ der Einfachheit und Zweckmäßigkeit halber die gleiche äußere Form gewählt haben wie für die Junktoren der Aussagenlogik.

Letztere sind syntaktisch und semantisch wohldefiniert, aber eben nur für aussagen-
logische Ausdrücke! Hier stehen jedoch α, β für Ausdrücke der Prädikatenlogik.
Mit der folgenden Definition wird deshalb die prädikatenlogische Semantik dieser
Zeichen auf die Bedeutung der Junktoren im Aussagenkalkül zurückgeführt.

Definition 2.5.2. Sind α, β prädikatenlogische Ausdrücke und ist $*$ eines der Zeichen
$\wedge$, $\vee$, $\rightarrow$, $\leftrightarrow$, so gilt

(1) „$\delta(\alpha * \beta) = W$" bzw. „$\delta$ **erfüllt** $\alpha * \beta$" genau dann, wenn die aussagenlogisch wohl-
    definierte Verknüpfung $*$ der Aussagen „δ erfüllt α" und „δ erfüllt β" wahr ist.
    Es gilt deshalb

$$\boxed{\delta(\alpha * \beta) = \delta(\alpha) * \delta(\beta)}$$

(2) „$\delta(\neg\, \alpha) = W$" bzw. „$\delta$ **erfüllt** $\neg\, \alpha$" genau dann, wenn die Aussage „δ erfüllt α"
    falsch ist. Es gilt demnach

$$\boxed{\delta(\neg\, \alpha) = \neg\, \delta(\alpha)}$$

Mit den Definitionen 2.5.1 und 2.5.2 können wir bereits von allen atomaren Ausdrücken die δ-Werte bestimmen. Lautet ein solcher atomarer Ausdruck etwa

$$Pxy \wedge x = y \rightarrow \neg\, Qf(z),$$

so liefert die Definition 2.5.2

$$\delta\big(Pxy \wedge x = y \rightarrow \neg\, Qf(z)\big) = \delta(Pxy) \wedge \delta(x = y) \rightarrow \delta(\neg\, Qf(z)),$$

und dafür ergibt sich der Wert W genau dann, wenn die Aussagenverknüpfung lt.
Definition 2.5.1

$$\text{wenn} \quad \big(\delta(x),\ \delta(y)\big) \in \delta(P)$$
$$\text{und} \quad \delta(x) = \delta(y)$$
$$\text{dann} \quad \delta\big(f(z)\big) \notin \delta(Q)$$

den Wert W erhält. Dies kann selbstverständlich erst dann entschieden werden, wenn
auf Grund eines Subjektbereiches $\delta(x)$, $\delta(y)$, $\delta(z)$, $\delta(P)$, $\delta(Q)$ und $\delta(f)$ konkret vorgegeben sind. Bevor wir jedoch einige Beispiele in diesem Sinne komplett durch-
rechnen, wollen wir den dritten Teil der Definition bringen. Dieser bezieht sich auf die
Interpretation der Quantoren.

Das erscheint von der Sache her recht einfach, wissen wir doch, was etwa

$$\bigwedge_x Px$$

bedeuten soll: dieser Ausdruck ist wahr, wenn alle Elemente des Subjektbereichs die mit P bezeichnete Eigenschaft besitzen. Wir wollen im folgenden diesen Sachverhalt mit unserem δ-Operator formalisieren. Zunächst ist darauf hinzuweisen, daß die Begriffe „$\bigwedge_x \ldots$" und „$\bigvee_x \ldots$" *keine Entsprechung im Aussagenkalkül* besitzen! Wir können deshalb mit unserer Definition nur auf die intuitiv gegebene Verbalformulierung „für alle $x \ldots$" und „es gibt ein $x \ldots$" zurückgreifen.

Es ist aber noch eine zweite Schwierigkeit zu überwinden. In Ausdrücken der Art „$\bigwedge_x \ldots$" und „$\bigvee_x \ldots$" ist x eine *gebundene* Variable, d. h. nicht belegbar. Es wäre deshalb falsch, wenn wir den δ-Wert

$$\delta\left(\bigwedge_x Px\right) \tag{1}$$

durch die Aussage

$$„\delta(x) \in \delta(P) \quad \text{für alle} \quad \delta(x) \in G"$$

erklären würden! Nach unseren eingangs getroffenen Vereinbarungen bedeutet $\delta(x)$ nämlich ein ganz bestimmtes, konkret gegebenes Element des Subjektbereichs und liegt damit fest (ist eine Konstante). Wir müssen an dieser Stelle die Schreibweise $\delta(x)$ vermeiden, sie aber zugleich für diejenigen x, die im Ausdruck frei vorkommen, offenlassen. Einen Ausweg aus dieser Schwierigkeit finden wir, indem wir zur Erklärung von (1) die Formulierung

$$\bar{x} \in \delta(P) \quad \text{für alle} \quad \bar{x} \in G$$

verwenden und darin $\bar{x}$ als *Platzhalter* für die Elemente (Subjekte) des Subjektbereichs verstehen. Formal läßt sich dies mit dem δ-Operator bewerkstelligen, wenn wir vorschreiben, daß δ bei Anwendung auf die gebundene Variable x innerhalb eines Quantoren-Wirkungsbereiches eben nicht $\delta(x)$, sondern $\bar{x}$ als Funktionswert erhält, während δ bei Anwendung auf die freie Variable x nach wie vor $\delta(x)$ als Funktionswert bekommt. Diese „Doppelrolle" von δ bringen wir dadurch zum Ausdruck, daß wir innerhalb des Wirkungsbereiches eines mit x indizierten Quantors – und nur dort tritt x als gebundene Variable auf – durch $\delta_x^{\bar{x}}$ ersetzen mit der Maßgabe: sobald $\delta_x^{\bar{x}}$ auf die gebundene Variable x als Argument stößt, ist nicht $\delta(x)$, sondern einfach der obere Index $\bar{x}$ zu schreiben. Für alle anderen Argumente ist $\delta_x^{\bar{x}}$ mit δ identisch.

Definition 2.5.3. Die Deutung der Quantoren wird wie folgt festgelegt:

(1) „$\delta\left(\bigwedge_x \alpha\right) = W$" bzw. „$\delta$ **erfüllt** $\bigwedge_x \alpha$" gelte genau dann, wenn für alle $\bar{x} \in G$ $\delta_x^{\bar{x}}(\alpha) = W$ ist;

(2) „$\delta\left(\bigvee_x \alpha\right) = W$" bzw. „$\delta$ **erfüllt** $\bigvee_x \alpha$" gelte genau dann, wenn es ein $\bar{x} \in G$ mit $\delta_x^{\bar{x}}(\alpha) = W$ gibt;

(3) für ein beliebiges Zeichen $\square$ des gegebenen Zeichenvorrats gelte

$$\delta_x^{\bar{x}}(\square) = \delta(\square), \quad \text{falls} \ \square \neq x \ \text{ist}$$
$$\delta_x^{\bar{x}}(\square) = \bar{x}, \quad \text{falls} \ \square = x \ \text{ist, d. h. } \delta_x^{\bar{x}}(x) = \bar{x}.$$

Beispiel 2.5.4. Zum besseren Verständnis wollen wir den Ausdruck

$$\bigwedge_x (Px \vee \neg Px) \wedge Qx$$

interpretieren. Dazu machen wir folgende Vorgaben:

$$G = \{1, 2, 3, 4, 5\}, \quad \delta(P) = \{2, 3, 5\}, \quad \delta(Q) = \{1, 4, 5\}, \quad \delta(x) = 4.$$

Die Anwendung des δ-Operators auf den gegebenen Ausdruck liefert nach Definition 2.5.2

$$\delta\left(\bigwedge_x (Px \vee \neg Px) \wedge Qx\right) = \delta\left(\bigwedge_x (Px \vee \neg Px)\right) \wedge \delta(Qx).$$

Für den ersten Teil des Konjungats ist nach Definition 2.5.3

$$\delta\left(\bigwedge_x (Px \vee \neg Px)\right) = W$$

genau dann, wenn gilt

$$\delta_x^{\bar{x}}(Px \vee \neg Px) = W$$

für alle $\bar{x} \in \{1, 2, 3, 4, 5\}$. Bricht man das Disjungat mit $\delta_x^{\bar{x}}$ auf, so wird die vorstehende Aussage wahr genau dann, wenn

$$\delta_x^{\bar{x}}(Px) = W \quad \text{oder} \quad \delta_x^{\bar{x}}(\neg Px) = W,$$

d. h. wenn für alle $\bar{x} \in \{1, 2, 3, 4, 5\}$ gilt

$$\delta_x^{\bar{x}}(x) \in \delta_x^{\bar{x}}(P) \quad \text{oder} \quad \delta_x^{\bar{x}}(x) \notin \delta_x^{\bar{x}}(P)$$
$$\delta_x^{\bar{x}}(x) \in \delta(P) \quad \text{oder} \quad \delta_x^{\bar{x}}(x) \notin \delta(P)$$
$$\bar{x} \in \{2, 3, 5\} \quad \text{oder} \quad \bar{x} \notin \{2, 3, 5\},$$

was offensichtlich zutrifft. Für den zweiten Teil wird die Rechnung einfacher:

$$\delta(Qx) = W$$

besteht nach Definition 2.5.1 genau dann, wenn gilt

$$\delta(x) \in \delta(Q)$$
$$4 \in \{1, 4, 5\}.$$

Dies ist der Fall. Insgesamt können wir damit

$$\delta\left(\bigwedge_x (Px \vee \neg Px) \wedge Qx\right) = W$$

bestätigen: δ erfüllt den vorgegebenen Ausdruck, denn die Aussage

„$\bar{x} \in \{2, 3, 5\}$ oder $\bar{x} \in \{2, 3, 5\}$ für alle $\bar{x} \in G$ – und $4 \in \{1, 4, 5\}$"

ist wahr.

Anschließend wollen wir uns noch klar machen, daß nicht jede Deutung auf unserer Grundmenge G den vorgelegten Ausdruck erfüllt. Dazu wähle man eine Deutung δ' gemäß

$$\delta'(P) = \{2, 3, 5\}$$

$$\delta'(Q) = \{1, 4, 5\}$$
$$\delta'(x) = 2.$$

Damit wird nämlich

$$\delta'(Qx) = F$$
$$\delta'(x) \notin \delta'(Q), \quad 2 \notin \{1, 4, 5\}$$
$$\delta'\big(\bigwedge_x (Px \lor \neg Px) \land Qx\big) = F.$$

Lassen wir andererseits den Teilausdruck Qx weg, betrachten also lediglich

$$\bigwedge_x (Px \lor \neg Px),$$

so führt *jede* Deutung δ auf der Grundmenge G zu der wahren Aussage

„$(\bar{x} \in \delta(P))$ oder $(\bar{x} \notin \delta(P))$ für alle $\bar{x} \in G$".

Dabei kann außerdem der Subjektbereich G beliebig, insbesondere auch als unendliche Menge (aber nicht leer), gewählt werden. Denn da $\delta(P)$ eine Menge ist, muß für jedes Element $\bar{x}$ aus G eindeutig feststehen, ob es zu $\delta(P)$ gehört oder nicht gehört.

Solche Ausdrücke sind die eigentlichen Kernstücke der Prädikatenlogik. Für sie geben wir die

Definition 2.5.5. Ist ein prädikatenlogischer Ausdruck α in jedem Subjektbereich für alle Deutungen δ erfüllbar,

$$\delta(\alpha) = W,$$

so heißt er **allgemeingültig** oder ein **Gesetz (Satz) der Prädikatenlogik.**

Beispiel 2.5.6. Auf dem Subjektbereich

$$G = \{1, 2, 3, 4\}$$

erklären wir eine Deutung δ durch folgende Vorgaben:

1. $\delta(x) = 2, \quad \delta(y) = 3, \quad \delta(z) = 1$

2. $\delta(f) = \{(1, 4), \ (2, 3), \ (3, 3), \ (4, 1)\}$
    $\delta(g) = \{(1, 1), \ (2, 1), \ (3, 1), \ (4, 4)\}$

3. $\delta(P) = \{1, 4\}$
    $\delta(Q) = \{(2, 3), \ (2, 4), \ (3, 1), \ (3, 3), \ (4, 2)\}$
    $\delta(R) = \{(1, 2, 4), \ (2, 3, 3), \ (4, 3, 4)\}$

Man vergleiche dazu die Pfeildiagramme der Figur 2.5.1.

Unter diesen Voraussetzungen berechne man den Wahrheitswert des Ausdrucks α gemäß

$$Pf\big(g(x)\big) \to \neg Qf\big(f(z)\big) g(y) \leftrightarrow Rxyz.$$

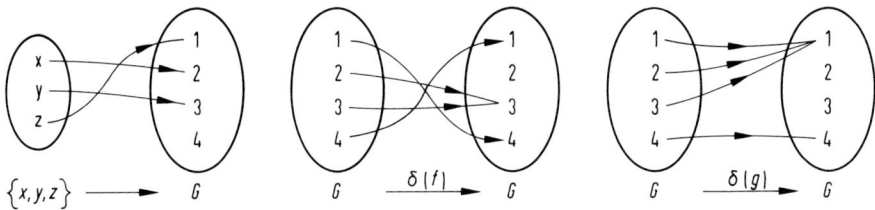

Figur 2.5.1

Bei Anwendung der Definition 2.5.2 erhalten wir zunächst

$$\delta\big(Pf\,(g(x)) \to \neg\, Qf\,(f(z))\,g(\,y) \leftrightarrow Rx\,yz\big)$$
$$= \delta\big(Pf\,(g(x))\big) \to \delta\big(\neg\, Qf\,(f(z))\,g(\,y)\big) \leftrightarrow \delta(Rx\,yz)$$

a) $\delta\big(Pf\,(g(x))\big) = W$ genau dann, wenn $\delta\big(f\,(g(x))\big) \in \delta(P)$.

$$\begin{aligned}
\delta\big(f\,(g(x))\big) &= \delta(f)\,\big(\delta(g)\,(\delta(x))\big) \\
&= \delta(f)\,\big(\delta(g)\,(2)\big) \\
&= \delta(f)\,(1) \\
&= 4.
\end{aligned}$$

Wegen $4 \in \{1, 4\}$ ist $\delta\big(Pf\,(g(x))\big) = W$.

b) $\delta\big(\neg\, Qf\,(f(z))\,g(\,y)\big) = W$ genau dann, wenn gilt $\big(\delta(f\,(f(z))),\ \delta(g(\,y))\big) \notin \delta(Q)$.

$$\begin{aligned}
\delta\big(f\,(f(z))\big) &= \delta(f)\,\big(\delta(f)\,(\delta(z))\big) \\
&= \delta(f)\,\big(\delta(f)\,(1)\big) \\
&= \delta(f)\,(4) \\
&= 1
\end{aligned}$$

$$\begin{aligned}
\delta\big(g(\,y)\big) &= \delta(g)\,(\delta(\,y)) \\
&= \delta(g)\,(3) \\
&= 1.
\end{aligned}$$

Wegen $(1, 1) \notin \{(2, 3),\ (2, 4),\ (3, 1),\ (3, 3),\ (4, 2)\}$ ist $\delta\big(\neg\, Qf\,(f(z))\,g(\,y)\big) = W$.

c) $\delta(Rx\,yz) = W$ genau dann, wenn $\big(\delta(x),\ \delta(\,y),\ \delta(z)\big) \in \delta(R)$.

Wegen $(2, 3, 1) \notin \{(1, 2, 4),\ (2, 3, 3),\ (4, 3, 4)\}$ ist $\delta(Rx\,yz) = F$.

d) Die Berechnung ist jetzt auf den Aussagenkalkül zurückgeführt:

$$\begin{aligned}
\delta(\alpha) &= W \to W \leftrightarrow F \\
&= W \leftrightarrow F \\
&= F.
\end{aligned}$$

Ergebnis der Gesamtberechnung a) bis d): Die vorgegebene Interpretation δ erfüllt den Ausdruck α *nicht*, denn der δ-Wert des Ausdrucks α ergibt sich zu F.

Beispiel 2.5.7. Auf dem Individuenbereich $G = \{1, 2, 3\}$ sei eine Interpretation δ wie folgt gegeben:

$$\delta(x) = 1, \quad \delta(y) = 3$$
$$\delta(P) = \{(1, 1),\ (1, 3),\ (2, 1),\ (2, 2),\ (2, 3),\ (3, 1)\}$$
$$\delta(Q) = \{2\}$$

Es ist zu untersuchen, ob diese Deutung den Ausdruck

$$\bigwedge_x ((Pxy \leftrightarrow Qy) \rightarrow \bigvee_y (Pyx \wedge \neg Qx))$$

erfüllt. Zunächst wollen wir die Aufmerksamkeit des Lesers auf die Tatsache lenken, daß im Bijungat y frei, im Konjungat hingegen gebunden auftritt, denn dort steht y im Wirkungsbereich des auf y bezogenen Existenzquantors.[19]) Die Variable x ist im ganzen Ausdruck gebunden! Dieser Sachverhalt muß im folgenden bei der Anwendung des δ-Operators sorgfältig im Auge behalten werden. Mit den Definitionen 2.5.2 und 2.5.3 erhalten wir

$$\delta\left(\bigwedge_x ((Pxy \leftrightarrow Qy) \rightarrow \bigvee_y (Pyx \wedge \neg Qx))\right)$$
$$= \delta_x^{\bar{x}}((Pxy \leftrightarrow Qy) \rightarrow \bigvee_y (Pyx \wedge \neg Qx))$$
$$= \delta_x^{\bar{x}}(Pxy \leftrightarrow Qy) \rightarrow \delta_x^{\bar{x}}(\bigvee_y (Pyx \wedge \neg Qx))$$
$$= \delta_x^{\bar{x}}(Pxy \leftrightarrow Qy) \rightarrow \delta_x^{\bar{x}}(\delta_y^{\bar{y}}(Pyx \wedge \neg Qx)).$$

Im Hinterglied des Subjungats ist sowohl x als auch y gebunden. Dieser Sachverhalt kommt in der Anwendung von zwei indizierten δ-Operatoren zum Ausdruck, die letztlich bewirken, daß dort x durch $\bar{x}$ *und* y durch $\bar{y}$ zu ersetzen ist (die Reihenfolge spielt hierbei keine Rolle). Als formale Schreibweise verabreden wir dazu noch

$$\delta_x^{\bar{x}}(\delta_y^{\bar{y}}) = \delta_y^{\bar{y}}(\delta_x^{\bar{x}}) =: \delta_{x,y}^{\bar{x},\bar{y}}.$$

Damit schreibt sich unser Ausdruck

$$\delta_x^{\bar{x}}(Pxy \leftrightarrow Qy) \rightarrow \delta_{x,y}^{\bar{x},\bar{y}}(Pyx \wedge \neg Qx)$$
$$\left(\delta_x^{\bar{x}}(Pxy) \leftrightarrow \delta_x^{\bar{x}}(Qy)\right) \rightarrow \left(\delta_{x,y}^{\bar{x},\bar{y}}(Pyx) \wedge \neg \delta_{x,y}^{\bar{x},\bar{y}}(Qx)\right)$$

und bei Beachtung von Def. 2.5.3 mit

$$\delta_x^{\bar{x}}(x) = \bar{x}, \quad \delta_x^{\bar{x}}(y) = \delta(y), \quad \delta_x^{\bar{x}}(P) = \delta(P), \quad \delta_x^{\bar{x}}(Q) = \delta(Q)$$
$$\delta_{x,y}^{\bar{x},\bar{y}}(P) = \delta(P), \quad \delta_{x,y}^{\bar{x},\bar{y}}(Q) = \delta(Q), \quad \delta_{x,y}^{\bar{x},\bar{y}}(x) = \bar{x}, \quad \delta_{x,y}^{\bar{x},\bar{y}}(y) = \bar{y}$$

heißt das: die vorgegebene Deutung δ erfüllt unseren Ausdruck genau dann, wenn die Aussage

„$((\bar{x}, 3) \in \delta(P) \leftrightarrow 3 \in \delta(Q)) \rightarrow ((\bar{y}, \bar{x}) \in \delta(P) \wedge \neg (\bar{x} \in \delta(Q)))$" für alle $\bar{x} \in \{1, 2, 3\}$

und ein $\bar{y} \in \{1, 2, 3\}$"

wahr ist. Da $3 \in \delta(Q)$ den Wert F hat, ist zu untersuchen, ob es ein $\bar{y} \in \{1, 2, 3\}$ gibt, so daß das folgende Konjungat wahr ist:

---

[19]) Ebenfalls gebunden ist selbstverständlich die jeweils unter dem Quantor stehende Variable, in unserem Beispiel also das y unter dem Existenzquantor und das x unter dem Allquantor.

$$((1, 3) \in \delta(P) \leftrightarrow F) \to ((\bar{y}, 1) \in \delta(P) \land \neg (1 \in \delta(Q))))$$
$$\land (((2, 3) \in \delta(P) \leftrightarrow F) \to ((\bar{y}, 2) \in \delta(P) \land \neg (2 \in \delta(Q))))$$
$$\land (((3, 3) \in \delta(P) \leftrightarrow F) \to ((\bar{y}, 3) \in \delta(P) \land \neg (3 \in \delta(Q))))$$

Tatsächlich gibt es ein $\bar{y} \in \{1, 2, 3\}$, welches $(\bar{y}, 1) \in \delta(P)$ erfüllt, z.B. $(1, 1) \in \delta(P)$, ebenso ein $\bar{y} \in \{1, 2, 3\}$, welches $(\bar{y}, 2) \in \delta(P)$ erfüllt, nämlich $(2, 2) \in \delta(P)$; schließlich auch ein $\bar{y} \in \{1, 2, 3\}$, welches $(\bar{y}, 3) \in \delta(P)$ erfüllt, z.B. $(1, 3) \in \delta(P)$.

Damit ist die Rechnung auf den Aussagenkalkül zurückgeführt: es ergibt sich

$$((W \leftrightarrow F) \to (W \land \neg F))$$
$$\land ((W \leftrightarrow F) \to (W \land \neg W))$$
$$\land ((F \leftrightarrow F) \to (W \land \neg F))$$
$$= (F \to W) \land (F \to F) \land (W \to W)$$
$$= W \land W \land W$$
$$= W$$

Die gegebene Deutung δ erfüllt damit unseren Ausdruck.

Aufgaben 2.5

1. Auf einem Subjektbereich $G = \{1, 2, 3, 4, 5\}$ sei eine Interpretation δ durch folgende Vorgaben erklärt:

$$\delta(x) = 3, \quad \delta(y) = 1, \quad \delta(z) = 5$$
$$\delta(f) = \{(1, 1), (2, 1), (3, 4), (4, 5), (5, 2)\}$$
$$\delta(g) = \{(1, 5), (2, 5), (3, 2), (4, 2), (5, 4)\}$$
$$\delta(P) = \{(1, 3, 4), (2, 4, 5)\}$$
$$\delta(Q) = \{1, 3, 4, 5\}$$
$$\delta(R) = \{(1, 1, 1), (1, 2, 3), (2, 2, 3), (4, 1, 4), (5, 5, 5)\}$$

Man untersuche damit den folgenden Ausdruck α gemäß

$$\bigvee_x \bigvee_y (Pxf(y)z \land Qy \to \bigvee_z Rf(g(z))g(f(z))z)$$

auf Erfüllbarkeit!

2. Zeigen Sie durch Wahl einer Grundmenge (eines Subjektbereiches) G und einer geeigneten Deutung δ über G, daß der prädikatenlogische Ausdruck

$$\bigvee_x \bigwedge_y (Pxy) \leftrightarrow \bigwedge_y \bigvee_x (Pxy),$$

nicht allgemeingültig ist, d.h. man kann Existenz- und Allquantor im allgemeinen nicht miteinander vertauschen! Man betrachte ferner $G = \mathbb{N}$, Pxy: y ist Teiler von x. Ist für diese Vorgabe der Ausdruck erfüllt?

2.6   Prädikatenlogische Gesetze

In diesem Abschnitt sollen die allgemeingültigen prädikatenlogischen Ausdrücke näher betrachtet werden. Ist α ein solcher Ausdruck, so hatten wir ihn in Definition 2.5 allgemeingültig genannt, wenn er für jede Deutung δ bei beliebigem Subjektbereich erfüllbar ist; wir schrieben dafür

$$\delta(\alpha) = W.$$

Daran schließen sich folgende Fragen: Gibt es eine Typologie dieser Gesetze ähnlich den aussagenlogischen Tautologien? Wie zeigt man die Allgemeingültigkeit eines solchen Ausdrucks? Wie gelangt man zur Aufstellung der prädikatenlogischen Gesetze?

Am einfachsten läßt sich die Frage nach Typen prädikatenlogischer Gesetze beantworten. Wir können hierbei nämlich ganz entsprechend verfahren wie in der Aussagenlogik. Dort hatten wir allgemeingültige Bijungate als Äquivalenzen, allgemeingültige Subjungate als Implikationen ausgewiesen. Letztere lieferten zugleich die aussagenlogischen Schlußregeln.

Definition 2.6.1. Hat ein allgemeingültiger prädikatenlogischer Ausdruck α die Form eines Bijungats

$$\beta \leftrightarrow \gamma,$$

worin β und γ Teilausdrücke von α darstellen, so schreibt man statt

$$\delta(\beta \leftrightarrow \gamma) = W \qquad\qquad (*)$$

die **prädikatenlogische Äquivalenz**

$$\beta \Leftrightarrow \gamma$$

(lies: β ist äquivalent zu γ).

Der Doppelpfeil „$\Leftrightarrow$" ist demnach auch hier ein metasprachliches Symbol, das eine Aussage *über* den Ausdruck $\beta \leftrightarrow \gamma$ macht, selbst aber nicht zur Sprache der Prädikatenlogik gehört. Nur eine andere Lesart für $(*)$ ist

$$\delta(\beta) = \delta(\gamma);$$

verbal: die Teilausdrücke β und γ des Bijungats sind entweder *beide* erfüllbar oder *beide* nicht erfüllbar.

Wie in der Aussagenlogik (vgl. 1.6.7) kann man „$\Leftrightarrow$" auch zur Kennzeichnung einer **definierenden Äquivalenz** heranziehen. Man schreibt

$$\alpha \Leftrightarrow: \beta,$$

wenn β mittels α definiert werden soll. In vielen Fällen wird damit lediglich β als neuer Name oder als Abkürzung für den gegebenen Ausdruck α eingeführt. Der Doppelpunkt steht stets auf der Seite des zu definierenden Ausdrucks.

Definition 2.6.2. Hat ein allgemeingültiger prädikatenlogischer Ausdruck α die Gestalt eines Subjungats

$$\beta \rightarrow \gamma,$$

worin β und γ Teilausdrücke von α sind, so schreibt man für

$$\delta(\beta \rightarrow \gamma) = W$$

die **prädikatenlogische Implikation**

$$\beta \Rightarrow \gamma$$

(lies: β impliziert γ).

Ebenso wie „$\Leftrightarrow$" gehört auch „$\Rightarrow$" nicht zur Sprache der Prädikatenlogik, sondern ist lediglich eine metasprachliche Formalisierung für die Allgemeingültigkeit des Subjungats $\beta \rightarrow \gamma$.

Auch der Zusammenhang zwischen Implikation und Äquivalenz ist formal der gleiche wie in der Aussagenlogik: Besteht die Implikation wechselseitig:

$$\beta \Rightarrow \gamma \quad \text{und} \quad \gamma \Rightarrow \beta,$$

so gilt die Äquivalenz

$$\beta \Leftrightarrow \gamma$$

und umgekehrt.

Definition 2.6.3. Es seien $\alpha_1, \alpha_2, \ldots, \alpha_n, \beta$ prädikatenlogische Ausdrücke. Ist dann für jede Deutung δ über einem Subjektbereich mit

$$\delta(\alpha_1) = W, \quad \delta(\alpha_2) = W, \ldots, \delta(\alpha_n) = W$$

auch

$$\delta(\beta) = W,$$

so heißt β eine **prädikatenlogische Folgerung** aus den $\alpha_1, \alpha_2, \ldots, \alpha_n$. Man schreibt dafür entweder

$$\begin{array}{c} \alpha_1 \\ \alpha_2 \\ \vdots \\ \underline{\alpha_n} \\ \beta \end{array}$$

oder

$$\alpha_1, \alpha_2, \ldots, \alpha_n \vdash \beta$$

(lies: β folgt aus $\alpha_1, \alpha_2, \ldots, \alpha_n$).

Der Zusammenhang mit der Implikation wird, formal gleich wie in der Aussagenlogik, durch die Aussage:

$$\alpha_1 \wedge \alpha_2 \wedge \ldots \wedge \alpha_n \Rightarrow \beta \quad \text{genau dann, wenn} \quad \alpha_1, \alpha_2, \ldots, \alpha_n \vdash \beta$$

hergestellt. Auch hier heißen die Ausdrücke α_i **Prämissen**, β die **Konklusion** oder der **Schluß**. Die Prämissenmenge kann auch aus mehr als endlich vielen Ausdrücken α_i bestehen.

Wir wenden uns jetzt der Frage zu, wie man von einem beliebigen prädikatenlogischen Ausdruck feststellen kann, ob er allgemeingültig ist. Dazu sei an die Aussagenlogik erinnert. Dort standen uns für den Nachweis der Allgemeingültigkeit die Wahrheitswertetafeln und die Methode der Normalformen zur Verfügung. Beides waren finite Verfahren, die nach endlich vielen Schritten zum Ziel führten, stets ein Ergebnis lieferten und somit das Problem *algorithmisch* lösten: der Aussagenkalkül ist entscheidbar. Darüber hinaus hatten wir die deduktive Methode erläutert: sämtliche aussagenlogischen Gesetze konnten aus einem (geeignet zu wählenden) Axiomensystem abgeleitet werden (Vollständigkeit), andererseits führten korrekte Deduktionen stets zu Tautologien (Widerspruchsfreiheit).

Beim Prädikatenkalkül liegen die Verhältnisse grundlegend anders. Schon beim Prädikatenkalkül der ersten Stufe (Quantisierungen nur über Subjektvariable) gibt es keinen Algorithmus zur Entscheidung auf Allgemeingültigkeit. Das Entscheidungsproblem läßt sich nur für bestimmte Teilmengen prädikatenlogischer Ausdrücke, z.B. die Syllogismen des Aristoteles, lösen. Dies hängt damit zusammen, daß die Allgemeingültigkeit in der Prädikatenlogik sehr viel fordert: *beliebige* Subjektbereiche (diese können unendliche Mengen sein!) und *beliebige* Deutungen darüber. Aus diesem Grunde gewinnt die axiomatisch-deduktive Methode für die Theorie der Prädikatenlogik einen wesentlich höheren Stellenwert als für die Aussagenlogik, wo man sie (für den Nachweis der Allgemeingültigkeit) nicht benötigte. Wir werden darauf im letzten Abschnitt zurückkommen.

Im folgenden wollen wir aufzeigen, wie der mehr an Anwendungen interessierte Leser in vielen Fällen vorgehen kann, um einen gegebenen Ausdruck auf Allgemeinheit hin zu prüfen. Es sind dies

1. die Methode des δ-Operators,

2. die Methode der Äquivalenzumwandlungen,

3. die Methode der Beschränkung auf einen endlichen Subjektbereich (Zurückführung auf den Aussagenkalkül).

Wir stellen die drei Methoden an einigen konkreten Fällen vor, indem wir sie als Beweis für prädikatenlogische Gesetze benutzen.

Satz 2.6.4. *Der Ausdruck*

$$\bigwedge_x (Px) \to Qx \leftrightarrow \bigvee_y (Py \to Qx)$$

ist allgemeingültig:

$$\bigwedge_x (Px) \to Qx \Leftrightarrow \bigvee_y (Py \to Qx).$$

Beweis (1. Methode): Für die linke Seite des Bijungats erhalten wir bei Zugrundelegung eines beliebigen Subjektbereichs G

$$\delta\left(\bigwedge_x (Px) \to Qx\right)$$

$$= \delta\left(\bigwedge_x (Px)\right) \to \delta(Qx)$$

$$= \delta_x^{\bar{x}}(Px) \to \delta(Qx) \quad \text{für alle } \bar{x} \in G.$$

Verbal: Wenn $\bar{x} \in \delta(P)$ für alle $\bar{x} \in G$, dann $\delta(x) \in \delta(Q)$. Um den Wahrheitsgehalt dieser Wenn-dann-Aussage zu bestimmen, sollen zwei Fälle unterschieden werden.

Fall a) $\delta(P) = G$ [20]. Dann trifft $\bar{x} \in \delta(P)$ für alle $\bar{x} \in G$ zu. Gilt dann auch $\delta(x) \in \delta(Q)$, so ist die Wenn-dann-Aussage wahr ($W \to W = W$), gilt jedoch $\delta(x) \notin \delta(Q)$, so ist sie falsch ($W \to F = F$).

Fall b) $\delta(P) \subset G$. Dann trifft $\bar{x} \in \delta(P)$ für alle $\bar{x} \in G$ nicht zu. Bei falschem Vordersatz ist die Wenn-dann-Aussage stets wahr ($F \to W = W$, $F \to F = W$).

Nun die rechte Seite des Bijungats:

$$\delta\left(\bigvee_y (Py \to Qx)\right) = \delta_y^{\bar{y}}(Py \to Qx) \qquad \text{für ein } \bar{y} \in G$$

$$= \delta_y^{\bar{y}}(Py) \to \delta_y^{\bar{y}}(Qx) \quad \text{für ein } \bar{y} \in G.$$

Verbal: „Es gibt ein $\bar{y} \in G$, so daß gilt: Wenn $\bar{y} \in \delta(P)$, dann $\delta(x) \in \delta(Q)$". Das ist, als Ganzes genommen, wohlbemerkt, keine Wenn-dann-Aussage! Wir machen die gleiche Fallunterscheidung wie oben.

Fall a) $\delta(P) = G$. Es gibt zweifellos stets ein $\bar{y} \in G$, so daß die Gesamtaussage wahr ist (wähle $\bar{y} \in G$ so, daß $\bar{y} \in \delta(P)$ und $\delta(x) \in \delta(Q)$ gilt). Und es gibt zweifellos stets ein $\bar{y} \in G$ so, daß die Gesamtaussage den Wahrheitswert F erhält (wähle $\bar{y} \in G$ so, daß $\bar{y} \in \delta(P)$ gilt und $\delta(x) \in \delta(Q)$ nicht gilt (eine andere Kombination gibt es nicht!)). Der Wahrheitswert ist also auch hier nur vom Wahrheitswert von $\delta(x) \in \delta(Q)$ abhängig.

Fall b) $\delta(P) \subset G$. Ist jetzt $\delta(x) \in \delta(Q)$ zutreffend, so wähle man $\bar{y} \in G$ so, daß $\bar{y} \in \delta(P)$ gilt. Ist aber $\delta(x) \in \delta(Q)$ falsch, so wähle man $\bar{y} \in G$ so, daß $\bar{y} \in \delta(P)$ nicht zutrifft (dies ist stets möglich, da es wegen der vorausgesetzten echten Teilmengenbeziehung wenigstens ein Element aus G geben muß, das nicht zu $\delta(P)$ gehört!). In diesem Fall b) ist also die Gesamtaussage – wie oben – stets wahr.

Damit ist der Satz bewiesen. Beurteilung dieser Methode: Das Vorgehen ist – wie auch sonst in mathematischen Beweisen – durch stark heuristische Gedankengänge geprägt, hat also keinen systematischen (algorithmischen) Charakter.

---

[20]) Beachte: P ist einstellig!

Beweis (2. Methode): Wir werden die linke Seite des Bijungats durch Äquivalenzumformungen in die rechte Seite überführen (wegen der Symmetrie der Äquivalenzrelation ist damit zugleich auch die Umwandlung von rechts nach links gezeigt):

$$\bigwedge_x (Px) \to Qx \;\Leftrightarrow\; \neg \bigwedge_x (Px) \vee Qx \qquad (1.6, (25))$$

$$\Leftrightarrow\; \bigvee_x \neg (Px) \vee Qx \qquad (2.2, (10))$$

$$\Leftrightarrow\; \bigvee_x (\neg Px) \vee Qx$$

$$\Leftrightarrow\; \bigvee_y (\neg Py) \vee Qx \,^{21)}$$

$$\Leftrightarrow\; \bigvee_y (\neg Py) \vee \bigvee_y (Qx)$$

$$\Leftrightarrow\; \bigvee_y (\neg Py \vee Qx) \qquad (2.6, (8))$$

$$\Leftrightarrow\; \bigvee_y (Py \to Qx) \qquad (1.6, (25))$$

Beurteilung der Methode: Es wird auf gegebene aussagen- und prädikatenlogische Äquivalenzen zurückgegriffen (vgl. Übersicht am Ende dieses Kapitels!). Eine Systematisierung des Verfahrens (für Ausdrücke dieser Art) ist im Prinzip möglich, würde im vorliegenden Fall jedoch sehr viel mehr Aufwand benötigen.

Beweis (3. Methode): Wir beschränken uns auf einen *endlichen* Subjektbereich, etwa $G = \{x_1, x_2\}$. Damit lassen sich die Allquantoren als Konjungate, die Existenzquantoren als Disjungate schreiben (2.2), und eine direkte Anwendung der Aussagenlogik ist möglich. Aus technischen Gründen führen wir dies für die beiden Seiten des Bijungats getrennt durch und zeigen die Äquivalenz über die Normalformen.

Linke Seite:

$$\bigwedge_x (Px) \to Qx \;\Leftrightarrow\; Px_1 \wedge Px_2 \to Qx$$
$$\Leftrightarrow\; \neg (Px_1 \wedge Px_2) \vee Qx$$
$$\Leftrightarrow\; \neg Px_1 \vee \neg Px_2 \vee Qx$$

Rechte Seite:

$$\bigvee_y (Py \to Qx) \;\Leftrightarrow\; (Px_1 \to Qx) \vee (Px_2 \to Qx)$$
$$\Leftrightarrow\; \neg Px_1 \vee Qx \vee \neg Px_2 \vee Qx$$
$$\Leftrightarrow\; \neg Px_1 \vee \neg Px_2 \vee Qx$$

bei Beachtung von Kommutativität und Idempotenz der Disjunktion. Für beide Seiten ergeben sich äquivalente Ausdrücke.

Beurteilung der Methode: Im vorliegenden Fall sicher der einfachste Weg; allerdings ist damit nur die sog. „2-Gültigkeit" gezeigt. Während die Erweiterung auf „*n*-Gültig-

---

[21)] In $\bigvee_x (\neg Px)$ ist x gebundene Variable und kann deshalb durch jede andere Variable, z. B. y, ersetzt werden (sog. Umbenennung gebundener Variablen).

keit" (Mächtigkeit des Subjektbereichs beträgt n) problemlos ist, kann die Verallgemeinerung auf beliebige, insbesondere auch unendliche Subjektbereiche nicht so ohne weiteres erfolgen. Diese Methode ist deshalb mit Vorsicht anzuwenden.

Im folgenden Satz wollen wir uns eine prädikatenlogische Implikation näher ansehen.

Satz 2.6.5. *Der Ausdruck*

$$\bigwedge_x (Px) \to Px$$

ist allgemeingültig, d. h. es gilt die Implikation

$$\bigwedge_x (Px) \Rightarrow Px$$

Beweis: Im Grunde genommen ist der Satz unmittelbar einleuchtend. Haben alle Individuen eines gegebenen Individuenbereichs die Eigenschaft P, so hat auch ein einzelnes Individuum diese Eigenschaft. Wir führen den Beweis für einen n-elementigen Individuenbereich $G = \{x_1, x_2, \ldots, x_i, \ldots, x_n\}$:

$$\bigwedge_x (Px) \to Px_i$$

$$\Leftrightarrow Px_1 \wedge Px_2 \wedge \ldots \wedge Px_i \wedge \ldots \wedge Px_n \to Px_i$$

$$\Leftrightarrow \neg Px_1 \vee \neg Px_2 \vee \ldots \vee \neg Px_i \vee \ldots \vee \neg Px_n \vee Px_i$$

$$\Leftrightarrow \neg Px_1 \vee \neg Px_2 \vee \ldots \vee (Px_i \vee \neg Px_i) \vee \ldots \vee \neg Px_n$$

$$\Leftrightarrow \neg Px_1 \vee \neg Px_2 \vee \ldots \vee W \vee \ldots \vee \neg Px_n$$

$$\Leftrightarrow W.$$

Beispiel 2.6.6. Auf den vorangegangenen Satz können wir unseren am Anfang von 2.1 vorgestellten Schluß zurückführen:

Alle Metalle leiten den Strom	$\bigwedge_x (Px \to Qx)$
Kupfer ist ein Metall	Px
Kupfer leitet den Strom	Qx

Zu zeigen ist demnach die Implikation

$$\bigwedge_x (Px \to Qx) \wedge Px \Rightarrow Qx.$$

Dazu formen wir das zugehörige Subjungat äquivalent um:

$$\bigwedge_x (Px \to Qx) \wedge Px \to Qx$$

$$\Leftrightarrow \neg \left(\bigwedge_x (Px \to Qx) \wedge Px \right) \vee Qx \qquad\qquad (1.6, (25))$$

$$\Leftrightarrow \neg \bigwedge_x (Px \to Qx) \vee \neg Px \vee Qx$$

$$\Leftrightarrow \neg \bigwedge_x (Px \to Qx) \vee (Px \to Qx)$$

$$\Leftrightarrow \quad \bigwedge_x (Px \to Qx) \to (Px \to Qx)$$

$$\Leftrightarrow \quad \bigwedge_x (Rx) \to Rx,$$

wenn wir $Rx :\Leftrightarrow Px \to Qx$ substituieren.

Es folgt eine Zusammenstellung wichtiger und häufig benutzter prädikatenlogischer Äquivalenzen und Implikationen. Ihre Gültigkeit kann mit den behandelten Beweismethoden nachgeprüft werden.

Äquivalenzen	
$\bigwedge_x (Px) \Leftrightarrow \neg \bigvee_x (\neg Px)$	(1)
$\neg \bigwedge_x (Px) \Leftrightarrow \bigvee_x (\neg Px)$	(2)
$\bigvee_x (Px) \Leftrightarrow \neg \bigwedge_x (\neg Px)$	(3)
$\neg \bigvee_x (Px) \Leftrightarrow \bigwedge_x (\neg Px)$	(4)
$\bigwedge_x \bigwedge_y (Pxy) \Leftrightarrow \bigwedge_y \bigwedge_x (Pxy)$	(5)
$\bigvee_x \bigvee_y (Pxy) \Leftrightarrow \bigvee_y \bigvee_x (Pxy)$	(6)
$\bigwedge_x (Px \wedge Qx) \Leftrightarrow \bigwedge_x (Px) \wedge \bigwedge_x (Qx)$	(7)
$\bigvee_x (Px \vee Qx) \Leftrightarrow \bigvee_x (Px) \vee \bigvee_x (Qx)$	(8)
$\bigvee_x (Px \to Qx) \Leftrightarrow \bigwedge_x (Px) \to \bigvee_x (Qx)$	(9)
$\bigwedge_x (Px \wedge A) \Leftrightarrow \bigwedge_x (Px) \wedge A$	(10)
$\bigwedge_x (Px \vee A) \Leftrightarrow \bigwedge_x (Px) \vee A$	(11)
$\bigvee_x (Px \wedge A) \Leftrightarrow \bigvee_x (Px) \wedge A$	(12)
$\bigvee_x (Px \vee A) \Leftrightarrow \bigvee_x (Px) \vee A$	(13)
$\bigwedge_x (Px \to A) \Leftrightarrow \bigvee_x (Px) \to A$	(14)
$\bigvee_x (Px \to A) \Leftrightarrow \bigwedge_x (Px) \to A$	(15)
$\bigwedge_x (A \to Px) \Leftrightarrow A \to \bigwedge_x (Px)$	(16)
$\bigvee_x (A \to Px) \Leftrightarrow A \to \bigvee_x (Px)$	(17)

$$\bigwedge_x \bigvee_y (Px \wedge Qy) \Leftrightarrow \bigwedge_x (Px) \wedge \bigvee_y (Qy) \tag{18}$$

$$\bigwedge_x \bigvee_y (Px \vee Qy) \Leftrightarrow \bigwedge_x (Px) \vee \bigvee_y (Qy) \tag{19}$$

$$\bigvee_x \bigwedge_y (Px \rightarrow Qy) \Leftrightarrow \bigwedge_x (Px) \rightarrow \bigwedge_y (Qy) \tag{20}$$

$$\bigvee_y \bigwedge_x (Px \rightarrow Qy) \Leftrightarrow \bigvee_x (Px) \rightarrow \bigvee_y (Qy) \tag{21}$$

$$\bigwedge_x \bigvee_y (Px \wedge Qy) \Leftrightarrow \bigvee_y \bigwedge_x (Px \wedge Qy) \tag{22}$$

$$\bigwedge_x \bigvee_y (Px \vee Qy) \Leftrightarrow \bigvee_y \bigwedge_x (Px \vee Qy) \tag{23}$$

$$\bigwedge_x \bigvee_y (Px \rightarrow Qy) \Leftrightarrow \bigvee_y \bigwedge_x (Px \rightarrow Qy) \tag{24}$$

Implikationen

$$\bigwedge_x (Px) \Rightarrow Px \tag{25}$$

$$Px \Rightarrow \bigvee_x (Px) \tag{26}$$

$$\bigwedge_x (Px) \Rightarrow \bigvee_x (Px) \tag{27}$$

$$\bigwedge_x (Px \wedge Qx) \Rightarrow \bigvee_x (Px \wedge Qx) \tag{28}$$

$$\bigwedge_x (Px \vee Qx) \Rightarrow \bigvee_x (Px \vee Qx) \tag{29}$$

$$\bigwedge_x (Px \vee Qx) \Rightarrow \bigvee_x (Px) \vee \bigwedge_x (Qx) \tag{30}$$

$$\bigwedge_x (Px \vee Qx) \Rightarrow \bigwedge_x (Px) \vee \bigvee_x (Qx) \tag{31}$$

$$\bigwedge_x (Px) \vee \bigwedge_x (Qx) \Rightarrow \bigwedge_x (Px \vee Qx) \tag{32}$$

$$\bigvee_x (Px \wedge Qx) \Rightarrow \bigvee_x (Px) \wedge \bigvee_x (Qx) \tag{33}$$

$$\bigvee_x (Px) \wedge \bigwedge_x (Qx) \Rightarrow \bigvee_x (Px \wedge Qx) \tag{34}$$

$$\bigwedge_x (Px) \wedge \bigvee_x (Qx) \Rightarrow \bigvee_x (Px \wedge Qx) \tag{35}$$

$$\bigwedge_x (Px \rightarrow Qx) \Rightarrow \bigwedge_x (Px) \rightarrow \bigwedge_x (Qx) \tag{36}$$

$$\bigwedge_x (Px \rightarrow Qx) \Rightarrow \bigvee_x (Px) \rightarrow \bigvee_x (Qx) \tag{37}$$

$$\bigvee_x (Px) \rightarrow \bigvee_x (Qx) \Rightarrow \bigvee_x (Px \rightarrow Qx) \tag{38}$$

$$\bigwedge_x (Px \leftrightarrow Qx) \Rightarrow \bigwedge_x (Px) \leftrightarrow \bigwedge_x (Qx) \tag{39}$$

$$\bigwedge_x (Px \leftrightarrow Qx) \Rightarrow \bigvee_x (Px) \leftrightarrow \bigvee_x (Qx) \tag{40}$$

$$\bigwedge_x \bigwedge_y (Pxy) \;\Rightarrow\; \bigwedge_x (Pxx) \tag{41}$$

$$\bigvee_x \bigwedge_y (Pxy) \;\Rightarrow\; \bigwedge_y \bigvee_x (Pxy) \tag{42}$$

Aufgaben zu 2.6

1. Man zeige die Allgemeingültigkeit des Ausdrucks

$$\bigwedge_x (Px) \to Px$$

mit der Methode des δ-Operators!

2. Man zeige die Implikation

$$\bigwedge_x (Px \leftrightarrow Qx) \;\Rightarrow\; \left(\bigvee_x (Px) \to \bigvee_x (Qx)\right) \wedge \left(\bigvee_x (Qx) \to \bigvee_x (Px)\right),$$

indem man von der aussagenlogischen Äquivalenz (35) in der Übersicht 1.6 ausgeht, für die Aussagenvariablen die Ausdrücke Px bzw. Qx setzt und beidseitig quantisiert.

3. Man zeige die Äquivalenz (9) der obigen Übersicht a) durch Umformungen, ausgehend von der Äquivalenz (8), b) als n-Gültigkeit über $\{x_1, x_2, \ldots, x_n\}$ als Subjektbereich.

4. Man zeige die Äquivalenz (18) der voranstehenden Übersicht

   a) durch Äquivalenzumwandlungen

   b) als Gültigkeit über dem endlichen Individuenbereich $\{z_1, z_2, \ldots, z_n\}$.

   Hinweis: Die Äquivalenzen (10) bis (17) bleiben bestehen, wenn man Qy statt A schreibt.

2.7   Prädikatenlogisches Schließen

Jeder logische Schluß geht von wahren Prämissen aus und führt unter Anwendung bestimmter Schlußregeln zu einer wahren Konklusion. Diese Grundsatzerklärung gilt für aussagenlogisches wie prädikatenlogisches Schließen gleichermaßen. Man kann ferner die aussagenlogischen Schlüsse als Spezialfälle prädikatenlogischer Schlüsse betrachten, denn die Aussagenlogik ist als Ganzes in die Prädikatenlogik eingebettet.

Die einfachsten Schlüsse der Prädikatenlogik liegen uns in Form der Implikationen (25) bis (42) in 2.6 vor. Selbstverständlich verstehen sich auch die vorangehenden Äquivalenzen (1) bis (24) als Schlüsse, nämlich als solche, die man auch in umgekehrter Richtung lesen bzw. anwenden kann. Jede Äquivalenz impliziert zwei Implikationen.

Bei geeigneter Verbalisierung wird der Leser in einigen Fällen ausgesprochen einfache Schlußweisen erkennen. Komplexere Schlüsse können jedoch mit der umgangssprachlichen Erfahrung und dem „gesunden Menschenverstand" allein nicht mehr nachvollzogen bzw. geprüft werden. Hier ist man auf den Kalkül angewiesen. Er gestattet eine Formalisierung des „logischen Denkens" und in bestimmten Bereichen sogar eine algorithmische Behandlung des Problems. Wir erläutern zunächst einige einfache Schlüsse.

Beispiel 2.7.1. Der Schluß vom Allgemeinen aufs Besondere (Spezialisierung):

$$\frac{\bigwedge\limits_{x}(Px)}{Px}$$

Verbal: Besitzen alle Subjekte eines zugrunde gelegten Subjektbereiches die Eigenschaft P, so kommt diese auch einem einzelnen Subjekt zu. Der Schluß gilt allgemein für jeden prädikatenlogischen Ausdruck α mit $\overset{.}{x}$ als Subjektvariable (es können auch noch andere Variablen auftreten!). In vielen Fällen werden Allquantoren nicht ausdrücklich genannt: Die Winkelsumme im Dreieck beträgt 180°. Die Quantifizierung muß sich dann aus dem Kontext ergeben.

Beispiel 2.7.2. Wird eine All- oder Existenzaussage über ein Konjungat gemacht, so gilt sie entsprechend für jeden Teilausdruck des Konjungats

$$\frac{\bigwedge\limits_{x}(Px \wedge Qx)}{\bigwedge\limits_{x}(Px) \wedge \bigwedge\limits_{x}(Qx)} \qquad \frac{\bigvee\limits_{x}(Px \wedge Qx)}{\bigvee\limits_{x}(Px) \wedge \bigvee\limits_{x}(Qx)}$$

Verbal: Gilt für alle Parallelogramme, daß die Gegenseiten gleich lang und parallel sind, so folgt daraus: „In allen Parallelogrammen sind die Gegenseiten gleich lang und in allen Parallelogrammen sind die Gegenseiten parallel". Diese Implikation ist stets umkehrbar, da sie eine Äquivalenz ist (2.6, (7)). Hingegen ist der entsprechende Schluß bei Existenzaussagen nicht umkehrbar. „Es gibt schwarzhaarige und blauäugige Menschen" impliziert „Es gibt schwarzhaarige Menschen und es gibt blauäugige Menschen". Aber: „Es gibt rechtwinklige Dreiecke und es gibt gleichseitige Dreiecke" impliziert nicht: „Es gibt rechtwinklige und gleichseitige Dreiecke", denn diese Aussage ist falsch.

Dem Leser wird empfohlen, in entsprechender Weise auch andere Implikationen zu verbalisieren. Er wird dabei die Erfahrung machen, daß diese Schlüsse oft gar nicht so abstrakt sind, wie sie auf den ersten Blick erscheinen mögen, sondern mit dem intuitiven Denken übereinstimmen.

Im folgenden behandeln wir eine Auswahl klassischer Schlußweisen, die auf ARISTOTELES zurückgehen. Allerdings wollen wir nicht den Gedankengängen der griechischen Philosophie folgen, sondern diese Schlüsse als Anwendung der modernen Prädikatenlogik mit mathematischen Verfahren angehen. Dabei beschränkt man sich auf einstellige Prädikatenvariable (ohne Funktoren und ohne Identität).

An den Anfang werden vier Beziehungen zwischen zwei einstelligen Prädikaten gestellt. Wir erinnern uns, daß die Deutungen einstelliger Prädikatenvariablen einstellige Relationen, d. h. Mengen von Elementen des gegebenen Subjektbereichs waren. Nennen wir die Variablen P, Q die zugehörigen Interpretationen $\delta(P)$, $\delta(Q)$, so lassen sich die in Rede stehenden Beziehungen als mengentheoretische Beziehungen anschaulich durch Mengen-Diagramme (VENN-Diagramme) darstellen.

Definitionen 2.7.3 (Figur 2.7.1). Die *a*-Relation „*PaQ*" ist durch folgende Aussagen[22]) bestimmt:

- $\delta(P)$ ist Teilmenge von $\delta(Q)$: $\delta(P) \subseteq \delta(Q)$
- alle $\bar{x} \in \delta(P)$ sind auch $\bar{x} \in \delta(Q)$
- alle Subjekte mit der Eigenschaft P haben auch die Eigenschaft Q
- „alle P sind Q" (allgemein bejahend)
- $\bigwedge\limits_{x} (Px \to Qx)$

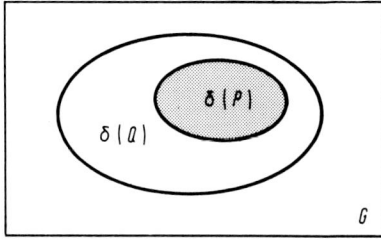 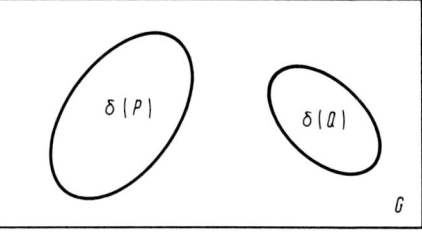

Figur 2.7.1 Figur 2.7.2

Definition 2.7.4. (Figur 2.7.2). Die *e*-Relation „*PeQ*" ist durch folgende Aussagen bestimmt:

- $\delta(P)$ und $\delta(Q)$ sind elementefremde Mengen: $\delta(P) \cap \delta(Q) = \emptyset$
- alle $\bar{x} \in \delta(P)$ sind nicht $\bar{x} \in \delta(Q)$
- alle Subjekte mit der Eigenschaft P haben nicht die Eigenschaft Q
- „alle P sind nicht Q" (kein P ist Q; allgemein verneinend)
- $\bigwedge\limits_{x} (Px \to \neg Qx)$

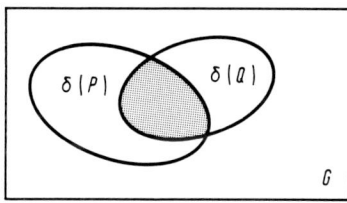

Figur 2.7.3

Definition 2.7.5 (Figur 2.7.3). Die *i*-Relation „*PiQ*" ist durch folgende Aussagen bestimmt:

- $\delta(P)$ und $\delta(Q)$ besitzen gemeinsame Elemente: $\delta(P) \cap \delta(Q) \neq \emptyset$
- es gibt (wenigstens) ein $\bar{x} \in \delta(P)$, für das auch $\bar{x} \in \delta(Q)$ gilt
- wenigstens ein Subjekt mit der Eigenschaft P hat auch die Eigenschaft Q
- „einige P sind Q" (partikulär bejahend)
- $\bigvee\limits_{x} (Px \wedge Qx)$

---

[22]) Die hier und in den folgenden drei Definitionen untereinander stehenden Aussagen verstehen sich jeweils als eine Aussage in verschiedenen Redeweisen; die in Anführungsstrichen stehenden Formulierungen stammen aus der klassischen Logik, am Schluß steht jeweils der prädikatenlogisch relevante Ausdruck.

Definition 2.7.6 (Figur 2.7.4). Die **o-Relation** „*PoQ*" ist durch folgende Aussagen bestimmt:

- $\delta(P)$ ist keine Teilmenge von $\delta(Q)$: $\delta(P) \nsubseteq \delta(Q)$
- es gibt (wenigstens) ein $\bar{x} \in \delta(P)$ mit $\bar{x} \notin \delta(Q)$
- wenigstens ein Subjekt mit der Eigenschaft P hat nicht die Eigenschaft Q
- „einige P sind nicht Q" (partikulär verneinend)
- $\bigvee_{x} (Px \wedge \neg\, Qx)$

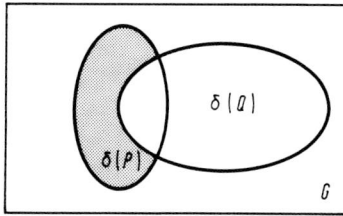

Figur 2.7.4

Beispiel 2.7.7. Auf der Menge aller Dreiecke als Individuenbereich seien erklärt:

$\delta(P)$: die Menge aller gleichseitigen Dreiecke
$\delta(Q)$: die Menge aller gleichschenkligen Dreiecke
$\delta(R)$: die Menge aller rechtwinkligen Dreiecke.

Damit gelten folgende Beziehungen:

$\delta(P) \subseteq \delta(Q)$, d. h. *PaQ*
$\delta(P) \cap \delta(R) = \emptyset$, d. h. *PeR*
$\delta(Q) \cap \delta(R) \neq \emptyset$, d. h. *QiR*
$\delta(Q) \nsubseteq \delta(R)$, d. h. *QoR*.

Unmittelbare Schlüsse

Darunter versteht man in der klassischen Logik den Schluß von einer Aussage auf eine Aussage, wobei es sich ausschließlich um Aussagen vom Typ

PaQ, PeQ, PiQ, PoQ,

gegebenenfalls deren Negate und gegebenenfalls mit vertauschten P, Q handelt. Man teilt sie ein in Schlüsse der Subalternation, der Opposition, der Konversion und Kontraposition. Wir haben hier nicht die Absicht, alle möglichen Schlüsse dieser Art aufzulisten, einzuordnen und mit wortreichen Argumentationen zu begründen, so wie dies die Philosophie üblicherweise tun muß; vielmehr stellen wir ein mathematisches Verfahren dar, mit dem man feststellen kann, ob ein solcher Schluß zwingend (richtig) ist oder nicht zutrifft. Zu diesem Zwecke ist es nützlich, die betreffenden Aussagen und ihre Negate in ihrer prädikatenlogischen Fassung noch einmal zusammenzustellen.

φ	$P\varphi Q$	$\neg\,(P\varphi Q)$
a	$\bigwedge_x (Px \rightarrow Qx)$	$\bigvee_x (Px \wedge \neg Qx)$
e	$\bigwedge_x (Px \rightarrow \neg Qx)$	$\bigvee_x (Px \wedge Qx)$
i	$\bigvee_x (Px \wedge Qx)$	$\bigwedge_x (Px \rightarrow \neg Qx)$
o	$\bigvee_x (Px \wedge \neg Qx)$	$\bigwedge_x (Px \rightarrow Qx)$

Wir beginnen mit einer Untersuchung des **Konversionsschlusses**

$$\frac{PeQ}{QeP},$$

d. h.

$$\frac{\bigwedge_x (Px \rightarrow \neg Qx)}{\bigwedge_x (Qx \rightarrow \neg Px)}.$$

Dazu müssen wir die Allgemeingültigkeit des Subjungats

$$\bigwedge_x (Px \rightarrow \neg Qx) \rightarrow \bigwedge_x (Qx \rightarrow \neg Px)$$

nachzuweisen versuchen. Zunächst formen wir die Allaussagen in Existenzaussagen auf Grund der Äquivalenzen (1) bis (4) um[23]):

$$\neg \bigvee_x \neg (Px \rightarrow \neg Qx) \rightarrow \neg \bigvee_x \neg (Qx \rightarrow \neg Px).$$

Innerhalb der Wirkungsbereiche der Quantoren können wir die Ausdrücke nach den Gesetzen des Aussagenkalküls behandeln:

$$\neg \bigvee_x \neg (\neg Px \vee \neg Qx) \rightarrow \neg \bigvee_x \neg (\neg Qx \vee \neg Px)$$

$$\neg \bigvee_x (Px \wedge Qx) \rightarrow \neg \bigvee_x (Qx \wedge Px)$$

$$\neg \bigvee_x (Px \wedge Qx) \rightarrow \neg \bigvee_x (Px \wedge Qx),$$

letzteres auf Grund der Kommutativität der Konjunktion. Da Vorder- und Hinterglied übereinstimmen, ist der entstandene Gesamtausdruck stets wahr, entweder wegen

$$W \rightarrow W = W$$

oder wegen

$$F \rightarrow F = W.$$

---

[23]) Eingeklammerte Ziffern ohne weiteren Zusatz verweisen im folgenden stets auf die Tafel der Äquivalenzen und Implikationen in Abschnitt 2.6.

Man kann aber auch von der aussagenlogischen Äquivalenz (18) in 1.6 ausgehen

$$A \wedge B \Leftrightarrow B \wedge A, \tag{*}$$

und übergehen zu den Ausdrücken Px für A und Qx für B

$$Px \wedge Qx \Leftrightarrow Qx \wedge Px,$$

dann beiderseits mit „$\bigvee$" quantifizieren und anschließend negieren

$$\neg \bigvee_x (Px \wedge Qx) \Leftrightarrow \neg \bigvee_x (Qx \wedge Px) \tag{**}$$

Die aussagenlogische Äquivalenz geht dabei in eine prädikatenlogische über, man sagt, die Allgemeingültigkeit von (*) „setzt sich fort" auf die Allgemeingültigkeit von (**). Auf diese Weise lassen sich viele Gesetze der Prädikatenlogik aus Gesetzen der Aussagenlogik gewinnen.

Der soeben behandelte Schluß $PeQ \Rightarrow QeP$ gestattet nach Definition 2.7.4 noch eine einfache mengentheoretische Veranschaulichung: ist die Menge $\delta(P)$ mit der Menge $\delta(Q)$ elementefremd, so beruht das auf Gegenseitigkeit: dann hat auch die Menge $\delta(Q)$ mit der Menge $\delta(P)$ kein gemeinsames Element. Bedenken wir noch, daß PeQ eine Beziehung zwischen Prädikaten zum Ausdruck bringt, so läßt sich dieser Sachverhalt auch durch die *Symmetrie-Eigenschaft der e-Relation* beschreiben. Kurz und bündig: Ist kein Hund eine Katze, so ist auch keine Katze ein Hund!

Der folgende Schluß von ARISTOTELES bringt ein Problem ins Spiel, das den Leser verwundern wird. Es handelt sich um einen **Oppositionsschluß**, nämlich

$$\frac{PaQ}{\neg (PeQ)}.$$

Anschaulich: Haben alle Individuen mit der Eigenschaft P auch die Eigenschaft Q, so kann es nicht sein, daß kein Element mit der Eigenschaft P auch die Eigenschaft Q hat. Konkret: Sind alle Dackel Hunde, so trifft es sicher nicht zu, daß kein Dackel ein Hund bzw. (wegen der Symmetrie) kein Hund ein Dackel ist. Dies leuchtet „unmittelbar" ein, und kein Philosoph der letzten zweitausend Jahre hat daran gerüttelt. Untersuchen wir nun den Schluß mit dem Prädikatenkalkül, indem wir das Subjungat

$$\bigwedge_x (Px \rightarrow Qx) \rightarrow \neg \bigwedge_x (Px \rightarrow \neg Qx)$$

geeignet umformen! Unsere Methode ist dabei die gleiche wie beim vorangegangenen Schluß: Umwandlung der Allquantoren in Existenzquantoren, danach Zusammenfassung nach den Regeln der Aussagenlogik:

$$\neg \bigvee_x \neg (Px \rightarrow Qx) \rightarrow \bigvee_x \neg (Px \rightarrow \neg Qx) \tag{(1), (2)}$$

$$\neg \bigvee_x \neg (\neg Px \vee Qx) \rightarrow \bigvee_x \neg (\neg Px \vee \neg Qx) \tag{1.6, (25)}$$

$$\bigvee_x \neg (\neg Px \vee Qx) \vee \bigvee_x \neg (\neg Px \vee \neg Qx) \tag{1.6, (25)}$$

$$\bigvee_x \left(\neg (\neg Px \vee Qx) \vee \neg (\neg Px \vee \neg Qx) \right) \tag{8}$$

$$\bigvee_{x} ((Px \wedge \neg\, Qx) \vee (Px \wedge Qx)) \qquad\qquad (1.6, (16), (2))$$

$$\bigvee_{x} (Px \wedge (\neg\, Qx \veebar Qx)) \qquad\qquad\qquad (1.6, (21))$$

$$\bigvee_{x} Px \qquad\qquad\qquad\qquad (1.6, (6), (8))$$

Der entstandene Ausdruck ist nicht allgemeingültig! Damit ist auch der Schluß nicht zwingend. Die Prädikatenlogik bestätigt ARISTOTELES hier nicht!

Was steckt dahinter? Wir wollen das Problem zunächst an einem Beispiel verdeutlichen. Ersetzen wir in der obigen Konkretisierung die landläufigen Dackel durch (nicht-existierende!) fünfbeinige Dackel. Dann ist semantisch

$$\delta(P) = \emptyset.$$

Da aber mathematisch die leere Menge Teilmenge jeder Menge ist, bleibt auch in diesem Fall

$$\delta(P) \subseteq \delta(Q)$$

richtig und somit PaQ bestehen. Die Aussage „Alle fünfbeinigen Dackel sind Hunde" muß deshalb den Wahrheitswert W erhalten[24]. Die Gültigkeit des Hintergliedes

$$PeQ \quad \text{d. h.} \quad \neg \bigwedge_{x} (Px \rightarrow \neg\, Qx)$$

ist am einfachsten in der äquivalenten Form

$$\bigvee_{x} (Px \wedge Qx)$$

zu überprüfen: wenigstens ein Lebewesen muß fünfbeiniger Dackel und Hund sein[25]. Das ist einwandfrei falsch, und damit gilt auch für das Subjungat

$$W \rightarrow F = F,$$

d. h. für dieses Beispiel versagt der Schluß!

Wir können indes dieses Problem leicht aufklären. Dazu brauchen wir nur eine Voraussetzung bei der mathematischen Formulierung mit aufzunehmen, die ARISTOTELES (offenbar) stillschweigend stets unterstellt hat, nämlich die Forderung

$$\delta(P) \neq \emptyset.$$

Verbal: *Es soll wenigstens ein Individuum mit der Eigenschaft P geben.* Der zugehörige Ausdruck des Prädikatenkalküls ist:

$$\bigvee_{x} Px\,.$$

---

[24]) Mengentheoretisch: Die Menge der fünfbeinigen Dackel ist eine Teilmenge der Menge aller Hunde (W).

[25]) Mengentheoretisch: Die Menge der fünfbeinigen Dackel soll mit der Menge aller Hunde einen nicht-leeren Durchschnitt haben (F).

Tatsächlich liefert

$$\bigvee_x Px$$

$$\bigwedge_x (Px \rightarrow Qx)$$

$$\overline{\neg \bigwedge_x (Px \rightarrow \neg Qx)}$$

einen allgemeingültigen Ausdruck! Die Behandlung des zugehörigen Subjungats liefert unter Beachtung der bereits erläuterten Umformungen

$$\bigvee_x Px \wedge \bigwedge_x (Px \rightarrow Qx) \rightarrow \neg \bigwedge_x (Px \rightarrow \neg Qx)$$

$$\Leftrightarrow \bigvee_x Px \wedge \neg \bigvee_x (Px \wedge \neg Qx) \rightarrow \bigvee_x (Px \wedge Qx)$$

$$\Leftrightarrow \neg \bigvee_x Px \vee \bigvee_x (Px \wedge \neg Qx) \vee \bigvee_x (Px \wedge Qx)$$

$$\Leftrightarrow \neg \bigvee_x Px \vee \bigvee_x ((Px \wedge \neg Qx) \vee (Px \wedge Qx)) \tag{8}$$

$$\Leftrightarrow \neg \bigvee_x Px \vee \bigvee_x Px$$

$$\Leftrightarrow W.$$

Der betrachtete Oppositionsschluß ist also prädikatenlogisch bewiesen und damit zwingend, wenn man voraussetzt, daß es mindestens ein Individuum mit der Eigenschaft P gibt. Unter Beachtung dieser Ergänzung und der Praktizierung dieses Verfahrens lassen sich auch alle übrigen unmittelbaren Schlüsse der klassischen Logik bestätigen.

Syllogismen

Kern der klassischen Logik sind die Syllogismen des ARISTOTELES: Schlußfiguren mit zwei Prämissen und einer Konklusion, die nach einem einheitlichen Muster aufgebaut sind. Wir wollen dieses zunächst an einem Graphen demonstrieren (Figur 2.7.5). Prämissen und Konklusionen sind a-, e-, i- oder o-Relationen. Die beteiligten Variablen P, Q, R werden im Graphen wie im Schluß angeordnet: in der ersten und zweiten Zeile die Prämissen, darunter die Konklusion. Dabei soll Q stets in der ersten, P in der zweiten Zeile stehen. An die noch verbleibenden zwei Knoten schreibe man R. Die Konklusion besteht stets zwischen P und Q.

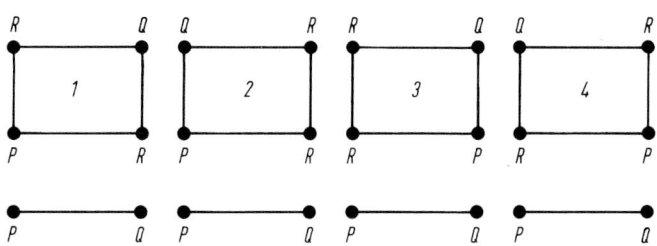

Figur 2.7.5

Damit lauten die Schlüsse schematisch

1	2	3	4

$$
\begin{array}{cccc}
R\,\varphi_1\,Q & Q\,\varphi_1\,R & R\,\varphi_1\,Q & Q\,\varphi_1\,R \\
\underline{P\,\varphi_2\,R} & \underline{P\,\varphi_2\,R} & \underline{R\,\varphi_2\,P} & \underline{R\,\varphi_2\,P} \\
P\,\varphi_3\,Q & P\,\varphi_3\,Q & P\,\varphi_3\,Q & P\,\varphi_3\,Q
\end{array}
$$

φ_1, φ_2, φ_3 sind Platzhalter für a, e, i, o. Damit sind nach der Kombinatorik $4 \cdot 64 = 256$ Schlüsse formal möglich. Von diesen sind jedoch für jede der vier Schlußfiguren nur sechs gültig, so daß wir insgesamt 24 zwingende Syllogismen haben (Anhang 3).

Wir betrachten die Syllogismen als willkommene Anwendungen für unseren Prädikatenkalkül. Dabei betonen wir noch einmal, daß bei allen diesen Schlüssen ausschließlich einstellige Prädikatenvariable ohne Funktoren und ohne Identität im Spiel sind: alle Prädikate sind Teilmengen des zugrundeliegenden Subjektbereiches. Diese Mengen bilden ein eigenes System – früher Klassenlogik genannt – innerhalb dessen sich die Syllogistik abhandeln läßt. Da wir einen wesentlich umfassenderen und leistungsstarken Kalkül zu Verfügung haben, wollen wir diesen auf die Syllogismen anwenden. Es wird sich ein Verfahren herauskristallisieren, mit dem alle Probleme dieser Art behandelt werden können. Wir verzichten jedoch auf eine systematische Darstellung der Theorie, sondern erklären die Vorgehensweise an geeigneten Beispielen. Im übrigen sei darauf hingewiesen, daß unser Prädikantenkalkül weit über die Syllogismen hinaus reicht (mehr als zwei Prämissen, zwei- und mehrstellige Prädikate, Einbeziehung von Funktoren und Identitäten).

Beispiel 2.7.8. Wir untersuchen den **ferio-Syllogismus**[26]) der ersten Schlußfigur:

$$
\begin{array}{ll}
ReQ & \bigwedge_{x} (Rx \to \neg\,Qx) \\[1em]
\underline{PiR} & \underline{\bigvee_{x} (Px \land Rx)} \\[1em]
PoQ & \bigvee_{x} (Px \land \neg\,Qx)
\end{array}
$$

Eine verbale Interpretation ist

> Keine durch 4 teilbare Zahl ist Primzahl
> Es gibt gerade Zahlen, die durch 4 teilbar sind
> _____
> Es gibt gerade Zahlen, die keine Primzahlen sind.

Zum Nachweis der Allgemeingültigkeit von

$$
\bigwedge_{x} (Rx \to \neg\,Qx) \land \bigvee_{x} (Px \land Rx) \to \bigvee_{x} (Px \land \neg\,Qx)
$$

formen wir das Subjungat um in ein Disjungat von lauter Existenzaussagen:

---

[26]) „ferio" ist eine mnemotechnische Wortbildung: die drei Vokale geben in der Reihenfolge ihres Auftretens die am Schluß beteiligten Relationen an!

$$\neg \bigvee_x (Rx \wedge Qx) \wedge \bigvee_x (Px \wedge Rx) \rightarrow \bigvee_x (Px \wedge \neg Qx).$$

$$\Leftrightarrow \bigvee_x (Rx \wedge Qx) \vee \neg \bigvee_x (Px \wedge Rx) \vee \bigvee_x (Px \wedge \neg Qx).$$

Auf Grund der prädikatenlogischen Äquivalenz (8) aus 2.6 kann man die beiden nicht-negierten Existenzaussagen zusammenfassen:

$$\bigvee_x ((Rx \wedge Qx) \vee (Px \wedge \neg Qx)) \vee \neg \bigvee_x (Px \wedge Rx)$$

$$\Leftrightarrow \bigvee_x ((Qx \wedge Rx) \vee (Px \wedge \neg Qx)) \vee \neg \bigvee_x (Px \wedge Rx).$$

Expandiert man nun den hinter dem nicht-negierten Existenzquantor stehenden Ausdruck – es handelt sich um eine disjunktive Normalform – auf seine kanonische disjunktive Normalform, so erhält man

$$\bigvee_x ((Px \wedge Qx \wedge Rx) \vee (\neg Px \wedge Qx \wedge Rx) \vee (Px \wedge \neg Qx \wedge Rx)$$

$$\vee (Px \wedge \neg Qx \wedge \neg Rx)) \vee \neg \bigvee_x (Px \wedge Rx).$$

Hierbei gestattet der erste und dritte Minterm eine Vereinfachung:

$$\bigvee_x ((Px \wedge (Qx \vee \neg Qx) \wedge Rx) \vee (\neg Px \wedge Qx \wedge Rx) \vee (Px \wedge \neg Qx \wedge \neg Rx))$$

$$\vee \neg \bigvee_x (Px \wedge Rx)$$

$$\Leftrightarrow \bigvee_x ((Px \wedge Rx) \vee (\neg Px \wedge Qx \wedge Rx) \vee (Px \wedge \neg Qx \wedge \neg Rx))$$

$$\vee \neg \bigvee_x (Px \wedge Rx).$$

Nochmalige Anwendung der Äquivalenz (8) aus 2.6 liefert ein Disjungat, bei dem eine Existenzaussage negiert und zugleich nicht-negiert auftritt: diese beiden Teilausdrücke ergeben zusammen *W*, und damit wird auch der gesamte Ausdruck *W*, d. h. allgemein-gültig:

$$\bigvee_x (Px \wedge Rx) \vee \neg \bigvee_x (Px \wedge Rx) \vee \bigvee_x ((\neg Px \wedge Qx \wedge Rx) \vee (Px \wedge \neg Qx \wedge \neg Rx))$$

$$\Leftrightarrow W \vee \bigvee_x ((\neg Px \wedge Qx \wedge Rx) \vee (Px \wedge \neg Qx \wedge \neg Rx))$$

$$\Leftrightarrow W.$$

Damit ist der ferio-Syllogismus als zwingender Schluß nachgewiesen.

Mit dieser Methode lassen sich alle Syllogismen untersuchen[27]): Umwandlung der Allaussagen in Existenzaussagen, Umwandlung des Subjungats in ein Disjungat aus negierten bzw. nicht-negierten Existenzaussagen, Zusammenfassung der nicht-negierten Existenzaussagen zu einer einzigen Existenzaussage, aussagenlogische Umformung des Ausdrucks hinter dem nicht-negierten Existenzquantor.

---

[27]) Die Methode ist auch auf komplexere Schlüsse (mit mehr als zwei Prämissen) anwendbar, falls nur einstellige Prädikatenvariable und einfache Quantifizierungen auftreten.

Beispiel 2.7.9. Wir untersuchen den **cesaro-Syllogismus** der zweiten Schlußfigur:

$$QeR \qquad\qquad \bigwedge_x (Qx \to \neg Rx)$$

$$PaR \qquad\qquad \bigwedge_x (Px \to Rx)$$

$$\overline{PoQ} \qquad\qquad \overline{\bigvee_x (Px \wedge \neg Qx)}$$

Eine verbale Interpretation ist

Alle total emanzipierten Frauen sind nicht verheiratet
Alle attraktiven Frauen sind verheiratet
_____
Einige attraktive Frauen sind nicht total emanzipiert.

Die Untersuchung auf Allgemeingültigkeit liefert (man vergleiche die Vorgehensweise in 2.7.8):

$$\bigwedge_x (Qx \to \neg Rx) \wedge \bigwedge_x (Px \to Rx) \to \bigvee_x (Px \wedge \neg Qx)$$

$$\Leftrightarrow \neg \bigvee_x (Qx \wedge Rx) \wedge \neg \bigvee_x (Px \wedge \neg Rx) \to \bigvee_x (Px \wedge \neg Qx)$$

$$\Leftrightarrow \bigvee_x (Qx \wedge Rx) \vee \bigvee_x (Px \wedge \neg Rx) \vee \bigvee_x (Px \wedge \neg Qx)$$

$$\Leftrightarrow \bigvee_x ((Qx \wedge Rx) \vee (Px \wedge \neg Rx) \vee (Px \wedge \neg Qx))$$

$$\Leftrightarrow \bigvee_x ((\neg Px \wedge Qx \wedge Rx) \vee (Px \wedge Qx \wedge Rx) \vee (Px \wedge Qx \wedge \neg Rx)$$

$$\qquad \vee (Px \wedge \neg Qx \wedge \neg Rx) \vee (Px \wedge \neg Qx \wedge Rx)). \qquad\qquad (*)$$

Allgemeingültigkeit liegt nicht vor: Kein Minterm ist Negat eines anderen Minterms! Der Schluß ist also im Prädikatenkalkül ohne eine zusätzliche Prämisse nicht zwingend. Der Leser vergleiche dazu die entsprechenden Überlegungen bei unmittelbaren Schlüssen.

Welche Prämisse noch zu fordern ist, erkennt man leicht, wenn man die vier letzten Minterme von $(*)$ zusammenfaßt:

$$\bigvee_x ((\neg Px \wedge Qx \wedge Rx) \vee Px) \qquad \Leftrightarrow \bigvee_x (\neg Px \wedge Qx \wedge Rx) \vee \bigvee_x Px.$$

Fordert man die Existenz einer attraktiven Frau, also

$$\bigvee_x Px,$$

so geht dieser Ausdruck nämlich als Negat in das Disjungat ein:

$$\bigvee_x Px \wedge \bigwedge_x (Qx \to \neg Rx) \wedge \bigwedge_x (Px \to Rx) \to \bigvee_x (Px \wedge \neg Qx)$$

$$\Leftrightarrow \neg \bigvee_x Px \vee \bigvee_x (Qx \wedge Rx) \vee \bigvee_x (Px \wedge \neg Rx) \vee \bigvee_x (Px \wedge \neg Qx)$$

$$\Leftrightarrow \neg \bigvee_x Px \vee \bigvee_x Px \vee \bigvee_x (\neg Px \wedge Qx \wedge Rx)$$

$$\Leftrightarrow W \vee \bigvee_x (\neg Px \wedge Qx \wedge Rx)$$

$$\Leftrightarrow W.$$

Wir geben noch die mengentheoretische Interpretation des Sachverhalts (vgl. die Definitionen 2.7.1 bis 2.7.4):

$$QeR \qquad\qquad \delta(Q) \cap \delta(R) = \emptyset$$
$$\frac{PaR}{PoQ} \qquad\qquad \frac{\delta(P) \subseteq \delta(R)}{\delta(P) \nsubseteq \delta(Q)}$$

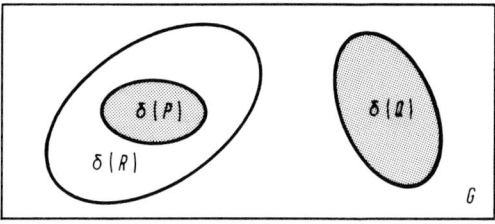

Figur 2.7.6

Ohne zusätzliche Prämisse ist

$$\delta(P) = \emptyset$$

möglich. Für diesen Fall ist aber

$$\delta(Q) \cap \delta(R) = \emptyset \quad \text{wahr}$$
$$\frac{\delta(P) \subseteq \delta(R)}{\delta(P) \nsubseteq \delta(Q)} \quad \frac{\text{wahr}}{\text{falsch}}$$

und somit wegen $W \rightarrow F = F$ der Schluß nicht zwingend. Die Prämisse $\delta(P) \neq \emptyset$ ist deshalb stets erforderlich.

Aufgaben 2.7

1. Man untersuche die Konversionsschlüsse

   a) $\dfrac{PiQ}{QiP}$ \qquad b) $\dfrac{PaQ}{QiP}$

2. Man untersuche den Schluß, der dem folgenden Beispiel zugrunde liegt:

   Alle Schimpansen sind Menschenaffen
   Einige Affen sind keine Menschenaffen
   ___
   Einige Affen sind keine Schimpansen

3. Man untersuche den Schluß, der dem folgenden Beispiel zugrunde liegt:

   Einige Ingenieure sind Informatiker
   Einige Informatiker sind Mathematiker
   ___
   Einige Mathematiker sind keine Ingenieure

4. Man untersuche den Schluß, der dem folgenden Beispiel zugrunde liegt:

   Alle Bayern sind Deutsche
   Alle Bayern sind Europäer
   ___
   Einige Europäer sind Deutsche

5. Man untersuche den Schluß, der dem folgenden Beispiel zugrunde liegt:

   Alle differenzierbaren Funktionen sind stetig
   Alle Polynome sind differenzierbar
   ___
   Alle Polynome sind stetig.

2.8 Axiomatik des Prädikatenkalküls

Wir halten uns in der Form an den Aufbau nach Begriffsnetz und Deduktionsgerüst, so wie dies in Abschnitt 1.11 bei der Axiomatisierung des Aussagenkalküls vorgestellt wurde. Die folgende Einführung soll dem Leser demonstrieren, welche Gesetze (Axiome) man an den Anfang stellen kann, und wie die Deduktionsregeln anzuwenden sind, um damit allgemeingültige Ausdrücke der Prädikatenlogik zu gewinnen. Damit wird zugleich transparent, was „beweisen" im streng logischen Sinne heißt: Aufstellung einer Kette von Ausdrücken, wobei am Anfang ein Axiom oder ein bereits bewiesener (und allgemeingültiger) Ausdruck steht, und jeder Schritt durch Verweis auf Sätze, Axiome und Regeln gerechtfertigt werden kann.

Wir stellen im folgenden ein System vor, das von STEINER angegeben wurde[28]). Es bezieht sich auf unseren Prädikatenkalkül mit Identität und Funktoren. Das Axiomensystem ist semantisch widerspruchsfrei und semantisch vollständig: alle ableitbaren Ausdrücke sind allgemeingültig und alle allgemeingültigen Ausdrücke sind auch ableitbar. Das Entscheidungsproblem ist für den Kalkül nicht lösbar. Auf die weiteren, damit verbundenen Fragen metamathematischer Art soll hier nicht weiter eingegangen werden.

Zeichenvorrat. Gemäß 2.3 verwenden wir

x, y, z (ggf. mit einer Ziffer $0, \ldots, 9$ indiziert)
P, Q, R (ggf. mit einer Ziffer $0, \ldots, 9$ indiziert)
A, B, C (ggf. mit einer Ziffer $0, \ldots, 9$ indiziert)
f, g, h (ggf. mit einer Ziffer $0, \ldots, 9$ indiziert)
$\bigwedge, \bigvee$
$\neg, \wedge, \vee, \rightarrow, \leftrightarrow$
$=$
$(,)$
$,$

Ausdrücke. Die prädikatenlogischen Ausdrücke sind nach den Vorschriften der Definition 2.3.5 zu bilden. Damit sind zugleich alle aussagenlogischen Ausdrücke erfaßt.

Axiome. Folgende Ausdrücke werden als Axiome[29]) ausgewählt (u, v, u_i, v_i stehen für Subjektvariable, Π für n-stellige Prädikatenvariable, φ für n-stellige Funktorenvariable):

A1: Alle allgemeingültigen aussagenlogischen Ausdrücke

---

[28]) Vgl. das Literaturverzeichnis. Es sei darauf hingewiesen, daß die Axiome nicht unabhängig sind (es würde genügen, eine geeignete Auswahl von aussagenlogischen Ausdrücken für das Axiom A1 zu nehmen, vgl. 1.11). Ferner benötigt der elementare Prädikatenkalkül erster Stufe (ohne Funktoren und ohne Identität) wesentlich weniger Axiome; es genügen beispielsweise die in 1.11.6 angegebenen Axiome von HILBERT, ergänzt um die (als Axiome zu verstehenden) Gesetze (25) und (26) aus 2.6.

[29]) Auf Grund der Platzhalter-Eigenschaft dieser Zeichen verstehen sich die in A2 bis A6 aufgeführten Ausdrücke eigentlich als Axiomenschemata.

A2: $\bigwedge\limits_{u} (u=u)$

A3: $\bigwedge\limits_{u} \bigwedge\limits_{v} (u=v \rightarrow v=u)$

A4: $\bigwedge\limits_{u} \bigwedge\limits_{v} \bigwedge\limits_{w} (u=v \wedge v=w \rightarrow u=w)$

A5: $\bigwedge\limits_{u_1} \ldots \bigwedge\limits_{u_n} \bigwedge\limits_{v_1} \ldots \bigwedge\limits_{v_n} \left(u_1=v_1 \wedge \ldots \wedge u_n=v_n \rightarrow (\Pi\, u_1 \ldots u_n \rightarrow \Pi\, v_1 \ldots v_n)\right)$

A6: $\bigwedge\limits_{u_1} \ldots \bigwedge\limits_{u_n} \bigwedge\limits_{v_1} \ldots \bigwedge\limits_{v_n} \left(u_1=v_1 \wedge u_2=v_2 \wedge \ldots \wedge u_n=v_n \rightarrow \big(\varphi(u_1, u_2, \ldots, u_n) = \right.$

$$= \varphi(v_1, v_2, \ldots, v_n)\big)\big)$$

Deduktionsregeln. Die Schlußfiguren der folgenden Regeln D2 bis D8 sind so zu verstehen, daß aus der Ableitbarkeit der Prämissen die Ableitbarkeit der Konklusion folgt. Stößt man bei der Aufstellung einer Ableitungskette auf diese Prämissen, so kann man zur zugehörigen Konklusion übergehen. Es bezeichnen α, β Ausdrücke, u steht für eine Subjektvariable.

D1   Alle *Axiome* sind ableitbar, desgl. alle Ausdrücke, die aus den allgemeingültigen aussagenlogischen Ausdrücken (A1) hervorgehen, indem man statt der Aussagenvariablen prädikatenlogische Ausdrücke setzt.

D2   *Modus ponens* (Abtrennung des Vordergliedes)

$$\frac{\begin{array}{c}\alpha \\ \alpha \rightarrow \beta\end{array}}{\beta}.$$

D3   *Generalisierung des Vordergliedes*

$$\frac{\alpha \rightarrow \beta}{\bigwedge\limits_{u} \alpha \rightarrow \beta}.$$

D4   *Generalisierung des Hintergliedes*

$$\frac{\alpha \rightarrow \beta}{\alpha \rightarrow \bigwedge\limits_{u} \beta},$$

falls u in α nicht frei vorkommt.

D5   *Partikularisierung des Vordergliedes*

$$\frac{\alpha \rightarrow \beta}{\bigvee\limits_{u} \alpha \rightarrow \beta}.$$

Hierbei darf u in β nicht frei vorkommen.

D6   *Partikularisierung des Hintergliedes*

$$\frac{\alpha \rightarrow \beta}{\alpha \rightarrow \bigvee\limits_{u} \beta}.$$

D 7 *Gebundene Umbenennung:* Bezeichnen wir mit $U(\alpha)$ den Ausdruck, der aus α hervorgeht, indem man eine in α gebunden auftretende Variable u überall dort, wo sie im Wirkungsbereich eines mit u indizierten Quantors liegt, durch eine im Wirkungsbereich dieses Quantors nicht vorkommende Variable ersetzt, so gilt

$$\frac{\alpha}{U(\alpha)}.$$

D 8 *Termsubstitution:* Bezeichnen wir mit $T(\alpha)$ den Ausdruck, der aus α hervorgeht, indem man eine in α frei vorkommende Variable u durch einen Term ersetzt, wobei keine der im Term auftretenden Variablen in den Wirkungsbereich eines entsprechend indizierten Quantors geraten darf, so gilt

$$\frac{\alpha}{T(\alpha)}.$$

Im folgenden sei dem Leser die Handhabung der Regeln und Axiome durch einige Beispiele erläutert. Dabei sei weder auf Vollständigkeit noch Systematik Wert gelegt.

Beispiel 2.8.1. Man leite ab

$$Pf(x)\,g(x,y) \to \big(f(x) = g(x,y) \to Pf(x)\,g(x,y)\big).$$

Auszugehen ist von dem aussagenlogischen Gesetz

$$A \to (B \to A).$$

Gemäß D 1 setze man zunächst Pxy für A und $x = y$ für B:

$$Pxy \to (x = y \to Pxy).$$

Nach D 8 kann x durch den Term $f(x)$ und y durch den Term $g(x, y)$ ersetzt werden, da x und y frei auftreten:

$$Pf(x)\,g(x,y) \to \big(f(x) = g(x,y) \to Pf(x)\,g(x,y)\big).$$

Beispiel 2.8.2. Man leite die prädikatenlogischen Gesetze (25) bis (27) der Übersicht in 2.6 her!

Wir gehen aus von der Tautologie (A 1):

$$A \to A.$$

Gemäß D 1 dürfen wir für A den Ausdruck Px setzen:

$$Px \to Px$$

Generalisierung des Vordergliedes (D 3) liefert (25)

$$\bigwedge_x Px \to Px,$$

während die Partikulierung des Hintergliedes (D 6) die Formel (26) ergibt:

$$Px \to \bigvee_x Px.$$

Wiederum nach A 1 gilt damit auch das Konjungat

$$(\bigwedge_x Px \to Px) \wedge (Px \to \bigvee_x Px) \tag{1}$$

und in der gleichen Weise liefert das Transitivitätsgesetz

$$(A \to B) \wedge (B \to C) \to (A \to C)$$

bei Ersetzung von A durch $\bigwedge_x Px$, B durch Px und C durch $\bigvee_x Px$ den Ausdruck

$$(\bigwedge_x Px \to Px) \wedge (Px \to \bigvee_x Px) \to (\bigwedge_x Px \to \bigvee_x Px). \tag{2}$$

Schließlich liefert uns der Modus ponens (D 2) mit (1) und (2) die Gültigkeit des Hintergliedes von (2)

$$\bigwedge_x Px \to \bigvee_x Px$$

und damit das Gesetz (27) aus 2.6.

Beispiel 2.8.3. Man leite her:

$$\bigwedge_x (Px \wedge Qx) \to \bigwedge_x Px \wedge \bigwedge_x Qx$$

(vgl. (28) in 2.6). Dazu gehen wir von den Tautologien

$$A \wedge B \to A$$
$$A \wedge B \to B$$

aus, indem wir für A den Ausdruck Px, für B den Ausdruck Qx setzen (D 1):

$$Px \wedge Qx \to Px$$
$$Px \wedge Qx \to Qx.$$

Generalisierung des Vordergliedes (D 3) ergibt

$$\bigwedge_x (Px \wedge Qx) \to Px$$
$$\bigwedge_x (Px \wedge Qx) \to Qx.$$

Für die Generalisierung des Hintergliedes ist eine Umbenennung der gebundenen Variablen erforderlich (D 7):

$$\bigwedge_y (Py \wedge Qy) \to Px$$
$$\bigwedge_y (Py \wedge Qy) \to Qx,$$

womit nach A 1 auch das Konjungat gilt:

$$(\bigwedge_y (Py \wedge Qy) \to Px) \wedge (\bigwedge_y (Py \wedge Qy) \to Qx). \tag{1}$$

Wir gehen nun von der Tautologie (26) in 1.6 aus:

$$(A \to B) \wedge (A \to C) \to (A \to (B \wedge C)),$$

indem wir

$$\bigwedge_y (Py \wedge Qy) \quad \text{für} \quad A,$$

$$\bigwedge_x Px \quad \text{für} \quad B,$$

$$\bigwedge_x Qx \quad \text{für} \quad C$$

setzen (D 1):

$$(\bigwedge_y (Py \wedge Qy) \to Px) \wedge (\bigwedge_y (Py \wedge Qy) \to Qx) \to (\bigwedge_y (Py \wedge Qy) \to \bigwedge_x Px \wedge \bigwedge_x Qx). \quad (2)$$

Anwendung des Modus ponens (D 2) auf (1) und (2) liefert die Abtrennung des Vordergliedes von (2) und damit

$$\bigwedge_y (Py \wedge Qy) \to \bigwedge_x Px \wedge \bigwedge_x Qx,$$

woraus noch durch gebundene Umbenennung (D 7)

$$\bigwedge_x (Px \wedge Qx) \to \bigwedge_x Px \wedge \bigwedge_x Qx$$

folgt.

Beispiel 2.8.4. Man leite das Gesetz (42) in 2.6 her:

$$\bigvee_x \bigwedge_y Pxy \to \bigwedge_y \bigvee_x Pxy.$$

Wir starten mit der Tautologie

$$A \to A$$

und ersetzen A durch Pxy gemäß D 1:

$$Pxy \to Pxy.$$

Dann folgt durch hintere Partikularisierung über x (D 6)

$$Pxy \to \bigvee_x Pxy,$$

und vordere Generalisierung über y (D 3):

$$\bigwedge_y Pxy \to \bigvee_x Pxy.$$

Man beachte, daß nunmehr y im Vorderglied gebunden ist, deshalb läßt sich die hintere Generalisierung (D 4) über y durchführen:

$$\bigwedge_y Pxy \to \bigwedge_y \bigvee_x Pxy$$

und auf Grund einer entsprechenden Überlegung auch die vordere Partikularisierung über x gemäß D 5

$$\bigvee_x \bigwedge_y Pxy \to \bigwedge_y \bigvee_x Pxy.$$

Aufgabe 2.8

Man leite den Ausdruck

$$\bigwedge_x Px \wedge \bigwedge_x Qx \rightarrow \bigwedge_x (Px \wedge Qx)$$

her. Anleitung: Man verwende den allgemeingültigen aussagenlogischen Ausdruck

$$(A \rightarrow B) \wedge (C \rightarrow D) \rightarrow \big((A \wedge C) \rightarrow (B \wedge D)\big).$$

3 Lösungen

1.2 Aussagen sind b, e, f, g, h (c ist Aussage, falls eine persönliche Interpretation vorliegt)

1.3
a) $W * W = W$
$W * F = F$
$F * W = W$
$F * F = F$

b) $W * W = W$
$W * F = W$
$F * W = F$
$F * F = F$

c) $W * W = F$
$W * F = W$
$F * W = W$
$F * F = F$

d) $W * W = F$
$W * F = W$
$F * W = W$
$F * F = W$

e) $W * W = F$
$W * F = W$
$F * W = F$
$F * F = F$

1.4 1.

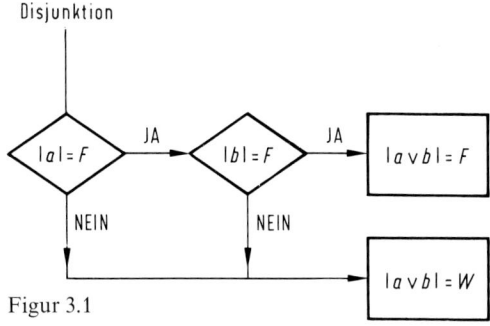

Figur 3.1

$$|a \vee b| = \big(|a| = F \longleftrightarrow (|b| = F \longleftrightarrow F, W), W\big)$$

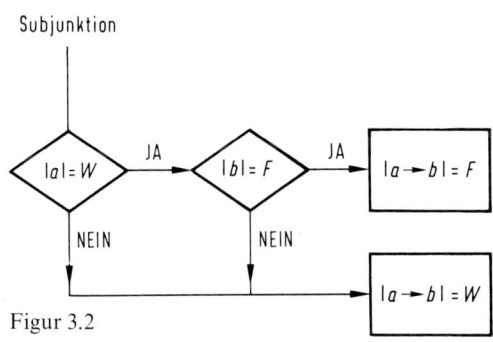

Figur 3.2

$$|a \rightarrow b| = \big(|a| = W \longleftrightarrow (|b| = F \longleftrightarrow F, W), W\big)$$

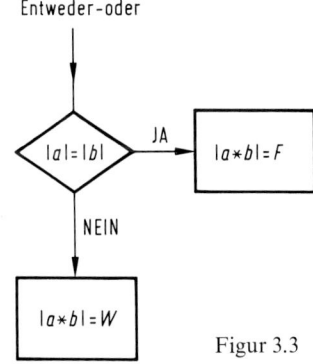

Figur 3.3

$$|a * b| = (|a| = |b| \longleftrightarrow F, W)$$

2.

a	b	$T_1(a, b)$	$T_2(a, b)$	$T_3(a, b)$
W	W	F	F	F
W	F	W	W	W
F	W	F	W	W
F	F	W	W	W

1.5 1. a, b, e, h

2. a) $(a \leftrightarrow b) \rightarrow c$
   b) $p \rightarrow (\neg q \rightarrow (\neg r \rightarrow x))$
   c) $(x \wedge y) \vee (\neg x \wedge \neg y)$
   d) $x_1 \wedge \neg x_2 \rightarrow (x_3 \leftrightarrow \neg x_1) \vee x_2$
   e) $\neg (a \wedge \neg b) \leftrightarrow c \vee d$

3. $A(F, F, W) = F$

4. a) $E[A(x)] = \{F\}$
   b) $E[B(x, y)] = \{(W, F), (F, W)\}$
   c) $E[C(x, y, z)] = \{(F, W, F)\}$

5. $\{(W, W, W, F), (W, W, F, W), (W, F, W, W), (F, W, W, W), (W, W, F, F),$
   $(F, F, W, W), (F, W, W, F), (W, F, W, F), (F, W, F, F), (F, F, W, F),$
   $(F, F, F, W)\}$

6. a) Kontingenz
   b) Tautologie
   c) Kontingenz
   d) Kontradiktion
   e) Kontingenz
   f) Tautologie

7. a) $x_1 \rightarrow x_5$
   b) $\neg x_1 \wedge \neg x_2 \rightarrow x_6$
   c) $(x_3 \wedge \neg x_4) \vee (\neg x_3 \wedge x_4)$
   d) $(x_3 \leftrightarrow x_5) \vee x_2$
   e) $((x_1 \wedge x_5) \wedge \neg (x_4 \wedge x_6)) \vee (\neg (x_1 \wedge x_5) \wedge (x_4 \wedge x_6))$
   f) $\neg (x_2 \rightarrow x_4)$
   g) $x_6 \rightarrow \neg x_2$ [30])

1.6 1. a) „Es schneit und schneit" – „Es schneit".
   b) „Barbara ist nicht unbegabt" – „Barbara ist begabt".
   c) „Es trifft nicht zu, daß Oskar Mitglied der CDU und der SPD ist" – „Oskar ist nicht Mitglied der CDU oder nicht Mitglied der SPD".
   d) „Die Funktion ist nicht differenzierbar oder stetig". – „Wenn die Funktion differenzierbar ist, dann ist sie auch stetig".
   e) „15 ist durch 3 teilbar und 15 ist durch 3 oder 5 teilbar". – „15 ist durch 3 teilbar".
   f) „Wenn zwei Ausdrücke äquivalent sind, dann haben sie gleiche Erfüllungs-

---

[30]) Hinweis zu g): Jede „Wenn-dann"-Aussage läßt sich gleichwertig als „Nur-dann-wenn"-Aussage umformulieren und umgekehrt. Das Subjungat $a \rightarrow b$ kann stets auf zweierlei Weise gelesen werden, nämlich 1. Wenn a, dann b (so entspricht es der Definition); 2. Nur (dann) wenn b, dann a. bzw. a nur dann, wenn b. Beispiel: Wenn eine Zahl durch 4 teilbar ist, dann ist sie gerade. Nur dann, wenn eine Zahl gerade ist, ist sie durch 4 teilbar bzw. eine Zahl ist durch 4 teilbar nur dann, wenn sie gerade ist. Mit diesem Sachverhalt kommt zugleich der logische Gehalt des Wortes „nur" zum Ausdruck. In manchen Fällen ist es zweckmäßig (aus Gründen der besseren Verständlichkeit!), statt „nur" das Wort „höchstens" zu setzen.

mengen – und wenn sie gleiche Erfüllungsmengen haben, dann sind sie äquivalent". – „Zwei Ausdrücke sind äquivalent genau dann, wenn sie die gleiche Erfüllungsmenge besitzen".

2. $a \leftrightarrow b \Leftrightarrow \neg a \leftrightarrow \neg b$. Man ersetze a durch den Ausdruck A, b durch den Ausdruck B (Einsetzungsregel 1), dann ist $A \leftrightarrow B \Leftrightarrow \neg A \leftrightarrow \neg B$. Ist speziell $A \leftrightarrow B$ allgemeingültig, $A \Leftrightarrow B$, so sichert die Äquivalenz auch die Allgemeingültigkeit von $\neg A \leftrightarrow \neg B$, d. h. $\neg A \Leftrightarrow \neg B$. – Ersetzt man in (37) a durch $\neg A$, b durch $\neg B$, so ist $\neg A \leftrightarrow \neg B \Leftrightarrow \neg \neg A \leftrightarrow \neg \neg B \Leftrightarrow A \leftrightarrow B$ unter Verwendung von (2) und Einsetzungsregel 1.

3. $\neg (a \wedge b) \Leftrightarrow \neg a \vee \neg b$ (22). Beiderseitige Negation (Aufgabe 2) ergibt $\neg \neg (a \wedge b) \Leftrightarrow \neg (\neg a \vee \neg b)$.
Doppelte Negation (2): $a \wedge b \Leftrightarrow \neg (\neg a \vee \neg b)$.
Einsetzungsregel 1: a ersetzen durch $\neg a$, b ersetzen durch $\neg b$ liefert $\neg a \wedge \neg b \Leftrightarrow \neg (\neg \neg a \vee \neg \neg b)$, nach (2) $\neg (a \vee b) \Leftrightarrow \neg a \wedge \neg b$ (16). In entsprechender Weise gewinnt man (22) aus (16).

4. $a \wedge (a \vee b) \overset{(10)}{\Leftrightarrow} (a \vee F) \wedge (a \vee b) \overset{(14)}{\Leftrightarrow} a \vee (F \wedge b) \overset{(18)}{\Leftrightarrow} a \vee (b \wedge F) \overset{(11)}{\Leftrightarrow} a \vee F \overset{(10)}{\Leftrightarrow} a$

5. $a \to (b \vee c) \overset{(25)}{\Leftrightarrow} \neg a \vee (b \vee c) \overset{(4)}{\Leftrightarrow} (\neg a \vee \neg a) \vee (b \vee c)$
$\overset{(13)}{\Leftrightarrow} \neg a \vee ((\neg a \vee b) \vee c) \overset{(12)}{\Leftrightarrow} \neg a \vee ((b \vee \neg a) \vee c)$
$\overset{(13)}{\Leftrightarrow} (\neg a \vee b) \vee (\neg a \vee c) \overset{(25)}{\Leftrightarrow} (a \to b) \vee (a \to c)$

6. $((a \wedge b) \vee (a \wedge \neg b)) \wedge ((\neg a \wedge b) \vee (\neg a \wedge \neg b))$
$\overset{(20)}{\Leftrightarrow} (a \wedge (b \vee \neg b)) \wedge (\neg a \wedge (b \vee \neg b))$
$\overset{(6)}{\Leftrightarrow} (a \wedge W) \wedge (\neg a \wedge W) \overset{(8)}{\Leftrightarrow} a \wedge \neg a \overset{(5)}{\Leftrightarrow} F$

7. $b \to ((a \to (b \to a)) \to b) \overset{(30)}{\Leftrightarrow} b \to ((b \to (a \to a)) \to b)$
$\overset{(7)}{\Leftrightarrow} b \to ((b \to W) \to b) \overset{(39)}{\Leftrightarrow} b \to (W \to b)$
$\overset{(30)}{\Leftrightarrow} W \to (b \to b) \overset{(7)}{\Leftrightarrow} W \to W \Leftrightarrow W$

8. $(b \leftrightarrow ((a \to c) \vee (\neg a \to c))) \wedge \neg c$
$\overset{(29)}{\Leftrightarrow} (b \leftrightarrow (a \wedge \neg a \to c)) \wedge \neg c \overset{(5)}{\Leftrightarrow} (b \leftrightarrow (F \to c)) \wedge \neg c$
$\overset{(38)}{\Leftrightarrow} (b \leftrightarrow W) \wedge \neg c \overset{(34)}{\Leftrightarrow} ((b \wedge W) \vee (\neg b \wedge F)) \wedge \neg c$
$\overset{(8)}{\Leftrightarrow} (b \vee (\neg b \vee F)) \wedge \neg c \overset{(10)}{\Leftrightarrow} (b \vee \neg b) \wedge \neg c$
$\overset{(6)}{\Leftrightarrow} W \wedge \neg c \overset{(8)}{\Leftrightarrow} \neg c$

9. a) $a | b :\Leftrightarrow (a \wedge \neg b) \vee (\neg a \wedge b)$
$\overset{(14)}{\Leftrightarrow} (a \vee (\neg a \wedge b)) \wedge (\neg b \vee (\neg a \wedge b))$
$\overset{(14)}{\Leftrightarrow} ((a \vee \neg a) \wedge (a \vee b)) \wedge ((\neg b \vee \neg a) \wedge (b \vee b))$
$\overset{(6)}{\Leftrightarrow} (W \wedge (a \vee b)) \wedge ((\neg b \vee \neg a) \wedge W)$
$\overset{(8)}{\Leftrightarrow} (a \vee b) \wedge (\neg b \vee \neg a) \overset{(17)}{\Leftrightarrow} (\neg a \to b) \wedge (b \to \neg a)$
$\overset{(36)}{\Leftrightarrow} \neg a \leftrightarrow b$

b) $a|b \overset{(a)}{\Leftrightarrow} \neg a \leftrightarrow b \overset{(37)}{\Leftrightarrow} \neg \neg a \leftrightarrow \neg b \overset{(2)}{\Leftrightarrow} a \leftrightarrow \neg b \overset{(32)}{\Leftrightarrow} \neg b \leftrightarrow a \overset{(a)}{\Leftrightarrow} b|a$

c) $(a|b)|c \overset{(a)}{\Leftrightarrow} \neg(a|b) \leftrightarrow c \overset{(37)}{\Leftrightarrow} (a|b) \leftrightarrow \neg c$

$\overset{(a)}{\Leftrightarrow} (\neg a \leftrightarrow b) \leftrightarrow \neg c \overset{(37)}{\Leftrightarrow} (a \leftrightarrow \neg b) \leftrightarrow \neg c$

$\overset{(33)}{\Leftrightarrow} a \leftrightarrow (\neg b \leftrightarrow \neg c) \overset{(37)}{\Leftrightarrow} a \leftrightarrow (b \leftrightarrow c);$

$a|(b|c) \overset{(a)}{\Leftrightarrow} \neg a \leftrightarrow (b|c) \overset{(a)}{\Leftrightarrow} \neg a \leftrightarrow (\neg b \leftrightarrow c)$

$\overset{(33)}{\Leftrightarrow} (\neg a \leftrightarrow \neg b) \leftrightarrow c \overset{(37)}{\Leftrightarrow} (a \leftrightarrow b) \leftrightarrow c$

$\overset{(33)}{\Leftrightarrow} a \leftrightarrow (b \leftrightarrow c)$

10. Es ist die Allgemeingültigkeit des Ausdrucks

$(a \to b) \wedge (b \to c) \to (a \to c)$ zu zeigen.

$(a \to b) \wedge (b \to c) \to (a \to c)$

$\overset{(25)}{\Leftrightarrow} \neg((\neg a \vee b) \wedge (\neg b \vee c)) \vee (\neg a \vee c)$

$\overset{(22)}{\Leftrightarrow} (\neg(\neg a \vee b) \vee \neg(\neg b \vee c)) \vee (\neg a \vee c)$

$\overset{(16)(2)}{\Leftrightarrow} ((a \wedge \neg b) \vee (b \wedge \neg c)) \vee (\neg a \vee c)$

$\overset{(12)(13)}{\Leftrightarrow} (\neg a \vee (a \wedge \neg b)) \vee (c \vee (b \wedge \neg c))$

$\overset{(14)}{\Leftrightarrow} ((\neg a \vee a) \wedge (\neg a \vee \neg b)) \vee ((c \vee b) \wedge (c \vee \neg c))$

$\overset{(12)(6)}{\Leftrightarrow} (W \wedge (\neg a \vee \neg b)) \vee ((b \vee c) \wedge W)$

$\overset{(8)}{\Leftrightarrow} (\neg a \vee \neg b) \vee (b \vee c) \overset{(13)}{\Leftrightarrow} (\neg a \vee (\neg b \vee b)) \vee c$

$\overset{(6)}{\Leftrightarrow} (\neg a \vee W) \vee c \overset{(9)}{\Leftrightarrow} W \vee c \overset{(9)}{\Leftrightarrow} W$

11. $a \wedge (a \to b) \to b \overset{(24)}{\Leftrightarrow} a \wedge (\neg b \to \neg a) \to b.$

Gemäß Einsetzungsregel 1a ersetzen durch $\neg b$ und zugleich b ersetzen durch $\neg a$; dies ergibt

$\neg b \wedge (\neg \neg a \to \neg \neg b) \to \neg a \overset{(2)}{\Leftrightarrow} \neg b \wedge (a \to b) \to \neg a.$

12. Für $A \Rightarrow B$ kann $A \Leftrightarrow B$ genau dann geschrieben werden, wenn zugleich auch die umgekehrte Implikation $B \Rightarrow A$ gilt. Statt $A \Leftrightarrow B$ kann $A \Rightarrow B$ stets (ohne irgend eine zusätzliche Voraussetzung!) geschrieben werden.

1.7 1. a) $(a \wedge b \leftrightarrow c) \to \neg b$

$\Leftrightarrow (a \wedge b \wedge c) \vee (\neg(a \wedge b) \wedge \neg c) \to \neg b$ ①

$\Leftrightarrow \neg((a \wedge b \wedge c) \vee (\neg(a \wedge b) \wedge \neg c)) \vee \neg b$ ②

$\Leftrightarrow (\neg(a \wedge b \wedge c) \wedge \neg(\neg(a \wedge b \wedge \neg c))) \vee \neg b$ ③

$\Leftrightarrow ((\neg a \vee \neg b \vee \neg c) \wedge ((a \wedge b) \vee c)) \vee \neg b$ ③

$\Leftrightarrow ((\neg a \vee \neg b \vee \neg c) \wedge (a \wedge b)) \vee ((\neg a \vee \neg b \vee \neg c) \wedge c) \vee \neg b$ ④

$\Leftrightarrow (\neg a \wedge a \wedge b) \vee (\neg b \wedge a \wedge b) \vee$

$(\neg c \wedge a \wedge b) \vee (\neg a \wedge c) \vee (\neg b \wedge c) \vee (\neg c \wedge c) \vee \neg b$ ④

b) $(a \wedge b \leftrightarrow c) \rightarrow \neg\, b \Leftrightarrow ((a \wedge b) \vee \neg\, c) \wedge (\neg\,(a \wedge b) \vee c) \rightarrow \neg\, b$ ①

$\Leftrightarrow \neg\,(((a \wedge b) \vee \neg\, c) \wedge (\neg\,(a \wedge b) \vee c)) \vee \neg\, b$ ②

$\Leftrightarrow \neg\,((a \wedge b) \vee \neg\, c) \vee \neg\,(\neg\,(a \wedge b) \vee c) \vee \neg\, b$ ③

$\Leftrightarrow (\neg\,(a \wedge b) \wedge c) \vee (a \wedge b \wedge \neg\, c) \vee \neg\, b$ ③

$\Leftrightarrow ((\neg\, a \vee \neg\, b) \wedge c) \vee (a \wedge b \wedge \neg\, c) \vee \neg\, b$ ③

$\Leftrightarrow ((\neg\, a \vee \neg\, b) \wedge c) \vee ((a \vee \neg\, b) \wedge (b \vee \neg\, b) \wedge (\neg\, c \vee \neg\, b))$ ④

$\Leftrightarrow (((\neg\, a \vee \neg\, b) \wedge c) \vee (a \vee \neg\, b)) \wedge (((\neg\, a \vee \neg\, b) \wedge c) \vee (b \vee \neg\, b)) \wedge$
$\quad\ (((\neg\, a \vee \neg\, b) \wedge c) \vee (\neg\, c \vee \neg\, b))$ ④

$\Leftrightarrow (\neg\, a \vee \neg\, b \vee a \vee \neg\, b) \wedge (c \vee a \vee \neg\, b) \wedge$
$\quad\ (\neg\, a \vee \neg\, b \vee b \vee \neg\, b) \wedge (c \vee b \vee \neg\, b) \wedge$
$\quad\ (\neg\, a \vee \neg\, b \vee \neg\, c \vee \neg\, b) \wedge (c \vee \neg\, c \vee \neg\, b)$ ④

2. linke Seite: $(a \vee \neg\, a \vee b \vee \neg\, b) \wedge (a \vee \neg\, a \vee \neg\, c) \wedge (c \vee b \vee \neg\, b) \wedge (c \vee \neg\, c)$

rechte Seite: $(\neg\, a \vee \neg\, c \vee a \vee \neg\, c) \wedge (\neg\, a \vee \neg\, c \vee b \vee c)$
$\qquad\qquad \wedge (\neg\, b \vee c \vee a \vee \neg\, c) \wedge (\neg\, b \vee c \vee b \vee c)$

Der Ausdruck ist allgemeingültig!

1.8 1. a) $A(a, b, c, d) \Leftrightarrow (a \wedge b \wedge c \wedge d) \vee (a \wedge b \wedge \neg\, c \wedge \neg\, d)$
$\qquad \vee (a \wedge \neg\, b \wedge c \wedge d) \vee (a \wedge \neg\, b \wedge c \wedge \neg\, d)$
$\qquad \vee (a \wedge \neg\, b \wedge \neg\, c \wedge d) \vee (a \wedge \neg\, b \wedge \neg\, c \wedge \neg\, d)$
$\qquad \vee (\neg\, a \wedge b \wedge c \wedge d) \vee (\neg\, a \wedge b \wedge c \wedge \neg\, d)$
$\qquad \vee (\neg\, a \wedge b \wedge \neg\, c \wedge d) \vee (\neg\, a \wedge b \wedge \neg\, c \wedge \neg\, d)$
$\qquad \vee (\neg\, a \wedge \neg\, b \wedge c \wedge d) \vee (\neg\, a \wedge \neg\, b \wedge \neg\, c \wedge \neg\, d)$

   b) $A(a, b, c, d) \Leftrightarrow (\neg\, a \vee \neg\, b \vee \neg\, c \vee d) \wedge$
$\qquad (\neg\, a \vee \neg\, b \vee c \vee \neg\, d) \wedge (a \vee b \vee \neg\, c \vee d) \wedge (a \vee b \vee c \vee \neg\, d)$

2. $A(x_1, x_2, x_3) \Leftrightarrow F \Leftrightarrow (x_1 \vee x_2 \vee x_3) \wedge (x_1 \vee x_2 \vee \neg\, x_3)$
$\quad \wedge (x_1 \vee \neg\, x_2 \vee x_3) \wedge (x_1 \vee \neg\, x_2 \vee \neg\, x_3) \wedge$
$\quad (\neg\, x_1 \vee x_2 \vee x_3) \wedge (\neg\, x_1 \vee x_2 \vee \neg\, x_3) \wedge$
$\quad (\neg\, x_1 \vee \neg\, x_2 \vee x_3) \wedge (\neg\, x_1 \vee \neg\, x_2 \vee \neg\, x_3)$

3. $A(a, b, c, d) \Leftrightarrow (a \wedge \neg\, b \wedge c \wedge d) \vee$
$\quad (\neg\, a \wedge b \wedge \neg\, c \wedge \neg\, d) \vee (\neg\, a \wedge \neg\, b \wedge \neg\, c \wedge \neg\, d)$

4. $E[A] = \{(W, W, W), (W, F, W), (W, F, F), (F, W, W), (F, F, W), (F, F, F)\}$

5. $A(a, b, c, d, e, f) \Leftrightarrow (a \wedge b \wedge c \wedge d \wedge e \wedge f) \vee$
$\quad (\neg\, a \wedge b \wedge c \wedge d \wedge e \wedge f) \vee (a \wedge \neg\, b \wedge c \wedge d \wedge e \wedge f)$
$\quad \vee (a \wedge b \wedge \neg\, c \wedge d \wedge e \wedge f) \vee (a \wedge b \wedge c \wedge \neg\, d \wedge e \wedge f)$
$\quad \vee (a \wedge b \wedge c \wedge d \wedge \neg\, e \wedge f) \vee (a \wedge b \wedge c \wedge d \wedge e \wedge \neg\, f)$

6. $A(x_1, x_2) \Leftrightarrow (x_1 \wedge \neg\, x_2) \vee (\neg\, x_1 \wedge x_2) \Leftrightarrow (\neg\, x_1 \vee \neg\, x_2) \wedge (x_1 \vee x_2)$

7. $A_1(x) :\Leftrightarrow x \vee \neg x$; $A_2(x) :\Leftrightarrow x$, $A_3(x) :\Leftrightarrow \neg x$, $A_4(x) :\Leftrightarrow x \wedge \neg x$ (für A_1 gibt es nur die kanonische disjunktive, für A_4 nur die kanonische konjunktive Normalform, für A_2 und A_3 sind beide Normalformen identisch). Es gibt 4 einstellige, 16 zweistellige, 256 dreistellige und allgemein $2^{(2^n)}$ n-stellige (paarweise nicht-äquivalente) Ausdrücke.

1.9 1. A besitzt 6 Minterme, also $k = 32 - 6 = 26$ Maxterme und somit $2^{26} = 67\,108\,864$ Folgerungen.

2. Es gibt drei nicht-triviale Folgerungen:
$C_1 :\Leftrightarrow \neg a \vee \neg b \vee c$, $\quad C_2 :\Leftrightarrow \neg a \vee \neg b \vee c \vee d$,
$C_3 :\Leftrightarrow \neg a \vee \neg b \vee c \vee \neg d$

3. Konklusionen sind C_1, C_3 und C_4. Sonderstellung von C_3: Es ist $C_3 \Leftrightarrow A_1 \wedge A_2 \wedge A_3$ (die „schärfste" Folgerung).

4. $A \wedge (A \rightarrow B) \rightarrow B \Leftrightarrow \neg\big(A \wedge (\neg A \vee B)\big) \vee B$
$\Leftrightarrow \neg A \vee (A \wedge \neg B) \vee B$
$\Leftrightarrow (\neg A \vee A \vee B) \wedge (\neg A \vee \neg B \vee B)$: Tautologie nach Satz 1.7.12
$(A \rightarrow B) \wedge (A \rightarrow \neg B) \rightarrow \neg A$
$\Leftrightarrow \neg\big((\neg A \vee B) \wedge (\neg A \vee \neg B)\big) \vee \neg A$
$\Leftrightarrow (A \wedge \neg B) \vee (A \wedge B) \vee \neg A$
$\Leftrightarrow (A \vee A \vee \neg A) \wedge (A \vee B \vee \neg A) \wedge (\neg B \vee A \vee \neg A)$
$\wedge (\neg B \vee B \vee \neg A)$ Tautologie nach Satz 1.7.12

5. Herleitung 1:
(1) $\neg A$
(2) $A \vee \neg B$
(3) $\neg C \rightarrow B$
(4) $B \rightarrow A$ aus (2) nach (25), 1.6
(5) $\neg B$ aus (1) und (4): modus tollens
(6) $\neg\neg C$ aus (3) und (5): modus tollens
(7) C aus (6) nach (2), 1.6

Herleitung 2:
(1) $\neg A$
(2) $A \vee \neg B$
(3) $\neg C \rightarrow B$
(4) $B \rightarrow A$ s. o.
(5) $\neg B$ s. o.
(6) $B \rightarrow C$ aus (5) nach (42), 1.6
(7) $\neg C \rightarrow \neg B$ aus (6): Kontrapositionsschluß
(8) $\neg\neg C$ aus (3) und (7): reductio ad absurdum
(9) C s. o.

6. (1) $a \wedge \neg b$
(2) $\neg a \vee \neg c$

(3) $b \vee d$

(4) $c \vee \neg d \vee \neg e$

(5) a aus (1): Abschwächung der Konjunktion

(6) $\neg b$ aus (1): Abschwächung der Konjunktion

(7) $a \rightarrow \neg c$ aus (2) mit (25), 1.6

(8) $\neg c$ aus (5) und (7): modus ponens

(9) $\neg b \rightarrow d$ aus (3) mit (25), 1.6

(10) d aus (6) und (9): modus ponens

(11) $d \wedge e \rightarrow c$ aus (4) mit (22) und (25), 1.6

(12) $\neg (d \wedge e)$ aus (8) und (11): modus tollens

(13) $d \rightarrow \neg e$ aus (12) mit (22) und (25), 1.6

(14) $\neg e$ aus (10) und (13): modus ponens

7. $(A \rightarrow B) \wedge (A \rightarrow C) \Leftrightarrow (\neg A \vee B) \wedge (\neg A \rightarrow C) \Leftrightarrow \neg A \vee (B \wedge C) \Leftrightarrow A \rightarrow B \wedge C$

8. $B :\Leftrightarrow \sqrt{2}$ ist irrational

$\neg B \rightarrow A_1$	Wenn $\sqrt{2}$ rational, dann $\sqrt{2} = \dfrac{p}{q}$
A_2	p, q seien teilerfremd
$A_1 \rightarrow A_3$	Wenn $\sqrt{2} = \dfrac{p}{q}$, dann $p^2 = 2q^2$
$A_3 \rightarrow A_4$	Wenn $p^2 = 2q^2$, dann p^2 gerade
$A_4 \rightarrow A_5$	Wenn p^2 gerade, dann p gerade
$A_5 \rightarrow A_6$	Wenn p gerade, dann $p = 2m$
$A_6 \rightarrow A_7$	Wenn $p = 2m$, dann $q^2 = 2m^2$
$A_7 \rightarrow A_8$	Wenn $q^2 = 2m^2$, dann q^2 gerade
$A_8 \rightarrow A_9$	Wenn q^2 gerade, dann q gerade
$A_5 \wedge A_9 \rightarrow \neg A_2$	Wenn p und q gerade, dann p, q nicht teilerfremd
$\neg B \rightarrow A_5$	Kettenschluß
$\neg B \rightarrow A_9$	Kettenschluß
$\overline{}$	
$\neg B \rightarrow A_5 \wedge A_9$	Aufgabe 7
$\neg B \rightarrow \neg A_2$	Kettenschluß
A_2	s. o.
$\overline{}$	
$\neg \neg B$	modus tollens
B	Doppeltes Negat.

1.10 1. Die Ausdrücke $a \leftrightarrow b$, $a \leftrightarrow \neg b$, $a \leftrightarrow a$, $a \leftrightarrow \neg a$, $a, b, \neg a, \neg b$ liefern acht verschiedene *W*-*F*-Vektoren (vierstellig!), von denen keiner mit dem *W*-*F*-Vektor von $a \wedge b$ übereinstimmt. Alle weiteren Operationen dieser acht Ausdrücke untereinander in der $\{\neg, \leftrightarrow\}$-Basis ergeben keine neuen *W*-*F*-Vektoren!

2. a) $x \wedge (\neg x \vee y) \Leftrightarrow x \wedge y$

b) $(a \wedge \neg b \wedge c \wedge \neg a) \vee (b \wedge c \wedge \neg c) \vee (b \wedge \neg b \wedge c) \Leftrightarrow F$

c) $(x_1 \vee \neg x_3) \wedge (x_2 \vee \neg x_3) \wedge (\neg x_1 \vee x_2) \Leftrightarrow (x_1 \vee \neg x_3) \wedge (\neg x_1 \vee x_2)$

d) $(\neg p \vee q) \wedge (p \vee \neg q) \Leftrightarrow (p \wedge q) \vee (\neg p \wedge \neg q)$

3. a) $B \Leftrightarrow (\neg x_1 \vee F) \wedge W \wedge x_2$

$\Leftrightarrow \neg (x_1 \wedge \neg F) \wedge \neg F \wedge \neg \neg x_2$

$\Leftrightarrow \neg ((x_1 \wedge W) \vee F \vee \neg x_2) \Leftrightarrow \neg A$

b) $B \Leftrightarrow \neg (\neg (\neg x \vee y) \wedge (x \vee \neg y))$

$\Leftrightarrow \neg ((x \wedge \neg y) \wedge \neg (\neg x \wedge y))$

$\Leftrightarrow \neg (x \wedge \neg y) \vee (\neg x \wedge y) \Leftrightarrow \neg A$

4. $\neg (a \rightarrow \neg (\neg b \rightarrow c)) \Leftrightarrow (a \rightarrow \neg b) \rightarrow \neg (a \rightarrow \neg c)$

5. $x \vee y \Leftrightarrow \neg \neg (x \vee y) \Leftrightarrow \neg (\neg x \wedge \neg y)$

$\Leftrightarrow \neg ((x \barwedge x) \wedge (y \barwedge y)) \Leftrightarrow (x \barwedge x) \barwedge (y \barwedge y)$

$x \wedge y \Leftrightarrow \neg \neg (x \wedge y) \Leftrightarrow \neg (\neg x \vee \neg y)$

$\Leftrightarrow \neg ((x \barvee x) \vee (y \barvee y)) \Leftrightarrow (x \barvee x) \barvee (y \barvee y)$

6. a) $x \leftrightarrow y \Leftrightarrow (x \wedge y) \vee (\neg x \wedge \neg y)$

$\Leftrightarrow \neg (\neg (x \wedge y) \wedge \neg (\neg x \wedge \neg y))$

$\Leftrightarrow \neg ((x \barwedge y) \wedge ((x \barwedge x) \barwedge (y \barwedge y)))$

$\Leftrightarrow (x \barwedge y) \barwedge ((x \barwedge x) \barwedge (y \barwedge y))$

b) $x \barvee y \Leftrightarrow \neg (x \vee y) \Leftrightarrow \neg x \wedge \neg y \Leftrightarrow \neg \neg (\neg x \wedge \neg y)$

$\Leftrightarrow F \vee \neg (\neg x \barwedge \neg y) \Leftrightarrow \neg W \vee \neg (\neg x \barwedge \neg y)$

$\Leftrightarrow \neg (W \wedge (\neg x \barwedge \neg y)) \Leftrightarrow W \barwedge (\neg x \barwedge \neg y)$

$\Leftrightarrow \neg (\neg x \wedge x) \barwedge (\neg x \barwedge \neg y) \Leftrightarrow (\neg x \barwedge x) \barwedge (\neg x \barwedge \neg y)$

$\Leftrightarrow ((x \barwedge x) \barwedge x) \barwedge ((x \barwedge x) \barwedge (y \barwedge y))$

7. $x \barwedge y \Leftrightarrow \neg (x \wedge y) \Leftrightarrow \neg (y \wedge x) \Leftrightarrow y \barwedge x$: NAND ist kommutativ.

Für das Tripel (W, F, F) ist $|(x \barwedge y) \barwedge z| = (W \barwedge F) \barwedge F = W \barwedge F = W$, hingegen ist $|x \barwedge (y \barwedge z)| = W \barwedge (F \barwedge F) = W \barwedge W = F$ NAND ist also nicht assoziativ! Anderer Weg: kanonische Normalformen bilden und vergleichen!

8. $A^* \varovee (B^* \varowedge C^*) = A^* \varovee (B \wedge C)^* = (A \vee (B \wedge C))^*$

$= ((A \vee B) \wedge (A \vee C))^* = (A \vee B)^* \varowedge (A \vee C)^*$

$= (A^* \varovee B^*) \varowedge (A^* \varovee C^*)$

1.11 1. a) In A2 gemäß R1 c ersetzen durch a:

$$(a \rightarrow (b \rightarrow a)) \rightarrow (b \rightarrow (a \rightarrow a)) \tag{1}$$

In (1) gemäß R2 Vorderglied abtrennen (A1!):

$$b \rightarrow (a \rightarrow a) \tag{2}$$

In (2) gemäß R1 im Hinblick auf R2 b ersetzen durch $(a \rightarrow \neg \neg a)$ (oder durch ein anderes Axiom oder durch einen bereits abgeleiteten Ausdruck!):

$$(a \rightarrow \neg \neg a) \rightarrow (a \rightarrow a) \tag{3}$$

Anwendung von R 2 auf (3):

$a \to a$

b) In A4 gemäß R 1 b ersetzen durch $a \to \neg b$, a ersetzen durch $\neg b$:

$$(\neg b \to (a \to \neg b)) \to (\neg (a \to \neg b) \to \neg \neg b) \tag{1}$$

In A1 gemäß R 1 a ersetzen durch $\neg b$, b ersetzen durch a:

$$\neg b \to (a \to \neg b) \tag{2}$$

Anwendung von R 2 auf (1) wegen (2):

$$\neg (a \to \neg b) \to \neg \neg b \tag{3}$$

In (3) gemäß R 1 a ersetzen durch $\neg b$:

$$\neg (\neg b \to \neg b) \to \neg \neg b \tag{4}$$

2. $a \to a$ $\tag{1}$

Anwendung von Definition D1 auf (1):

$$\neg a \lor a \tag{2}$$

In Axiom A3 gemäß R 1 a durch $\neg a$, b durch a ersetzen:

$$(\neg a \lor a) \to (a \lor \neg a) \tag{3}$$

Anwendung von R 2 auf (3) unter Beachtung von (2):

$$a \lor \neg a \tag{4}$$

2.1 1. a) $Pxy \land Pyz \to Pxz$
   b) $x > y \land y > z \to x > z$

2. a) $Pxy \leftrightarrow Qxy \land \neg Qyx$
   b) $Pxy \leftrightarrow Qxy \land \neg (x = y)$

3. a) $((x \cdot x) \cdot (x \cdot x))$ f) $((x \cdot x) - (y \cdot y))$
   b) $((y))$ g) $((x - y) - (x - y))$
   c) $((y) \cdot (y))$ h) $(((x) \cdot (x)))$
   d) $((x \cdot x))$ i) $(((x - y)) \cdot ((x - y)))$
   e) $((x - y) \cdot (x - y))$ j) $(((x \cdot x) \cdot (x \cdot x)) - ((x - y) \cdot (x - y)))$

2.2 1. Px: x ist natürliche Zahl, Qx: x ist durch 2 teilbar, Rx: x ist durch 3 teilbar, Sx: x ist durch 6 teilbar. Formalisierung:

$$\bigwedge_x (Px \to (Sx \leftrightarrow Qx \land Rx))$$

2. Px: x ist Primzahl, Qx: x ist natürliche Zahl, Rxy: x hat y als Teiler. Formalisierung:

$$\bigwedge_x (Px \to (Qx \land \neg (x = 1) \land Rx1 \land Rxx \land \bigwedge_y (Qy \land Rxy \to (y = 1) \lor (y = x))))$$

3. Px: x ist ganze Zahl, Qx: x ist gerade Zahl, Rx: x ist ungerade Zahl. Formalisierung:

$$\bigwedge_x \left(Px \to (Qx \land \neg Rx) \lor (\neg Qx \land Rx)\right)$$

4. Px: x ist Element der Menge M, $Qxyzw$: $(x*y)*z=w$, $Rxyzw$: $x*(y*z)=w$. Funktorenfreie Formalisierung:

$$\bigwedge_x \bigwedge_y \bigwedge_z \bigwedge_w \left(Px \land Py \land Pz \land Pw \to (Qxyzw \to Rxyzw)\right)$$

Verwendung eines Funktors f gemäß $f(x,y)=x*y$ ergibt:

$$\bigwedge_x \bigwedge_y \bigwedge_z \left(Px \land Py \land Pz \to \left(f(f(x,y),z)=f(x,f(y,z))\right)\right)$$

5. Px: x ist Element der Menge M, $f_1(x,y)=x*y$, $f_2(x,y)=x \circ y$:

$$\bigwedge_x \bigwedge_y \bigwedge_z \left(Px \land Py \land Pz \to \left(f_1(x,f_2(y,z))=f_2(f_1(x,y),f_1(x,z))\right)\right)$$

6. Px: x ist Element der Menge M, $f(x,y)=x*y$

$$\bigwedge_x \left(Px \to \bigvee_y \left(Py \land f(x,y)=f(y,x)=x \land \bigwedge_z \left(Pz \land f(x,z)=f(z,x)=x \to z=y\right)\right)\right)$$

7. Px: x ist Element der Menge M, $f(x,y)=x*y$. Nullteilerfreiheit:

$$\bigwedge_x \bigwedge_y \left(Px \land Py \land f(x,y)=0 \to (x=0) \lor (y=0)\right)$$

Nullteilerexistenz (beachte die aussagenlogische Äquivalenz):

$$\neg (a \land b \land c \to d \lor e) \Leftrightarrow a \land b \land c \land \neg d \land \neg e)$$

$$\bigvee_x \bigvee_y \left(Px \land Py \land f(x,y)=0 \land \neg (x=0) \land \neg (y=0)\right)$$

8. Px: x ist Punkt, Qx: x ist Gerade, Rxy: x liegt auf y, Sxy: x ist parallel zu y. Formalisierung:

$$\bigwedge_x \bigwedge_y \left(Px \land Qy \land \neg Rxy \to \bigvee_z \left(Qz \land Rxz \land Syz \land \bigwedge_w (Qw \land Rxw \land Syw \to y=w)\right)\right)$$

9. Px: x ist positive reelle Zahl ($x \in \mathbb{R}^+$), Qxy: x ist kleiner als y ($x<y$), Rx: x ist reelle Zahl ($x \in \mathbb{R}$), $g(x)=|x|$, $h(x,y)=x-y$. Darstellung:

$$\bigwedge_\varepsilon \left(P\varepsilon \to \bigvee_\delta \left(P\delta \land \bigwedge_x \left(Rx \to \left(Qg(h(x,x_0))\delta \to Qg(h(f(x),f(x_0)))\varepsilon\right)\right)\right)\right).$$

10. Px: x ist positive reelle Zahl ($x \in \mathbb{R}^+$), Rx: x ist reelle Zahl ($x \in \mathbb{R}$), Qxy: x ist kleiner als y, $f_1(x)=|x|$, $f_2(x,y)=x+y$, $f_3(x,y)=x-y$, $f_4(x,y)=x:y$. Formalisierung:

$$\bigwedge_\varepsilon \left(P\varepsilon \to \bigvee_\delta \left(P\delta \land \bigwedge_h \left(Rh \to \left(Qf_1(h)\delta \to Qf_1(f_4(f_3(f(f_2(x_0,h)),f(x_0)),h))\varepsilon\right)\right)\right)\right)$$

2.3 1. Ausdrücke sind a) jede Ziffer allein, also 0 oder 1, b) jede Ziffernkette aus Nullen oder/und Einsen, also etwa 010, 110101, 0000, 11 etc. c) „Summen" oder/und „Differenzen" von Ziffernketten, also etwa $10+000-100$, $0-1$, $11+00+10+01$ etc. Nicht-zulässige Zeichenketten sind $+$, $-$, -00, $01-00-$ $+10$, $00-1+$

2. Vgl. das Syntaxdiagramm der Fig. 3.4 für „Variable".

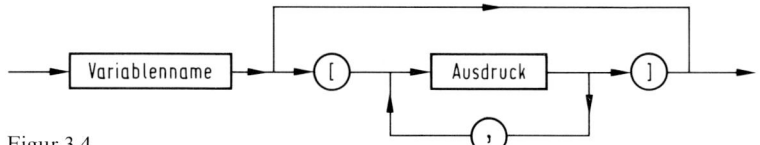

Figur 3.4

3. a), c), i), k)

4. b), e), g), i), k)

2.4 1. a) $M = \{1, 2, 5\}$
b) $M = \{1, -1\}$
c) $M = \{1, 2, 3, 4, 6, 12\}$
d) $M = \emptyset$
e) $M = \{(1, 4), (2, 3), (3, 2), (4, 1)\}$
f) $M = \{(1, 2, 3), (2, 1, 3), (1, 1, 2)\}$

2. Die Menge $\{1, 2, 3\}$ besitzt acht Teilmengen:
$\{1, 2, 3\}, \{1, 2\}, \{1, 3\}, \{2, 3\}, \{1\}, \{2\}, \{3\}, \emptyset$.

3. $\{$ADENAUER, ERHARDT, KIESINGER, BRANDT, SCHMIDT$\}$

4. a) $\{c\}$
b) $\emptyset$
c) $\{a, b, d, e\}$
d) $\{a, d\}$
e) $\emptyset$
f) $\emptyset$
g) $\{a, b, c, d, e\}$
h) $\{a, b, c, d, e\}$

5. $M = \{(1, 1), (1, 2), (1, 3), (1, 4), (1, 5), (1, 6), (2, 2), (2, 4), (2, 6), (3, 3), (3, 6), (4, 4), (5, 5), (6, 6)\}$

6. $\{1, 2, 3\}^2 = \{1, 2, 3\} \times \{1, 2, 3\} = \{(1, 1), (1, 2), (1, 3), (2, 1), (2, 2), (2, 3), (3, 1), (3, 2), (3, 3)\}$

7. $\{1, 2\}^3 = \{1, 2\} \times \{1, 2\} \times \{1, 2\} = \{(1, 1, 1), (1, 1, 2), (1, 2, 1), (2, 1, 1), (1, 2, 2), (2, 1, 2), (2, 2, 1), (2, 2, 2)\}$

8. $\{(1, 1), (1, 3), (2, 1), (2, 3)\}$; $\{(1, 1), (1, 2), (3, 1), (3, 2)\}$
„$\times$" ist nicht kommutativ!

9. c), f)

10. a), d), f)

2.5 1. $\delta(\alpha) = W$ gilt genau dann, wenn es ein $\bar{x} \in G$, ein $\bar{y} \in G$ und ein $\bar{z} \in G$ so gibt, daß

$$\delta_{x,y}^{\bar{x},\bar{y}}(Pxf(y)z \wedge Qy) \to \delta_{x,y,z}^{\bar{x},\bar{y},\bar{z}}(Rf(g(z))g(f(z))z)$$
$$(\bar{x}, \delta(f)(\bar{y}), 5) \in \delta(P) \wedge (\bar{y} \in \delta(Q)) \to (\delta(f)(\delta(g)(\bar{z})), \delta(g)(\delta(f)(\bar{z})), \bar{z}) \in \delta(R)$$

erfüllt ist. Man wähle $\bar{y} = 2$. Damit ist $2 \in \delta(Q)$ falsch, somit das gesamte Vorderglied des Subjungats falsch, also das Subjungat als Ganzes wahr (die übrigen Teilausdrücke brauchen nicht weiter untersucht zu werden!). δ erfüllt demnach den vorgelegten Ausdruck.

2. Man wähle $G = \{1, 2, 3\}$, $\delta(P) = \{(2, 1), (2, 3), (3, 2)\}$. Die linke Seite des Bijungats ist wahr genau dann, wenn es ein $\bar{x} \in G$ so gibt, daß für alle $\bar{y} \in G$ stets $(\bar{x}, \bar{y}) \in \delta(P)$ gilt. Mit den gewählten G und $\delta(P)$ ist die linke Seite falsch: es gibt kein $\bar{x} \in G$, daß mit 1, 2 und 3 jeweils ein Paar aus $\delta(P)$ bildet! Die rechte Seite ist jedoch wahr: zu jedem $\bar{y} \in G$ gibt es nämlich ein $\bar{x} \in G$, so daß $(\bar{x}, \bar{y}) \in \delta(P)$ ist. Also $F \leftrightarrow W = F$. Der Ausdruck ist nicht allgemeingültig. Beispiel aus der Mathematik. Linke Seite: es gibt eine natürliche Zahl, die jede natürliche Zahl als Teiler hat (F). Rechte Seite: zu jeder natürlichen Zahl gibt es eine natürliche Zahl, von der sie Teiler ist (W). Auch hier ist $F \leftrightarrow W = F$.

2.6 1. $\delta\left(\bigwedge_x (Px) \to Px\right) = \delta_x^{\bar{x}}(Px) \to \delta(Px)$ für alle $\bar{x} \in G$.

1. Fall: $\bar{x} \in \delta(P)$ für alle $\bar{x} \in G$ ist falsch. Dann ist der Gesamtausdruck wahr.

2. Fall: $\bar{x} \in \delta(P)$ für alle $\bar{x} \in G$ ist wahr. Dann gilt auch $\delta(x) \in \delta(P)$, denn $\delta(x) \in G$. Wegen $W \to W = W$ ist das Subjungat auch in diesem Fall wahr.

2. $A \leftrightarrow B \Leftrightarrow (\neg A \lor B) \land (A \lor \neg B) \Leftrightarrow (A \to B) \land (B \to A)$; setze Px für A, Qx für B und quantisiere:

$$\bigwedge_x (Px \leftrightarrow Qx) \Leftrightarrow \bigwedge_x \left((Px \to Qx) \land (Qx \to Px)\right)$$

$$\overset{(7)}{\Leftrightarrow} \bigwedge_x (Px \to Qx) \land \bigwedge_x (Qx \to Px) \overset{(37)}{\Rightarrow} \left(\bigvee_x (Px) \to \bigvee_x (Qx)\right) \land \left(\bigvee_x (Qx) \to \bigvee_x (Px)\right).$$

3. a) $\bigvee_x (Px \to Qx) \Leftrightarrow \bigvee_x (\neg Px \lor Qx) \overset{(8)}{\Leftrightarrow} \bigvee_x (\neg Px) \lor \bigvee_x (Qx)$

$\overset{(2)}{\Leftrightarrow} \neg \bigwedge_x (Px) \lor \bigvee_x (Qx) \Leftrightarrow \bigwedge_x (Px) \to \bigvee_x (Qx)$

  b) $(\neg Px_1 \lor Qx_1) \lor (\neg Px_2 \lor Qx_2) \lor \ldots \lor (\neg Px_n \lor Qx_n)$

$\Leftrightarrow (\neg Px_1 \lor \neg Px_2 \lor \ldots \lor \neg Px_n) \lor (Qx_1 \lor Qx_2 \lor \ldots \lor Qx_n)$

$\Leftrightarrow \neg (Px_1 \land Px_2 \land \ldots \land Px_n) \lor (Qx_1 \lor Qx_2 \lor \ldots \lor Qx_n)$

$\Leftrightarrow (Px_1 \land Px_2 \land \ldots \land Px_n) \to (Qx_1 \lor Qx_2 \lor \ldots \lor Qx_n)$

$\Leftrightarrow \bigwedge_x (Px) \to \bigvee_x (Qx).$

4. a) $\bigwedge_x \bigvee_y (Px \land Qy) \overset{(12)}{\Leftrightarrow} \bigwedge_x \left(Px \land \bigvee_y (Qy)\right) \overset{(7)}{\Leftrightarrow} \bigwedge_x (Px) \land \bigvee_y (Qy)$

  b) $\bigwedge_x \bigvee_y (Px \land Qy)$

$\Leftrightarrow \bigwedge_x \left((Px \land Qz_1) \lor (Px \land Qz_2) \lor \ldots \lor (Px \land Qz_n)\right)$

$\Leftrightarrow \left((Pz_1 \land Qz_1) \lor (Pz_1 \land Qz_2) \lor \ldots \lor (Pz_1 \land Qz_n)\right) \land \ldots$

$$\land \left((Pz_n \land Qz_1) \lor (Pz_n \land Qz_2) \lor \ldots \lor (Pz_n \land Qz_n)\right)$$

$$\Leftrightarrow (Pz_1 \wedge (Qz_1 \vee Qz_2 \vee \ldots \vee Qz_n)) \wedge \ldots \wedge (Pz_n \wedge (Qz_1 \vee Qz_2 \vee \ldots \vee Qz_n))$$

$$\Leftrightarrow (Pz_1 \wedge \bigvee_y (Qy)) \wedge \ldots \wedge (Pz_n \wedge \bigvee_y (Qy))$$

$$\Leftrightarrow (Pz_1 \wedge \ldots \wedge Pz_n) \wedge \bigvee_y (Qy) \Leftrightarrow \bigwedge_x (Px) \wedge \bigvee_y (Qy)$$

2.7 1. a) Der Schluß ist ohne zusätzliche Prämisse zwingend (Symmetrie-Eigenschaft der *i*-Relation)

b) Der Schluß ist nur mit der zusätzlichen Prämisse $\bigvee_x Px$ gültig. Beachte:

bei $\delta(P) = \emptyset$ ist $\delta(P) \subseteq \delta(Q)$ wahr, aber $\delta(P) \cap \delta(Q) \neq \emptyset$ falsch!

2. Es handelt sich um den Schluß $QaR, PoR \vdash PoQ$ (baroco-Syllogismus, zweite Schlußfigur). Der Schluß ist ohne zusätzliche Prämisse zwingend.

3. Der Schluß ist (auch mit zusätzlicher Prämisse $\bigvee_x Px$ oder $\bigvee_x Qx$) nicht zwingend.

4. Es handelt sich um den Schluß $RaQ, RaP \vdash PiQ$ (darapti-Syllogismus, dritte Schlußfigur). Der Schluß ist nur mit der zusätzlichen Prämisse $\bigvee_x Rx$ zwingend.

5. Es liegt der barbara Syllogismus der 1. Schlußfigur vor. Der Schluß ist ohne zusätzliche Prämisse zwingend.

2.8 Eine mögliche Ableitungskette lautet

$A \rightarrow A$	A1
$Px \rightarrow Px$	D1
$\bigwedge_x Px \rightarrow Px$	D3
$Qx \rightarrow Qx$	D1
$\bigwedge_x Qx \rightarrow Qx$	D3
$(\bigwedge_x Px \rightarrow Px) \wedge (\bigwedge_x Qx \rightarrow Qx)$	D1
$(A \rightarrow B) \wedge (C \rightarrow D) \rightarrow ((A \wedge C) \rightarrow (B \wedge D))$	A1

darin $\bigwedge_x Px$ für A, Px für B, $\bigwedge_x Qx$ für C, Qx für D setzen:

$(\bigwedge_x Px \rightarrow Px) \wedge (\bigwedge_x Qx \rightarrow Qx) \rightarrow ((\bigwedge_x Px \wedge \bigwedge_x Qx) \rightarrow (Px \wedge Qx))$	D1
$\bigwedge_x Px \wedge \bigwedge_x Qx \rightarrow Px \wedge Qx$	D2
$\bigwedge_y Py \wedge \bigwedge_y Qy \rightarrow Px \wedge Qx$	D7
$\bigwedge_y Py \wedge \bigwedge_y Qy \rightarrow \bigwedge_x (Px \wedge Qx)$	D4
$\bigwedge_x Px \wedge \bigwedge_x Qx \rightarrow \bigwedge_x (Px \wedge Qx)$	D7

Anhang 1

PASCAL-Programm zur tabellengesteuerten Syntaxanalyse von Zeichenketten einer kontextfreien Grammatik.

```
  PROGRAM SYNTAXANALYSE(MENGE*,REGELN*,MATRIX*,KETTE*,OUTPUT);
CONST
  REGELMAX=30; STACKMAX=30;
VAR
  MENGE,REGELN,MATRIX:PACKED FILE OF CHAR;
  KETTE:PACKED FILE OF ASCII;
  I,J,Z:INTEGER;
  CH:CHAR;
  W,X:ASCII;
  ENDE:BOOLEAN;
  ALPHABET:SET OF CHAR;
  REGEL:ARRAY[1..REGELMAX] OF RECORD
                                  A:ARRAY[0..4] OF CHAR;
                                  B:ARRAY[0..9] OF CHAR;
                               END;
  RELATION:ARRAY[CHAR,CHAR] OF CHAR;
  STACK:ARRAY[0..STACKMAX] OF CHAR;
  PHRASE:ARRAY[0..9] OF CHAR;

  PROCEDURE TABELLENLESEN;
   BEGIN
    READ(MENGE,ALPHABET);
    FOR W:=FIRST(CH) TO LAST(CH) DO
      BEGIN
       FOR X:=FIRST(CH) TO LAST(CH) DO
       IF (W IN ALPHABET) AND (X IN ALPHABET)
       THEN READ(MATRIX,RELATION[W,X])
       ELSE RELATION[W,X]:='+';
       IF W IN ALPHABET
       THEN READLN(MATRIX)
      END;
      REPEAT
       I:=I+1;
       FOR J:=0 TO 4 DO READ(REGELN,REGEL[I].A[J]);
       FOR J:=0 TO 9 DO READ(REGELN,REGEL[I].B[J]);
       READLN(REGELN)
      UNTIL EOF(REGELN)
    END;

  PROCEDURE ZEICHENHOLEN;
   BEGIN
    W:=KETTE^; GET(KETTE); WRITE(W);
    IF (ORD(W)>140B) AND (ORD(W)<173B) THEN W:='I';
    IF W=SP THEN ZEICHENHOLEN;
    IF W=CR THEN BEGIN ZEICHENHOLEN; W:=SP END
   END;
```

```
BEGIN
  TABELLENLESEN;
  REPEAT
    FOR I:=0 TO STACKMAX DO STACK[I]:=SP;
    ENDE:=FALSE; Z:=0; ZEICHENHOLEN;
    REPEAT
      CASE RELATION[STACK[Z],W] OF
        'L','E':
                BEGIN
                 Z:=Z+1; STACK[Z]:=W; ZEICHENHOLEN
                END;
        'G':
                BEGIN
                 WHILE RELATION[STACK[Z-1],STACK[Z]]='E'
                 DO Z:=Z-1;
                 FOR I:=0 TO 9 DO
                   BEGIN
                     PHRASE[I]:=STACK[Z+I]; STACK[Z+I]:=SP
                   END;
                 FOR I:=1 TO REGELMAX DO
                 IF REGEL[I].B=PHRASE
                 THEN STACK[Z]:=REGEL[I].A[0]
                END;
        'S':
                BEGIN
                 IF Z=1
                 THEN
                   BEGIN
                     WRITELN('[SYNTAX OK]',CR,LF);
                     ENDE:=TRUE
                   END
                 ELSE STACK[Z]:=SP
                END;
        OTHERS:
                BEGIN
                 WHILE W<>SP DO ZEICHENHOLEN;
                 WRITELN('[SYNTAXFEHLER]',CR,LF);
                 ENDE:=TRUE
                END
      END
    UNTIL ENDE
  UNTIL KETTE^=NUL
END.
```

Die folgenden drei Dateien enthalten die Programm-Eingabe zur
Syntaxpruefung aussagenlogischer Ausdruecke.
Gegenueber Definition 1.5.1 sind zwei Aenderungen zu beachten:
    - keine Indizierung von Aussagenvariablen erlaubt
    - die Junktoren fuer Konjunktion und Disjunktion
      sind als '*' bzw. '+' dargestellt.

Die Datei MENGE enthaelt die Menge aller Symbole, aus denen
die Produktionsregeln bestehen:

[' ',')('..'+','-','<','>','A'..'I','W','^']

In der Datei REGELN stehen die Syntaxvorschriften in Form von
Produktionsregeln:

```
A -> B
A -> BCB
C -> <->
B -> D
B -> DED
E -> ->
D -> G
D -> G*G
D -> G+G
G -> H
H -> ^H
H -> (A)
H -> I
H -> F
H -> W
```

MATRIX enthaelt die Relationsmatrix zu den Produktionsregeln.
L:less; E:equal; G:greater; S:stop, Syntax ok; Bindestrich als
Relation bedeutet Syntaxfehler.

```
-L-------LL-L-LLLLL
-L-------EL-L-LLLLL
G-GGGGG---G-G------
-L-------------ELLLL
-------------ELLLL
--------E--------
------E--------
-G-------G-G-GGGGG
S-E-------------
G-G---L---E-------
-L----L--E-L-LLLLLL
G-G--LG---G-E-----
-L---------E-LLLLLL
G-G--GG---G-G------
G-GEEGG---G-G------
G-GGGGG---G-G------
G-GGGGG---G-G------
G-GGGGG---G-G------
GL----------L-ELLL
```

In der Datei KETTE stehen einige aussagenlogische Ausdruecke als
Testbeispiele.
Es ist formatfreie Eingabe moeglich, wobei Ausdruecke mit RETURN
getrennt werden muessen.


```
((x->y)->u)->v
(F->W)*(W->F)->(F->F)
((a*b)*c)*d
(s * (t -> p)
a->b->c
p*<->q
x(y*z)
F*W+a
```


Das Programm erzeugt dann folgende Ausgabe:


```
((x->y)->u)->v
[SYNTAX OK]

(F->W)*(W->F)->(F->F)
[SYNTAX OK]

((a*b)*c)*d
[SYNTAX OK]

(s * (t -> p)
[SYNTAXFEHLER]

a->b->c
[SYNTAXFEHLER]

p*<->q
[SYNTAXFEHLER]

x(y*z)
[SYNTAXFEHLER]

F*W+a
[SYNTAXFEHLER]
```

Anhang 2

PASCAL-Programm zur Bewertung aussagenlosischer Ausdruecke.

```
   PROGRAM SEMANTIKANALYSE;
CONST
  TEXTMAX=30;
TYPE
  TEXT=PACKED ARRAY[1..TEXTMAX] OF ASCII;
VAR
  V:ARRAY[1..10] OF BOOLEAN;

  FUNCTION A0:BOOLEAN;
   BEGIN
    A0:=(NOT V[1] AND V[2]) AND (V[1] OR NOT V[2])
   END;

  FUNCTION A1:BOOLEAN;
   BEGIN
    A1:=((V[1] AND NOT V[2]) OR (V[2] AND NOT V[3]))
    OR (NOT V[1] OR V[3])
   END;

  FUNCTION A2:BOOLEAN;
   BEGIN
    A2:=(V[1] AND NOT V[2]) OR (NOT V[3] AND V[4])
   END;

  FUNCTION A3:BOOLEAN;
   BEGIN
    A3:=((V[1] AND NOT V[4]) OR (V[2] AND V[5]))
    AND (V[1] OR NOT V[3])
   END;

  FUNCTION EXP(X,Y:INTEGER):INTEGER;
  VAR
    J,K:INTEGER;
   BEGIN
    J:=1; FOR K:=1 TO Y DO J:=J*X; EXP:=J
   END;

  PROCEDURE BELEGUNG(I,N:INTEGER);
  VAR
    K:INTEGER;
   BEGIN
   FOR K:=N DOWNTO 1 DO
    BEGIN
     IF (I-1) MOD EXP(2,K-1)=0 THEN V[K]:=NOT V[K];
     IF V[K] THEN WRITE('W  ') ELSE WRITE('F  ')
    END
   END;
```

```
PROCEDURE BERECHNUNG(FUNCTION A:BOOLEAN;N:INTEGER;T:TEXT);
VAR
  I:INTEGER; Z:ASCII; TAUT,KONT:BOOLEAN;
 BEGIN
  Z:='a'; TAUT:=TRUE; KONT:=TRUE;
  WRITELN('X = ',T);
  FOR I:=1 TO N DO
   BEGIN WRITE(Z,'  '); Z:=SUCC(Z) END;
  WRITELN('!  X');
  FOR I:=1 TO N+2 DO WRITE('----'); WRITELN;
  FOR I:=1 TO EXP(2,N) DO
   BEGIN
    BELEGUNG(I,N);
    IF A THEN KONT:=FALSE ELSE TAUT:=FALSE;
    IF A THEN WRITELN('!  W':4) ELSE WRITELN('!  F':4)
   END;
  IF TAUT THEN WRITELN('X IST TAUTOLOGIE');
  IF KONT THEN WRITELN('X IST KONTRADIKTION');
  IF NOT(TAUT OR KONT) THEN WRITELN('X IST KONTINGENZ')
 END;

BEGIN
 BERECHNUNG(A0,2,'(^a*b)*(a+^b)                 ');
 WRITELN;
 BERECHNUNG(A1,3,'((a*^b)+(b*^c))+(^b+c)        ');
 WRITELN;
 BERECHNUNG(A2,4,'(a*^b)+(^c*d)                 ');
 WRITELN;
 BERECHNUNG(A3,5,'((a*^d)+(b*e))*(a+^c)        ')
END.
```

Das Programm erstellt die Wahrheitswertetafel und benennt den
Typ der aussagenlogischen Ausdruecke, die als FUNCTION-Unter-
programme mit den Junktoren Negation, Konjunktion und Disjunktion erstellt sind. Im folgenden ist nur die Tabelle fuer den
vierten Ausdruck wiedergegeben; die entsprechenden Tabellen fuer
die drei ersten Ausdruecke wurden dem Leser bereits in Abschnitt
1.4 vorgestellt.

```
X = ((a*~d)+(b*e))*(a+~c)
a   b   c   d   e   !   X
---------------------------

W   W   W   W   W   !   W
W   W   W   W   F   !   F
W   W   W   F   W   !   F
W   W   W   F   F   !   F
W   W   F   W   W   !   W
W   W   F   W   F   !   W
W   W   F   F   W   !   F
W   W   F   F   F   !   F
W   F   W   W   W   !   W
W   F   W   W   F   !   F
W   F   W   F   W   !   W
W   F   W   F   F   !   F
W   F   F   W   W   !   W
W   F   F   W   F   !   W
W   F   F   F   W   !   W
W   F   F   F   F   !   F
F   W   W   W   W   !   F
F   W   W   W   F   !   F
F   W   W   F   W   !   F
F   W   W   F   F   !   F
F   W   F   W   W   !   F
F   W   F   W   F   !   F
F   W   F   F   W   !   F
F   W   F   F   F   !   F
F   F   W   W   W   !   W
F   F   W   W   F   !   F
F   F   W   F   W   !   W
F   F   W   F   F   !   F
F   F   F   W   W   !   W
F   F   F   W   F   !   F
F   F   F   F   W   !   W
F   F   F   F   F   !   F
X IST KONTINGENZ
```

Anhang 3

Liste der Syllogismen

Name	1. Prämisse	2. Prämisse	Konklusion	Figur
barbara	*RaQ*	*PaR*	*PaQ*	
barbari	*RaQ*	*PaR*	*PiQ*	
celarent	*ReQ*	*PaR*	*PeQ*	1
celaront	*ReQ*	*PaR*	*PoQ*	
darii	*RaQ*	*PiR*	*PiQ*	
ferio	*ReQ*	*PiR*	*PoQ*	
baroco	*QaR*	*PoR*	*PoQ*	
camestres	*QaR*	*PeR*	*PeQ*	
camestro	*QaR*	*PeR*	*PoQ*	2
cesare	*QeR*	*PaR*	*PeQ*	
cesaro	*QeR*	*PaR*	*PoQ*	
festino	*QeR*	*PiR*	*PoQ*	
bocardo	*RoQ*	*RaP*	*PoQ*	
darapti	*RaQ*	*RaP*	*PiQ*	
datisi	*RaQ*	*RiP*	*PiQ*	3
disamis	*RiQ*	*RaP*	*PiQ*	
felapton	*ReQ*	*RaP*	*PoQ*	
ferison	*ReQ*	*RiP*	*PoQ*	
bamalip	*QaR*	*RaP*	*PiQ*	
camenes	*QaR*	*ReP*	*PeQ*	
camenop	*QaR*	*ReP*	*PoQ*	4
dimaris	*QiR*	*RaP*	*PiQ*	
fesapo	*QeR*	*RaP*	*PoQ*	
fresison	*QeR*	*RiP*	*PoQ*	

Literaturverzeichnis

HARBECK, G.: Einführung in die formale Logik. Braunschweig 1970.

HERMES, H.: Einführung in die mathematische Logik. Stuttgart 1963.

HILBERT, D., und W. ACKERMANN: Grundzüge der theoretischen Logik. Berlin 1972.

KUTSCHERA, F. V.: Elementare Logik. Wien 1967.

MARKWALD, W.: Einführung in die formale Logik und Metamathematik. Stuttgart 1972.

MATES, B.: Elementare Logik. Göttingen 1969.

NOVIKOV, P. S.: Grundzüge der mathematischen Logik. Braunschweig 1973.

SCHICK, K.: Aussagenlogik. Freiburg 1971.

SCHMIDT, H. A.: Mathematische Gesetze der Logik. I: Vorlesungen über Aussagenlogik. Berlin 1960.

STEINER, H. G.: Logik und Methodologie. In: Das Fischer Lexikon, Mathematik 1. Frankfurt am Main 1964.

TARSKI, A.: Einführung in die mathematische Logik. Göttingen 1966.

Sachwort- und Namenregister